服装高等教育"十二五"部委级规划教材（本科）

U0392665

服装工业制板

（第3版）

潘 波 赵欲晓 郭瑞良 编著

中国纺织出版社

内 容 提 要

本书系统地介绍了服装工业制板的基本原理及应用，涵盖手工制板、推板和计算机辅助制板、推板。具体内容包括服装工业制板概述、纸样绘制和生产符号、服装工业制板中净板的加放、国家服装号型标准、服装工业推板的原理和依据、部分男装和女装经典款式的绘制及推板、计算机在服装工业制板中的应用等。本书实践性强，书中采用大量实例，图文并茂，方便读者阅读和参考。

本书适合高等院校服装专业师生阅读，也可供服装行业中从事技术工作的人员参考使用。

图书在版编目（CIP）数据

服装工业制板／潘波，赵欲晓，郭瑞良编著. —3版. —北京：中国纺织出版社，2016.5（2022.8重印）
服装高等教育"十二五"部委级规划教材. 本科
ISBN 978-7-5180-2425-4

Ⅰ. ①服… Ⅱ. ①潘… ②赵… ③郭… Ⅲ. ①服装量裁—高等学校—教材 Ⅳ. ① TS941.631

中国版本图书馆 CIP 数据核字（2016）第 048451 号

责任编辑：张晓芳 特约编辑：王会威 责任校对：寇晨晨
责任设计：何 建 责任印制：何 建

中国纺织出版社出版发行
地址：北京市朝阳区百子湾东里 A407 号楼 邮政编码：100124
销售电话：010—67004422 传真：010—87155801
http://www.c-textilep.com
中国纺织出版社天猫旗舰店
官方微博 http://weibo.com/2119887771
三河市宏盛印务有限公司印刷 各地新华书店经销
2000 年 6 月第 1 版 2010 年 6 月第 2 版
2016 年 5 月第 3 版 2022 年 8 月第 22 次印刷
开本：787×1092 1/16 印张：16.5
字数：298 千字 定价：38.00 元

出版者的话

《国家中长期教育改革和发展规划纲要》中提出"全面提高高等教育质量","提高人才培养质量"。教高 [2007]1 号文件"关于实施高等学校本科教学质量与教学改革工程的意见"中，明确了"继续推进国家精品课程建设"，"积极推进网络教育资源开发和共享平台建设，建设面向全国高校的精品课程和立体化教材的数字化资源中心"，对高等教育教材的质量和立体化模式都提出了更高、更具体的要求。

"着力培养信念执着、品德优良、知识丰富、本领过硬的高素质专业人才和拔尖创新人才"，已成为当今本科教育的主题。教材建设作为教学的重要组成部分，如何适应新形势下我国教学改革要求，配合教育部"卓越工程师教育培养计划"的实施，满足应用型人才培养的需要，在人才培养中发挥作用，成为院校和出版人共同努力的目标。中国纺织服装教育学会协同中国纺织出版社，认真组织制订"十二五"部委级教材规划，组织专家对各院校上报的"十二五"规划教材选题进行认真评选，力求使教材出版与教学改革和课程建设发展相适应，充分体现教材的适用性、科学性、系统性和新颖性，使教材内容具有以下三个特点：

（1）围绕一个核心——育人目标。根据教育规律和课程设置特点，从提高学生分析问题、解决问题的能力入手，教材附有课程设置指导，并于章首介绍本章知识点、重点、难点及专业技能，增加相关学科的最新研究理论、研究热点或历史背景，章后附形式多样的思考题等，提高教材的可读性，增加学生学习兴趣和自学能力，提升学生科技素养和人文素养。

（2）突出一个环节——实践环节。教材出版突出应用性学科的特点，注重理论与生产实践的结合，有针对性地设置教材内容，增加实践、实验内容，并通过多媒体等形式，直观反映生产实践的最新成果。

（3）实现一个立体——开发立体化教材体系。充分利用现代教育技术手段，构建数字教育资源平台，开发教学课件、音像制品、素材库、试题库等多种立体化的配套教材，以直观的形式和丰富的表达充分展现教学内容。

教材出版是教育发展中的重要组成部分，为出版高质量的教材，出版社严格甄选作者，组织专家评审，并对出版全过程进行跟踪，及时了解教材编写进度、编写质量，力求做到作者权威、编辑专业、审读严格、精品出版。我们愿与院校一起，共同探讨、完善教材出版，不断推出精品教材，以适应我国高等教育的发展要求。

中国纺织出版社

教材出版中心

第3版前言

作为普通高等教育"十一五"国家级规划教材的《服装工业制板》（第2版）由于其基础理论扎实、理论与实践紧密结合以及对科研成果的综合应用，得到了广大读者的认可和欢迎，产生了良好的社会和经济效益。该教材在2010年12月被中国纺织服装教育学会评为"纺织服装教育'十一五'部委级优秀教材"，2011年12月被北京市教育委员会评定为"北京市高等教育精品教材"，2012年9月获"中国纺织工业联合会科学技术奖三等奖"。

随着服装国家标准的更新，服装工业新工艺、新技术的不断发展，新的研究成果运用于成衣加工，因此，有必要对该教材进行修订。本次修订主要做了以下工作：进一步完善基础理论，精炼文字叙述，使各章节的条理更加明晰；补充修订第二章的内容；对教材中所有图形利用CorelDRAW软件按同一比例重新绘制，加深读者对纸样结构的整体认识和印象；对服装CAD章节的内容重新编写，把市场中最具代表性、受业界欢迎的CAD系统介绍给读者，以便了解其功能。

在第3版的编写过程中，得到了各级领导、同行和企业从业人员的大力支持。参与编写的人员有多年从事教学和实践工作的赵欲晓、郭瑞良、常卫民老师，研究生韩雨同学在纸样绘制方面付出了很多心血，全书由潘波统稿。

正因广大读者、专家和同行的厚爱，本教材在继承和发扬现有优秀成果基础上，融入和汲取他人的先进理论和分析方法，逐步使服装工业制板形成更为科学、严谨的知识体系，让更多人分享其成果。在此，编著者特表谢意。

此外，由于服装工业的发展迅速，书中的知识不能一概带全，缺漏之处，敬请谅解。

编　者
2015年12月

第2版前言

《服装工业制板》自出版以来，一直受到读者的厚爱，经常解答读者提出的服装工业制板中所涉及的问题。随着服装工业多品种、少批量、短周期、高质量的特点日趋明显，服装纸样设计的质量要求也在不断提高，这就促使作者更多地结合具体工作进一步提升书的内容，回馈社会。

根据教育部高等教育司对普通高等教育"十一五"国家级规划教材的编写要求，本书在《服装工业制板》第1版的基础上对一些较基本的知识点进行了调整，如删减了原第一章的第六节；调整了不具有代表性的款式，如对原第四章的第七节采用外贸插肩袖订单进行分析和论述；对有些已经淘汰的服装纸样结构进行了更改，如原第四章的第三节和第九节；对其中的一些不容易理解的内容，如图3-14、图4-66等进行了补充说明；对书中所有的纸样图采用服装CAD进行绘制和修正，使得线条更加圆顺、流畅，推板的效果也更清晰。但也存在遗憾的地方就是第二章，由于国家服装标准到现在还在沿用GB/T 1335—1997中的内容，而且其主要内容还是GB 1335—1991的，更何况随着人们生活条件的改善，人体体型已发生很大变化，人们对体型的研究已进一步深化，所以一直期盼有新的国家服装标准替换20年前的旧有知识。

第2版的编写得到了上级和北京服装学院领导的大力支持。参与编写的人员有多年从事教学和实践工作的赵欲晓、常卫民老师和从事服装CAD开发与培训工作近二十年的宋俊波同志，全书由潘波和赵欲晓统稿。在此，对长期使用该教材并提出宝贵意见和建议的专家和同行以及各级领导表示感谢。

书中内容更多地融合了服装工业订单的实际情况，但推板理论和技术在不断发展，如何使推板与人体更紧密地联系是我们正在研究的课题，这些研究成果将在不久的将来运用并指导生产，更希望此书在再版时有新的突破。

此外，书中的知识只是起到以点带面的作用，对其中存在的不足，敬请同行和读者批评指正。

编　者
2009年6月

第1版前言

随着服装工业的发展，企业急需更多高素质的服装人才，这些人才不仅应具备扎实的基础理论知识，而且还应有一定的分析实际问题和解决问题的能力。培养和满足适应社会需求的人才，架好学校与社会之间的桥梁，《服装工业制板》一书正是基于这个目标，努力做到服装基础理论和生产实践的统一。

本书以服装工业纸样为纲，拓宽服装工业制板的概念，不仅使之区别于单裁单做，而且详细分析了服装工业制板的流程，还对涉及纸样的绘制符号和生产符号进行了归纳和总结，对在服装工业纸样中起指导作用的国家服装标准作了详细的阐述和分析，对涉及服装工业制板中的重要环节——推板作了理论上的铺垫。

全书选取一些有代表性的服装款式，在绘制的同时，尤其对其推板进行一定深度的分析；选用的这些款式不仅有各自的特点，而且有承上启下的作用。通过每种款式在实践中的合理运用，了解其技巧，进而对推板在服装工业制板中所起的作用有更深刻的了解，熟练和灵活掌握其精髓。

由于服装的款式很多，本书中所有的例子旨在举一反三，通过理论学习和实例的分析，达到学以致用的目的。

因服装基础理论还在不断地提高和完善，所以服装工业纸样的实际操作在不违背服装和人体之间结构关系的前提下，结合款式和客户的具体要求，尽可能采用合理的公式、数据，多次地实践、运用、总结出绘制纸样的规律。

在本书的编写过程中，承蒙北京服装学院院系领导和广大同事的大力支持，得以有精力专心耕耘。本书还有幸得到了周邦桢老师的悉心指导，甚表感谢。

目前，推板还有许多争论和探讨的地方，希望本书中的一些观点能起到抛砖引玉的作用，恳请广大师生和读者不吝赐教。

编　者
2000年6月

教学内容及课时安排

章/课时	课程性质	节	课程内容
第一章 （3课时）	基础理论		• 服装工业制板
		一	服装工业制板概述
		二	绘制服装纸样的符号和标准
		三	服装工业制板中净板的加放
		四	服装工业制板与面料性能
第二章 （3课时）			• 服装号型国家标准
		一	服装号型标准概况
		二	号型的内容
第三章 （10课时）	基础理论及基础应用		• 服装工业推板
		一	服装工业推板的原理
		二	服装工业推板的依据
		三	女装原型的推板
第四章 （56课时）	典型款式分析及实践应用		• 典型款式的工业制板
		一	西服裙
		二	塔裙
		三	男西裤
		四	牛仔裤
		五	男衬衫
		六	分割线夹克
		七	插肩袖夹克
		八	女西装
		九	男西服
第五章 （8课时）	基础理论及应用提高		• 计算机在服装工业制板中的应用
		一	服装CAD概述
		二	计算机辅助纸样设计系统
		三	计算机辅助推板

注 各院校可根据本校的教学特色和教学计划对课程时数进行调整。

目录

基础理论——

服装工业制板

课题内容： 1. 服装工业制板概述。

2. 绘制服装纸样的符号和标准。

3. 服装工业制板中净板的加放。

4. 服装工业制板与面料性能。

上课时数： 3 课时

教学提示： 阐述服装工业制板在成衣加工中所起的作用、目的和意义。分析了服装工业制板的流程和绘制纸样的一些基本要求，阐述了服装工业制板的主要影响因素。

教学要求： 1. 使学生了解服装工业制板在服装生产过程中的重要作用。

2. 使学生了解服装工业制板与单裁单做的区别，建立综合思考和分析问题的意识。

3. 使学生了解服装工业制板的流程。

4. 使学生了解绘制纸样的方法和要求。

5. 使学生了解服装面料在服装工业制板中产生的作用和影响。

课前准备： 以学生在相关课程中所学的知识点作为示例，深入成衣企业，使学生了解成衣生产的实际情况。

第一章　服装工业制板

　　成衣化工业（Ready-to-wear Industry）产生于19世纪初，是随着欧洲近代工业的兴起而发展起来的。这其中有三个方面的因素驱使它发展：一是由于当时社会经济的发展，人们的文化修养及物质生活水平的提高，对服装款式和品种的需求越来越多，对服装质量的要求越来越高，从而导致对服装设计的水平和缝制加工工艺提出新的要求，因此专门从事服装设计和成衣加工的行业开始出现。二是近代工业兴起带动服装缝制设备的发展。第一台手摇链式缝纫机由英国人发明，随之具有实用价值的各种缝纫设备也相继问世，制作服装由单纯的手工操作过渡到机械操作。三是由于纺织机械的发展促进旧工艺的改进和新工艺的产生，服装面料、辅料等新型材料的品种日益繁多，为成衣化工业生产提供了物质保证。

　　服装成衣生产方式逐步由手工个体形式或手工作坊的生产方式发展成为工业化生产方式，已成为具有一定现代化生产规模的劳动密集型生产体系。随着经济及高科技电子技术的快速发展，服装工业彻底摆脱旧有的生产方式，而与现代化工艺技术和设备相接轨；另一方面，随着新技术、新材料的不断发展和市场竞争日趋激烈，成衣工业在如何适应现代社会需求的高效率、高质量方面，又面临着新的课题。

　　虽然工业化成衣生产已成为现代服装生产的主要方式，它的工艺加工方法也日益变得成熟和完善，但它的重要环节——工业纸样是实现这一方式的先决条件。

第一节　服装工业制板概述

　　服装工业纸样的作用是保证成衣加工企业能有计划、有步骤、保质保量地进行生产。具体地说，是提供合乎款式要求、面料要求、规格尺寸和工艺要求的一整套利于裁剪、缝制、后整理的纸样（Pattern）或样板。

　　款式要求是指客户提供的样衣或经过修改的样衣，或款式图式样的要求。

　　面料要求是指面料性能的要求，如：面料的缩水率、热缩率、色牢度、倒顺毛或对格对条等。

　　规格尺寸是指根据服装号型系列而制定的尺寸或客户提供生产该款服装的尺寸，它包括关键部位的尺寸和小部件尺寸等。

　　工艺要求是指对熨烫、缝制和后整理的加工技术要求，如在缝制过程中，缝口是采用双包边线迹还是采用包缝（锁边）线迹等不同的工艺。

　　服装工业纸样的意义是为成衣加工生产的顺利进行创造了条件，是服装生产制订技术标准的依据，是裁剪、缝制和后整理的技术保证，是生产、质检等部门进行生产管理、质量控制的重要技术依据。

一、服装工业制板与单裁单做的区别

（一）服装工业制板与单裁单做研究对象不同

　　服装工业生产以前的服装结构和缝制工艺，通常是针对常见体型或单独个体进行研究和分析，同样，人们经常看到的个体服装加工店也是个别裁剪和缝制的，这些都属于单裁单做的范畴。它研究人体对服装的直接影响，即单裁单做的服装能满足人体的造型要求，对象是单独的个体。

　　而服装工业纸样研究的对象是大众化的人群，具有普遍性的特点。如当人们去商场购买服装时，只有服装的款式、服装面料、加工工艺和规格尺寸都满足购买者需要时，才会有购买的动机。从某种意义上讲，是根据人体的需求去设计服装的款式、规格。

（二）服装工业制板与单裁单做相对数量不同

　　单裁单做采用的方式是，由制板人绘制出纸样后，经裁剪、假缝、修正，最后缝制出成品；而许多个体裁剪则省略了制板的过程，直接在布料上画样，其他工序则一样。以上过程基本上由一人完成，有些细节，如小部件的裁剪，则根据具体情况分别处理，所绘制的纸样不一定完整。

　　成衣化工业生产是由许多部门协作完成的，这就要求服装工业制板详细、准确、规范，尽可能配合默契，一气呵成。如在成衣工业化生产中，缝制一条标准的牛仔裤（通常又称为501裤）需要的裁剪纸样有前片、前袋垫、表袋、前大袋片、前小袋片、门襟、里襟、后片、后育克（后翘）、后贴袋、腰头、裤襻（串带）共12个部位裁片，缺一不可，否则，裁剪车间就不能顺利进行画样、排料和裁剪。缝制车间如没有工艺纸样，缝制过程就不能正常进行，无法保证产品质量。

（三）服装工业制板与单裁单做质量不同

　　从严格意义上说，采用单裁单做的服装，质量要比成衣工业化生产好。另一方面，由于服装工业纸样严格按照规格标准、工艺要求进行设计和制作，裁剪纸样上必须标有纸样绘制符号和纸样生产符号，有些还要在工艺单中详细说明，工艺纸样上有时标记胸袋和扣眼等的位置，这些都要求裁剪和缝制车间完全按纸样进行生产，只有这样才能保证同一尺寸的服装规格一样。而单裁单做由于是独立操作，就没有这些标准化、规范化的要求。

二、服装工业制板的流程

从狭义上说，服装工业制板或工业纸样是先依据规格尺寸绘制基本的中间标准纸样，然后以此为基础，按一定规则放缩并推导出其他规格的纸样。按照成衣工业生产的模式，服装生产企业进行工业制板的依据有以下三种情况：客户提供样品和订单；客户只提供订单和款式图而没有样品；客户只提供样品没有其他任何参考资料。另外，把设计师提供的服装设计效果图、正面和背面结构图以及该款服装的补充资料经过处理和归纳后进行制板，也认定为是制板的依据。下面分别详细说明。

（一）提供样品（Sample）又有订单（Order）

提供样品又有订单是大多数服装生产企业，尤其是外贸加工企业经常遇到的情况，由于它比较规范，所以供销部门、技术部门、生产部门以及质量检验部门都乐于接受。对此，绘制工业纸样的技术部门必须按照以下流程去实施：

1. 分析订单

分析订单，包括面料的分析：缩水率、热缩率、倒顺毛、对格对条等；规格尺寸分析：具体测量的部位和方法，小部件的尺寸确定等；工艺分析：裁剪工艺、缝制工艺、整烫工艺、锁眼钉扣工艺等；款式图分析：在订单上有生产该服装的结构图，通过分析大致了解服装的构成；包装装箱分析：单色单码（一箱中的服装不仅是同一种颜色而且是同一种规格装箱）、单色混码（同一颜色不同规格装箱）、混色混码（不同颜色不同规格装箱），平面包装、立体包装等。

2. 分析样品

从样品中了解服装的结构、制作的工艺、分割线的位置、小部件的组合，测量尺寸的大小和方法等。

3. 确定中间规格

针对中间规格进行各部位尺寸分析，了解它们之间的相互关系，有的尺寸还要细分，从中发现规律。

4. 确定制板方案

根据款式的特点和订单要求，确定是用比例法还是用原型法，或用其他的制板方法等。

5. 绘制中间规格的纸样

绘制中间规格的纸样有时又称为封样纸样，客户或设计人员要对按照这份纸样缝制的服装进行检验并提出修改意见，确保在投产前产品合格。

6. 封样品的裁剪、缝制和后整理

封样品的裁剪、缝制和后整理过程要严格按照纸样的大小、纸样的说明和工艺要求进行操作。

7. 依据封样意见共同分析和会诊

依据封样意见共同分析和会诊，从中找出产生问题的原因，进而修改中间规格的纸样，最后确定投产用的中间规格纸样。大家可以参看附录B中的一份封样确认意见。

8. 推板

利用中间规格纸样根据一定规则推导出其他规格的服装工业用纸样。

9. 检查全套纸样是否齐全

在裁剪车间，一个品种的批量裁剪铺料少则几十层、多则上百层，而且面料可能还存在色差。如果缺少某些裁片纸样就开裁面料，会造成裁剪结束后，再找同样颜色的面料来补裁就比较困难（因为同色而不同匹的面料往往有色差），既浪费了人力、物力，效果也不好。

10. 制订工艺说明书和绘制一定比例的排料图

服装工艺说明书是服装缝制应遵循和注意的必备资料，是保证生产顺利进行的必要条件，也是质量检验的标准；而排料图是裁剪车间画样、排料的技术依据，它可以控制面料的耗量，对节约面料、降低成本起着积极的指导作用。

以上十个步骤概括了服装工业制板的全过程，这仅是广义上服装工业制板的含义，只有不断地实践，丰富知识，积累经验，才能真正掌握其内涵。

（二）只有订单和款式图或只有服装效果图和结构图但没有样品

这种情况增加了服装工业制板的难度，一般常见比较简单的典型款式，如衬衫、裙子、裤子等。要绘制出合格的纸样，不但需要积累大量的类似服装的款式和结构组成的资料，而且还应有丰富的制板经验。其主要流程如下：

1. 详细分析订单

分析订单包括分析订单上的简单工艺说明、面料的使用及特性、各部位的测量方法及尺寸大小、尺寸之间的相互关系等。

2. 分析订单上的款式图或示意图（Sketch）

从示意图上了解服装款式的大致结构，结合以前遇到的类似款式进行比较，对于一些不合理的结构，按照常规在绘制纸样时作适当的调整和修改。

其余各步骤基本与第一种情况自流程3（含流程3）以下一致。只是对步骤7要做更深入的了解，不明之处，向客户咨询，不断修改，最终达成共识。总之，绝对不能在有疑问的情况下就匆忙投产。

（三）仅有样品而无其他任何资料

仅有样品而无其他任何资料多发生在内销的产品中。由于目前服装市场的特点为多品种、小批量、短周期、高风险，于是有少数小型服装企业采取不正当的生产经营方式。一些款式新、销售比较看好的服装刚一上市，这些经营者就立即购买一件该款服装，作为样品进行仿制，在很短时间后就投放市场，而且销售价格大大低于正品的服装。对于这种不正当竞争行为，虽不提倡，但还是要了解其特点，其主要流程如下：

1. 分析样品的结构

分析分割线的位置、小部件的组成、各种里子和衬料的分布、袖子和领子与前后片的配合、锁眼及钉扣的位置等；关键部位的尺寸测量和分析、各小部件位置的确定和尺寸分析；各缝口的工艺加工方法分析；熨烫及包装的方法分析等。最后，制订合理的订单。

2. 面料分析

面料分析是指分析衣片面料的成分、花型、组织结构等；分析各部位用衬（Interfacing）的规格；根据衣片面料和穿着的季节选用合适的里子（Lining），针对特殊的要求（如透明的面料）需加与之匹配的衬里（Underlining），有些保暖服装（如滑雪服、户外服）需衬有保暖的内衬（Interlining）等材料。

3. 辅料分析

辅料分析包括拉链的规格和使用部位；扣子、铆钉、吊牌等的合理选用；选择橡筋并分析其使用的部位；确定缝纫线的规格等。

其余各步骤与第一种方式自流程3（含流程3）以下一样，然后进行裁剪、仿制（俗称"扒板"）。对于比较宽松的服装，要做到与样品一致；对于合体的服装，要通过多次修改纸样，试制样衣；而对于使用特殊的裁剪方法（如立体裁剪法）缝制的服装，要做到与样品完全一致，一般的裁剪方法很难实现。

三、服装工业纸样的分类

服装工业纸样在整个生产过程中都要使用，只是使用的纸样种类不同。图1-1是服装工业纸样的分类。

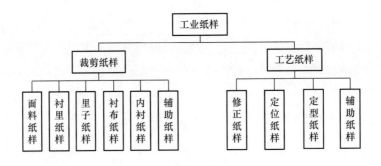

图1-1　服装工业纸样分类

一套规格从小到大的系列化服装工业纸样，应在保证款式结构的原则下，结合面料特性、裁剪、缝制、整烫等工艺条件，做到既科学又标准。从图1-1中可知，服装工业纸样主要分成裁剪纸样和工艺纸样。

（一）裁剪纸样

成衣生产中裁剪用的纸样主要是确保批量生产中同一规格的裁片大小一致，使得该规格所有的服装在整理结束后各部位的尺寸与规格表上的尺寸相同（允许有符合标准的公差），相互之间的款型一样。

1. 面料纸样

面料纸样通常是指衣身裁片纸样，一般情况下包括前片（含分割各片）、后片（含分割各片）、袖子（含分割各片）、领子（含分割各片）、过面（含分割各片）和其他小部件纸样，如袖头、袋盖、袋垫布等。这些纸样要求结构准确，纸样上标识正确清晰，如布纹方向、倒顺毛方向等。面料纸样一般是加有缝份或折边的毛缝纸样。

2. 衬里纸样

衬里纸样一般与面料纸样一样大，多用于婚纱类的服装，在车缝或敷衬前，把它直接放在面料下面，用于遮住有网眼的面料，以防透过薄面料可看见里面的结构，如省道和缝份。通常面料与衬里一起缝合。薄的里子面料最适合用作衬里，衬里纸样为毛缝纸样。

3. 里子纸样

里子纸样很少有分割的，一般有前片、后片、袖子和部分小部件，如里袋布等。里子纸样的缝份比面料纸样的缝份大0.5～1.5cm，在有折边的部位（下摆和袖口等），里子的长短比衣身纸样少一个折边宽。因此，就某片里子纸样而言，多数部位边是毛缝，少数部位边是净缝。如果里子上还缝有内衬，这时的里子纸样比没有内衬的里子纸样要大些。

4. 衬布纸样

衬布分有纺或无纺、可缝或可粘等材料。应根据不同的面料、不同的使用部位、不同的作用效果有选择地使用衬布。衬布纸样有时使用毛缝，有时使用净缝。

5. 内衬纸样

内衬是介于面料与里子之间，主要起保暖的作用。毛织物、絮料、起绒布、类似Gore-tex面料（具有防水、透气和防风功能）等常用作内衬，由于它通常绗缝在里子上，所以，内衬纸样比里子纸样稍大些，前片内衬纸样由前片里子和过面两部分组成。

6. 辅助纸样

辅助纸样比较少，只是起到辅助裁剪的功能，如在夹克中经常要使用橡筋，由于它的宽度已定，净长度则需要计算，因此根据计算的长度绘制一纸样作为橡筋的长度即可。辅助纸样多数使用毛缝。

（二）工艺纸样

工艺纸样主要用于缝制加工过程和后整理环节中。通过它可以使服装加工顺利进行，保证产品规格的一致，提高产品质量。

1. 修正纸样

修正纸样主要用于校正裁片。如在缝制西服之前，裁片经过高温加压黏衬后，会发生热缩等变形现象，导致左、右两片的不对称，这时，就需要用标准的纸样修剪裁片。修正纸样的形状与裁剪纸样保持一致。

2. 定位纸样

定位纸样有净缝纸样和毛缝纸样之分，主要用于半成品中某些部件的定位，如衬衫上胸袋和扣眼等的位置确定。在多数情况下，定位纸样和修正纸样两者合用；而锁眼钉扣是在后整理中进行的，所以扣眼定位纸样只能使用净缝纸样。

3. 定型纸样

定型纸样用在缝制加工过程中，用于保持款式某些部位的形状，如牛仔裤的月牙袋、西服的前止口、衬衫的领子和胸袋等。定型纸样使用净缝纸样，可使缝制准确，避免误差。定型纸样的质地应选择较硬而又耐磨的材料制作。

4. 辅助纸样

工艺辅助纸样与裁剪用纸样中的辅助纸样有很大的不同，工艺辅助纸样只在缝制和整烫过程中起到辅助的作用。如在轻薄的面料上缝制暗裥后，为了防止熨烫时正面产生褶皱，在裥的下面衬上窄条，这个窄条就是起辅助作用的纸样。有时在缝制裤口时，为了保证两只裤口大小一样，采用一条标准裤口尺寸的纸样作为校正，这也是辅助纸样。

四、服装工业制板的方法

服装工业制板的方法归纳起来有两大类：平面构成法和立体构成法。在服装工业制板中通常使用平面构成法，而平面构成法又有多种结构制图或裁剪方法，大致又可分成原型法和比例法。传统的制板工作是由人工来操作完成的，随着科技的飞速发展，电子计算机也渗透到服装工业中，计算机辅助纸样设计在国外已经普及，国内也逐渐发展壮大。在此，可以把工业制板分成人工制板法和计算机制板法两种。

（一）人工制板法

人工制板法使用的工具是一些简单的、直观的常用工具和专用工具。采用的方法有比例法和原型法两种，比例法以成品尺寸为基数，对衣片内在结构的各部位进行直接分配。如衣片的领深和领宽就直接使用领围的成衣尺寸进行计算。此法方便、快捷，有一定的科学计算依据，对于一些常规的、典型的、宽松的服装尤为适用。但随着人们审美能力的提高，对服装的合体程度要求越来越高，生产中采用的工艺越来越新颖，服装款式的变化也越来越多，使得很多人以原型作为基样，按照款式要求，通过加放或缩减制得所需要的纸样，这种方法就是人们常称作的原型法，它有一整套转省的理论，对于人体与服装之间的关系研究更深入，所以，此法在工业制板中常被采用。至于在单裁单做中使用较多的立体裁剪法，因纸样的构成和工业化生产的限制而较少采用。

（二）计算机制板法

计算机制板是直接依靠计算机界面上提供的各种模拟工具在绘图区制出需要的纸样。由于是模仿人工制板法，所以，采用的方法也是比例法和原型法，业内人士称这种制板法为人机交互式制板法。至于自动制板的方法目前还不成熟，有待更深入地研究和开发。

第二节　绘制服装纸样的符号和标准

制图符号是在进行服装纸样绘图时，为使纸样统一、规范、标准，便于识别及防止差错而制定的标记。它不完全等同于单裁单做中的纸样符号，而是在一定批量的服装工业生产中要求准确应用的标记。而且，从成衣国际标准化的要求出发，纸样符号也应标准化、系列化和规范化。这些符号不仅仅用于绘制纸样，许多符号还在裁剪、缝制、后整理和质量检验过程中，针对这两种情况，把它们分成纸样绘制符号和成衣生产纸样符号。

一、纸样绘制符号

在把服装结构图绘制成纸样时，若仅用文字说明则缺乏准确性和规范化，也不符合简化和快速理解的要求，甚至会造成理解的错误，这时，就需要用一种能代替文字的符号，使之既直观又便捷。

下面介绍纸样绘制中经常使用的一些符号，如表1-1所示。

表1-1　纸样绘制符号

序号	名称	符号	说明
1	基础线	——————	是各部位制图的辅助线，用细实线表示，线的宽度是粗实线宽度的一半
2	轮廓线	——————	又称裁剪线，用粗实线表示，通常指纸样的制成线，按照此线裁剪，线的宽度为 0.5 ~ 1mm
3	折边线	══════	用两条平行的实线表示，一条是粗实线，另一条是细实线，用于裁片的折边部位，如裤口的折边
4	贴边线	— · — · — · —	用单点画线表示，线条宽度与细实线相同，如：男衬衫左门襟上贴边的里边线
5	净缝线	— — — — — —	用长虚线表示，线条宽度是粗实线的一半
6	等分线	⌒⌒⌒	用于将某部位划分成若干相等的距离，虚线宽度与细实线相同，如背宽平均分成两份，再画背省
7	尺寸线	⊢———⊣	表示纸样某部位从起点至终点的直线距离，箭头应指到部位净缝线

序号	名称	符 号	说 明
8	缝份线		用两条平行线表示，一条是粗实线，另一条是虚线，是轮廓线和净缝线的组合
9	直角符号		制图中经常使用，一般在两线相交的部位，两线相交成90°直角
10	重叠符号		表示相邻裁片交叉重叠部位的标记，如斜裙前后片在侧缝处的重叠
11	完整符号		当基本纸样的结构线因款式要求，需将一部分纸样与另一纸样合二为一时，就要使用完整符号，如：男衬衫的过肩，其中的肩缝线应去掉
12	相同符号	○ ● □ ■ ◎	表示相邻裁片的尺寸大小相同。可选用图中所示的各种记号或增设其他记号
13	省略符号		省略裁片某部位的标记，常用于表示长度较长而结构图中无法画出的部位
14	橡筋符号		也称罗纹符号、松紧带符号，是服装下摆或袖口等部位缝制橡筋或罗纹的标记
15	切割展开符号		表示该部位需要进行分割并展开

除上述纸样绘制符号以外，还有一些不常用的绘制符号以及某些裁剪书上一些自定的符号，在此不作推荐。

二、成衣生产纸样符号

成衣生产纸样符号主要是在国际和国内服装业中通用的，指导标准化生产的权威性符号。了解这些符号的含义，有助于设计或制板人员对服装结构造型、面料特性和生产加工等方面便利工作。

下面介绍成衣生产纸样中经常使用的一些符号，如表1-2所示。

表1-2 成衣生产纸样符号

序号	名称	符 号	说 明
1	布纹符号	←——→	又称经向符号，表示服装材料经纱方向的标记，布纹符号中的直线段在裁剪时应与经纱方向平行，在成衣化工业排料中，根据款式要求，可稍作调整，但若偏移过大，则会影响产品的质量
2	对折符号		表示裁片在该部位不可裁开的符号，如：男衬衫过肩后中线
3	顺向符号	——→	表示服装材料（如裘皮、丝绒、条绒等）表面毛绒顺向的标记，箭头方向应与毛绒顺向一致，通常裁剪时采用倒毛的形式

续表

序号	名称	符　　号	说　　明
4	对条符号		表示相关裁片的条纹应一致的标记，符号的纵横线与布纹对应，如采用有条纹的面料制作西服，大袋盖上的条纹必须和衣身上的条纹对齐
5	对花符号		表示相关裁片中图案或花形等相对应的标记，如在前片纸样中有对花符号，则在裁剪时，左、右两片的花形必须对称
6	对格符号		表示相关裁片格纹应一致的标记，符号的纵横线对应于布纹
7	拼接符号		表示相邻裁片需拼接的标记和拼接位置，如两片袖的大、小袖片的缝合
8	省符号 枣核省 丁字省 宝塔省		省的使用往往是得到合体的效果，省的余缺指向人体的凹点，省尖指向人体的凸点，一般用粗实线表示，裁片内部的省用细实线表示；省常见有以下几种：腰省（Waist Darts）、胸省（Bust Darts）、法式省（French Darts）、肘省（Elbow Darts）、半活省（Dart Tucks）和长腰省（Contour Darts） 省分成三大类：枣核省、丁字省和宝塔省
9	褶裥符号 褶 暗裥 明裥		褶比省在功能和形式上更灵活多样，因此，褶更富有表现力。褶一般有以下几种：活褶（Dart Tucks）、细褶（Pin Tucks）、十字缝褶（Cross Tucks）、荷叶边褶（Shell Tucks）和暗褶（Blind Tucks），是通过部分折叠并车缝成褶 当把褶从上到下全部车缝起来或全部熨烫出褶痕，就成为常说的裥，常见的裥有：顺裥（Knife Pleats）、相向裥（Box Pleats）、暗裥（Inverted Pleats）和倒裥（Kick Pleats），裥是褶的延伸，所以其成衣生产纸样符号可以共用。在褶的符号中，褶的倒向总是以毛缝线为基准，该线上的点为基准点，沿斜线折叠，该符号表示服装正面褶的形状
10	缩缝符号		表示裁片某部位需用缝线抽缩的标记，如西服袖子在缝合到袖隆之前，需采用这种方法
11	归缩符号		又称归拢符号，表示裁片某部位熨烫归缩的标记，张口方向表示裁片收缩方向，圆弧线条根据归缩程度可画 2 ~ 3 条
12	拔伸符号		又称拉伸符号或拔开符号，与归缩符号的作用相反，表示裁片某部位熨烫拉伸的标记，如男西服前片肩部就采用该方法
13	剪口符号		又称对位符号，用于各衣片之间的对位，对提高服装的质量起着很重要的作用，如西服中前身袖隆处的剪口与大袖上的剪口在缝制时必须对合

续表

序号	名称	符 号	说 明
14	纽扣及扣眼符号	⊗　　├───┤	在服装上缝钉扣子或锁眼位置的标记
15	明线符号	─ ─ ─ ─ ─	表示服装某部位表面车缝明线的标记，主要在服装结构图和净纸样中使用，多见于牛仔服装中
16	拉链符号	├▸▾▸▾▸▾▸▾┤	表示在该部位需缝制拉链的标记

当然，成衣生产纸样符号还有其他的标准符号，由于不经常使用，在此略去。

以上所有的纸样绘制符号和成衣生产纸样符号使用普遍，掌握它们的特点并在实践中正确运用，才能保证制图过程的规范和纸样的标准。

第三节　服装工业制板中净板的加放

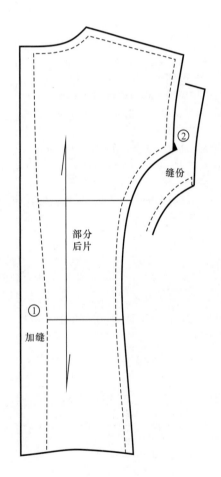

图1-2　四开身女西服

在成衣生产中，要依据面料的性能、加工工艺来设计净板的加放。常见的几种加放有缝份、折边和加缝。缝份就是通常所说的做缝或缝头，在净纸样的直线边缘和较长的弧线外加放缝份比较容易，而在边角处，尤其是分缝熨烫的缝口，要注意缝口的构成，保证加放正确。图1-2是四开身女西服后片的一部分，其中②处黑角部位，当分缝整烫后能使缝份边缘与袖窿缝份对合。折边是服装边缘部位如下摆、门襟、裤口、开衩等的加放，注意折边两端应与翻折后的部位对齐重叠，图1-3是衬衫前片的一部分，其中①处的黑角可保证折边上缘与领窝对合。图1-4是短裤前片的部分，裤口的折边处不能缺少①处的黑角，否则，缲三角针时会造成裤口的不服帖；加缝（又称放头）多用在高档服装中，尤其在单裁单做中，除必要的缝份外，再加放些余量以备加长、加肥或修正时使用，常需加缝的部位有后中缝、侧缝、肩缝、袖缝、前后裆缝等，如图1-2中女西服的后中缝①处就是加缝的一种。

通常工业制板中加放的参考数据见表1-3，表中的缝型是指一定数量的衣片和线迹在缝制过程中的配置形式。

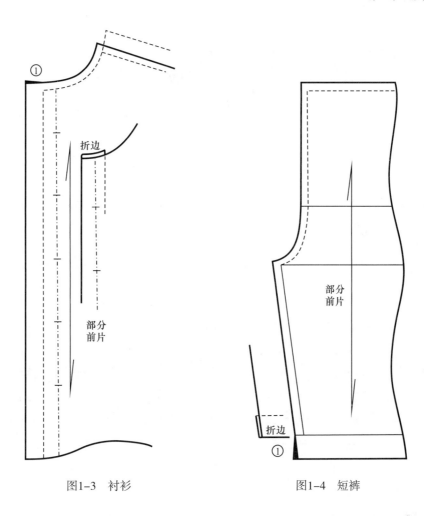

图1-3　衬衫　　　　　　　　　　　图1-4　短裤

表1-3　常见缝型净纸样的加放

单位：cm

缝型名称	缝型构成示意图	说　　　明	参考加放量
合缝		单线切边，分缝熨烫 三线包缝 四线包缝 五线包缝	1～1.3
双包边		多见于双针双链缝，理论上，上层的缝份比下层的缝份小一半	1～2
折边（缲边）		多使用锁缝线迹或手针线迹，分毛边和光边	2～5
来去缝		多用于轻薄型或易脱散的面料，线迹类型为锁缝	1～1.2
滚边		分实绲边和虚绲边，常用链缝和锁缝线迹	1～2.5
双针绷缝		多用于针织面料的拼接	0.5～0.8

注　表中的参考加放量根据实际工艺要求可作适当的调整。

第四节　服装工业制板与面料性能

在成衣生产过程中，服装加工的工业纸样基本上是使用纸板来制作系列纸样的，但纸板与面料、里子、衬、内衬和其他辅料在性能上有很大的不同，其中，最重要的一个因素是缩量。各种不同的服装面料，其缩量的差异很大，对成品规格将产生重大影响，而且制板用的纸板本身也存在自然的潮湿和风干缩量问题，因此，在绘制裁剪纸样和工艺纸样时必须考虑缩量，通常的缩量是指缩水率和热缩率。

一、缩水率

织物的缩水率主要取决于纤维的特性、织物的组织结构、织物的厚度、织物的后整理和缩水的方法等。通常，经纱方向的缩水率比纬纱方向的缩水率大。

下面以毛织物在静态浸水时的缩水为例介绍织物缩水率的测定。

测量的温度为20℃±2℃，调湿的湿度为65%±3%，裁取1.2m长的全幅织物作为试样，将试样平放在工作平台上，在经向上至少作三对标记，纬向上至少作五对标记，每对标记要均匀分布，以使测量值能代表整块试样。其操作步骤如下：

（1）将试样在标准大气中平铺调湿至少24h。

（2）将调湿后的试样无张力地平放在测量工作台上，在距离标记约1cm处压上4kg金属压尺，然后测量每对标记间的距离，精确到1mm。

（3）称取试样的重量。

（4）将试样以自然状态散开，浸入温度20～30℃的水中1h，水中加1g/L烷基聚氧乙烯醚，使试样充分浸没于水中。

（5）取出试样，放入离心脱水机内脱干，小心展开试样，置于室内，晾放在直径为6～8cm的圆杆上，织物经向与圆杆近似垂直，标记部位不得放在圆杆上。

（6）晾干后试样移入标准大气中调湿。

（7）称取试样重量，若织物浸水前调湿重量和浸水晾干调湿后的重量差异在±2%以内，则按步骤（2）再次测量。

试样尺寸的缩水率：

$$S = \frac{L_1 - L_2}{L_1} \times 100\%$$

式中：S——经向或纬向尺寸缩水率；

　　　L_1——浸水前经向或纬向标记间的平均长度，mm；

　　　L_2——浸水后经向或纬向标记间的平均长度，mm。

当$S \geq 0$，表示试样收缩；$S < 0$，表示试样伸长。

例如，用啥味呢的面料缝制裤子，而裤子的成品规格裤长是100cm，经向的缩水率是3%，那么，制板纸样的裤长L：

$$L=100/（1-3\%）=100/0.97=103.1（cm）$$

其他织物，如缝制牛仔服装的织物，试样的量取方法类似毛织物，而牛仔服装的水洗方法很多，如石磨洗、漂洗等，试样的缩水率应根据实际的水洗方法来确定，但绘制纸样尺寸的计算公式还是上式。对于缩水率，国家有统一的产品质量标准规定。常见织物的缩水率见表1-4，仅供参考。

表1-4　常见织物的缩水率

衣　料		品　　种	缩水率（%）	
			经向（长度方向）	纬向（门幅方向）
印染棉布	丝光布	平布、斜纹、哔叽、贡呢	3.5 ~ 4	3 ~ 3.5
		府绸	4.5	2
		纱（线）卡其、纱（线）华达呢	5 ~ 5.5	2
	本光布	平布、纱卡其、纱斜纹、纱华达呢	6 ~ 6.5	2 ~ 2.5
	防缩整理的各类印染布		1 ~ 2	1 ~ 2
色织棉布		线呢	8	8
		条格府绸	5	2
		被单布	9	5
		劳动布（预缩）	5	5
呢绒	精纺呢绒	纯毛或含毛量在70%以上	3.5	3
		一般织品	4	3.5
	粗纺呢绒	呢面或紧密的露纹织物	3.5 ~ 4	3.5 ~ 4
		绒面织物	4.5 ~ 5	4.5 ~ 5
	组织结构比较稀松的织物		5以上	5以上
丝绸		桑蚕丝织物（真丝）	5	2
		桑蚕丝织物与其他纤维交织物	5	3
		绉线织品和绞纱织物	10	3
化纤织品		黏胶纤维织物	10	8
		涤棉混纺织品	1 ~ 1.5	1
		精纺化纤织物	2 ~ 4.5	1.5 ~ 4
		化纤丝绸织物	2 ~ 8	2 ~ 3

二、热缩率

织物的热缩率与缩水率类似，主要取决于纤维的特性、织物的密度、织物的后整理和熨烫的温度等。在多数情况下，经纱方向的热缩率比纬纱方向的热缩率大。

下面以毛织物在干热熨烫条件下的热缩为例介绍织物热缩率的测试。

试验条件：在标准大气压，温度为20℃±2℃，相对湿度为65%±3%，对织物进行调试时，试样不得小于20cm长的全幅，在试样的中央和旁边部位（至少离开布边10cm）画出70mm×70mm的两个正方形，然后用与试样色泽相异的细线，在正方形的四个角上作以标记，试验步骤如下：

（1）将试样在试验用标准大气下平铺调湿至少24h，纯合成纤维产品至少调湿8h。

（2）将调湿后的试样无张力地平放在工作台上，依此测量经、纬向各对标记间的距离，精确到0.5mm，并分别计算出每块试样的经、纬向的平均距离。

（3）将温度计放入带槽石棉板内，压上熨斗或其他相应的装置加热到180℃以上，然后降温到180℃时，先将试样平放在毛毯上，再压上熨斗，保持15s，然后移开试样。

（4）按步骤（1）和步骤（2）要求重新调湿，测量和计算经、纬向平均距离。

试样尺寸的热缩率：

$$R = \frac{L_1 - L_2}{L_1} \times 100\%$$

式中：R——分别是试样经、纬向的尺寸热缩率；

L_1——试样熨烫前标记间的平均长度，mm；

L_2——试样熨烫后标记间的平均长度，mm。

当$R \geq 0$，表示织物收缩，$R < 0$，表示试样伸长。

例如，用精纺呢绒的面料缝制西服上衣，成品规格的衣长是74cm，经向的缩水率是2%，那么，制板纸样的衣长L：

$$L = 74 / (1 - 2\%) = 74 / 0.98 = 75.5 (cm)$$

但事情并不那么简单，通常的情况是面料上要黏有纺衬或无纺衬，这时，不仅要考虑面料的热缩率，还要考虑衬的热缩率，在保证它们能有很好的服用性能的基础上，黏合在一起后，计算它们共有的热缩率，从而确定适当的制板纸样尺寸。

至于其他面料，尤其是化纤面料，一定要注意熨烫的合适温度，防止面料出现焦化等现象。表1-5列出了各种纤维面料的熨烫温度。

表1-5　各种纤维面料的熨烫温度

纤维面料	熨烫温度（℃）	备　注
棉、麻织物	160～200	给水可适当提高温度
毛织物	120～160	反面熨烫
丝织物	120～140	反面熨烫，不能喷水
黏胶织物	120～150	—
涤纶、锦纶、腈纶、维纶	110～130	维纶面料不能用湿的烫布，也不能喷水熨烫
氯纶	—	不能熨烫

　　影响服装成品规格还有其他因素，如缝缩率等，这与织物的质地、缝纫线的性质、缝制时上下线的张力、压脚的压力以及人为的因素有关，在可能的情况下，纸样可作适当处理。

思考题

　　1. 工业制板的目的。

　　2. 如何理解工业制板与单裁单做的区别？

　　3. 以常见的贴门襟男衬衫为例，试指出工业制板的流程是什么？

　　4. 如何理解褶的符号及它的造型特点？

　　5. 工业制板中，某个款式的全套纸样由哪些部分组成？

基础理论——

服装号型国家标准

课题内容： 1. 服装号型标准概况。

2. 号型的内容。

上课时数： 3课时

教学提示： 分析服装号型标准的发展过程，强调标准在服装生产中的重要性。讲解服装号型标准的概念以及在服装规格设计中的应用。

教学要求： 1. 使学生了解国家服装号型标准的发展和构成。

2. 使学生了解国家服装号型标准中涉及的概念。

3. 使学生了解国家服装号型标准的主要内容。

课前准备： 阅读 GB/T 1335. 1 ~ 3—2008 服装号型（男子、女子、儿童）和其他相关的国家标准，并能在教学中论述。

第二章 服装号型国家标准

第一节 服装号型标准概况

在服装工业生产的纸样设计环节中，服装规格的建立是非常重要的，它不仅对制作基础纸样是不可缺少的，更重要的是成衣生产需要在基础纸样上放缩出不同规格或号型系列的纸样。在服装工业发达的国家或地区，很早就开始了对本国家或本地区标准人体和服装规格的研究和确立，大多都建立有一套比较科学和规范的工业成衣号型标准，供成衣设计者使用或消费者参考。企业要想获得从小到大尺码齐全的规格尺寸，从而满足消费者的需求，就需要参考国家或该地区所制定的服装标准。例如，日本的男、女成衣尺寸规格是参照日本工业规格（JIS）制订的；英国的男、女成衣尺寸是依据英国标准研究所提供的规格而设计的；美国、德国、意大利等国也都有较完善的服装规格或参考尺寸。服装规格制定的优劣，在很大程度上影响着该国服装工业的发展和技术的交流。

我国的服装规格和标准人体的尺寸研究起步较晚，1972年后开始逐步制订一系列的服装标准，国家统一号型标准是在1981年制定的，1982年1月1日实施，标准代号是GB 1335—1981。经过一些年的使用后，根据原纺织工业部、中国服装工业总公司、中国服装研究设计中心、中国科学院系统所、中国标准化与信息分类编码所和上海服装研究所提供的资料，于1987年和1988年在全国范围内进行了大量人体测量，对获取的数据进行归纳整理，形成了我国较系统的国家标准《中华人民共和国国家标准 服装号型》（*Standard Sizing System for Garment*）。它由国家技术监督局于1991年7月17日发布，1992年4月1日起实施，分男子、女子和儿童三种标准，它们的标准代号分别是GB 1335.1—1991、GB 1335.2—1991和GB/T 1335.3—1991，其中，"GB"是"国家标准"四字中"国标"两字汉语拼音的声母，"T"字母是"推荐使用"中"推"字汉语拼音的声母，男子和女子两种国家标准是强制执行的标准，是服装企业的产品进入内销市场的基本条件，而儿童标准是国家对服装企业的非强制使用的标准，只是企业根据自身的情况适时使用，这些发布和实施的服装国家标准基本上与国际标准接轨。到1997年，共制订了36个标准，其中有13个国家标准，12个行业标准，11个专业标准（有些企业还制订了要求更高的企业标准）。1997年11月13日，经修订并发布了服装号型国家标准，该标准于1998年6月1日实施，仍旧分男子、女子和儿童三种标准，它们的标准代号分别是GB/T 1335.1—1997、GB/T 1335.2—1997和GB/T 1335.3—1997，修订的男装和女装标准都已改为推荐标准，既然是推荐的标准是否就可以不采用呢？答案是否定的。因为，如果不使用国家标准，就应该使用相应的行业标准或企业标准，我们知道企业标准高于行业标准，而行业标准又高于国家标准，此外，因地域情况的差异部分省市还制定了一些地方标准。截至目前，已制定与纺织服装相关的基础标准、产品标准、方法标准、管理标准等1200余项。因此，服装企业应遵照国家标准的要求进行生产。2008年12月31日，由上海市服装研究所、中国服装协会、中国标准化研究院、中国科学院系统所等主要起草单位再次修订并发布了男子、女子服装号型国家标准，该标准于2009年8月1日实施，标准代号分别是GB/T 1335.1—2008和GB/T 1335.2—2008；儿童服装号型国家标准则于2009年3月19日修订并发布，于2010年1月1日实施，代号为GB/T 1335.3—2009。

在国家标准中，定义了号（Height）和型（Girth）。号指人体的身高，以厘米为单位表示，是设计和选购服装长短的依据；型指人体的上体胸围或下体腰围，以厘米为单位表示，是设计和选购服装肥瘦的依据。同时，根据人体（男子、女子）的胸围与腰围的差数，将体型（Body Type）分为四种类型，代号分别是Y、A、B和C。它的分类有利于成衣设计中胸腰围差数的合理使用，也为消费者在选购服装时提供了方便。其中，男子服装标准的体型分类代号的范围见表2-1，女子服装标准的体型分类代号的范围见表2-2。

表2-1　男子体型分类代号及范围

体型分类代号	Y	A	B	C
胸围和腰围之差数（cm）	22～17	16～12	11～7	6～2

表2-2　女子体型分类代号及范围

体型分类代号	Y	A	B	C
胸围和腰围之差数（cm）	24～19	18～14	13～9	8～4

国家标准规定服装上必须标明号型，套装中的上、下装分别标明号型。号型的表示方法是号与型之间用斜线分开，后接体型分类代号，如170/88A、170/74A、160/84C、160/78C。

服装上标明的号的数值，表示该服装适用于身高与此号相近似的人，如170号，适用于身高168～172cm的人；155号，则适用于身高153～157cm的人，以此类推。服装上标明的型的数值及体型分类代号，表示该服装适用于胸围或腰围与此型相近似及胸围与腰围之差数在此范围之内的人，如男子上装88A型，适用于胸围86～89cm及胸围与腰围的差数在12～16cm的人；下装76A型，适用于腰围75～77cm以及胸围与腰围的差数在12～16cm的人；女子上装81C型，适用于胸围79～82cm及胸围与腰围的差数在4～8cm的人；下装75C型，适用于腰围74～76cm以及胸围与腰围的差数在4～8cm的人，以此类推。

1991年、1997年和2008年制定的国家号型标准是建立在科学调查的基础上，通过数理统计等方法而提出和确立的，可以说，号型标记具有普遍性、规范化、信息量大和容易记的特点。其中，2008年修订的国家标准增大了适用范围，拓宽了号型系列及范围，如男子的净胸围达到116cm，腰围达到112cm；女子净胸围达到112cm，腰围达到106cm；儿童（包括婴幼儿）的身高则是52～160cm。号型系列以各体型中间体为中心，向两边依次递增或递减组成，各数值的意义表示成衣的基础参数（净尺寸或基本尺寸），服装规格应按此系列为基础，同时按设计要求加上放松量进行处理。

在标准中，身高以5cm分档，组成号系列，男子身高从150cm（B体、C体）、155cm、160cm、165cm、170cm、175cm、180cm、185cm到190cm，共9档；女子身高从145cm、150cm、155cm、160cm、165cm、170cm、175cm到180cm，共8档。胸、腰围分别以4cm和2cm分档，组成型系列；身高与胸围、腰围搭配分别组成5·4号型系列和5·2号型系列。除这两种号型系列外，原1991年国家标准还包含5·3号型系列。一般来说，5·4号型系列和5·2号型系列组合使用，5·4号型系列常用于上装中，而5·2号型系列多用于下装中；而原5·3号型系列可单独成一系列，既用于上装又用在下装中。这样与四种体型代号搭配，组成8个号型系列，它们是：

5·4 5·2 Y	5·4 5·2 A	5·4 5·2 B	5·4 5·2 C
5·3Y	5·3A	5·3B	5·3C

在儿童号型的国家标准中，不进行体型分类，对身高（长）52～80cm婴儿，身高以7cm分档，胸围以4cm分档，腰围以3cm分档，分别组成7·4和7·3号型系列；对身高80～130cm的儿童，身高以10cm分档，胸围以4cm分档，腰围以3cm分档，分别组成10·4和10·3号型系列；对身高135～155cm的女童和135～160cm的男童，身高以5cm分档，胸围以4cm分档，腰围以3cm分档，分别组成5·4和5·3号型系列。

在三份标准中主要的控制部位是身高、胸围和腰围，控制部位数值（指人体主要部位的数值，系净体尺寸）作为设计服装规格的依据。但有这三个尺寸是很不够的，所以，在男子和女子标准中还有其他的控制部位数值，它们是颈椎点高、坐姿颈椎点高、全臂长、腰围高、颈围、总肩宽和臀围等七个控制部位；在儿童标准中，另外的控制部位尺寸是坐姿颈椎点高、全臂长、腰围高、颈围、总肩宽和臀围。而三个主要控制部位则分别对应其他的控制部位尺寸，其中，身高对应的高度部位是颈椎点高、坐姿颈椎点高、全臂长和腰围高；胸围对应的围（宽）度部位是颈围和总肩宽；腰围对应的围度部位是臀围。国家标准中男子、女子和儿童的各个部位，其测量方法和测量示意图可查阅服装用人体测量的部位与方法国家标准（GB/T 16160—2008）。

当我们到商场去购买男衬衫时，会发现衬衫领座后中有这样的尺寸标，如：170/88A 39，这组数值的含义是指，该产品适合净身高范围为168～172cm，净胸围范围为86～89cm，体型是A（即胸腰围之差在16～12cm）的人，其成衣的领围尺寸是39cm。对于购买者来说，只要知道自己的身高、胸围、体型和领围，就可以依此购买衬衫。而对于设计该衬衫的生产厂家，则可根据服装标准，首先确定号型，即身高、胸围和体型，然后利用5·4和5·2号型系列中提供的坐姿颈椎点高、全臂长、颈围和总肩宽四个部位的尺寸，以净胸围为核心加上设计的放松量成为衬衫的成品尺寸（它们对应的服装术语是衣长、袖长、领围、肩宽和胸围）。当确定衬衫的这些主要控制部位的尺寸后，它的成品规格也就有了，再结合一些小部位规格尺寸，衬衫的纸样就可以绘制完成。

正如开始所讲的那样，服装号型国家标准只是基本上与国际标准相接轨，通过与美国、日本和英国的服装规格相比，发现我国的标准中没有背长、股上长和股下长三个尺寸，而与之基本对应的是坐姿颈椎点高和腰围高两个尺寸。从科学角度进行比较，背长只是坐姿颈椎点高一部分，对于不同的人体，如果有同样长度的坐姿颈椎点高，而背长不可能完全一样，会造成在纸样的结构造型中腰围线产生高低之分，制作的纸样就会有区别，尤其在缝制合体的服装时，效果会相差很大。同样，腰围高包括股上长和股下长两部分，有同样的腰围高的人，其股上长会有很大的差异，而股上长是设计下装立裆深尺寸的考虑参数，对合体裤子的设计来说很重要。由此可见，国家标准中坐姿颈椎点高和腰围高两个部位尺寸的设计和采用科学性不足，还需要有其他相关的部位尺寸。

在男子和女子服装号型国家标准中，还列出了各体型在总量中的比例和服装号型的覆盖率以及各大地区各体型的比例和服装号型覆盖率。这些地区是东北华北地区、中西部地区、长江下游地区、长江中游地区、广东广西福建地区和云贵川地区；儿童标准中只分北方地区和南方地区不同年龄号型的覆盖率。这些覆盖率的提出对内销厂商组织生产和销售有着一定的指导作用。

第二节　号型的内容

一、号型系列

服装号型国家标准中内容很多，下面就典型的号型系列表进行分析。如表2-3、表2-4所示，两表的体型都是Y，在男子号型系列表中，如果取胸围88cm，则其对应的腰围尺寸是68cm和70cm，胸围减腰围的差数是20cm和18cm，这两个数值在17～22cm之间，属于Y体型；同理，在女子号型系列表中，22cm和20cm，属于Y体型。在这两个表中，男子身高从155cm到190cm，胸围从76cm到104cm，各分成8档；女子身高从145cm到180cm，胸围从72cm到100cm，也各分为8档；它们的身高相邻两档之差是5cm，相邻两档的胸围差数则是4cm，两数搭配成为5·4号型系列。在两个表中，同一个身高和同一个胸围对应的腰围有两个数值（空格除外），两者之差为2cm，它与身高差数5cm搭配构成5·2号型系列，就是说，一个身高一个胸围对应有两个腰围，也可以这样认为，一件上衣有两条不同腰围的下装与之对应，从而拓宽了号型系列，满足了更多人的穿着需求。

　　从后面的表2-10和表2-11号型系列控制部位数值表中我们也可以看到，一个身高一个胸围对应有三个腰围，这使得覆盖面就更大了。还有同一个胸围不同的身高对应的一组腰围都相等的情况，这是由于腰围和胸围同处于围度方向，而身高则处于长度方向，所以，腰围随着胸围而发生变化。另外，两表的一些格子是空白的，如男子身高为160cm，胸围为100cm，女子身高为170cm，胸围为72cm，没有腰围与之对应，这并不是说没有这种体型的人，只是这种体型的人在总量中所占有的比例很小，故没有在表中列出。

表2-3　男子 $\frac{5\cdot4}{5\cdot2}$ Y号型系列　　　　　单位：cm

胸围	Y															
	身　高															
	155		160		165		170		175		180		185		190	
	腰　围															
76			56	58	56	58	56	58								
80	60	62	60	62	60	62	60	62	60	62						
84	64	66	64	66	64	66	64	66	64	66	64	66				
88	68	70	68	70	68	70	68	70	68	70	68	70	68	70		
92			72	74	72	74	72	74	72	74	72	74	72	74	72	74
96					76	78	76	78	76	78	76	78	76	78	76	78
100							80	82	80	82	80	82	80	82	80	82
104									84	86	84	86	84	86	84	86

表2-4　女子 $\frac{5\cdot4}{5\cdot2}$ Y号型系列　　　　　单位：cm

胸围	Y															
	身　高															
	145		150		155		160		165		170		175		180	
	腰　围															
72	50	52	50	52	50	52	50	52								
76	54	56	54	56	54	56	54	56	54	56						
80	58	60	58	60	58	60	58	60	58	60	58	60				
84	62	64	62	64	62	64	62	64	62	64	62	64	62	64		
88	66	68	66	68	66	68	66	68	66	68	66	68	66	68	66	68
92			70	72	70	72	70	72	70	72	70	72	70	72	70	72
96					74	76	74	76	74	76	74	76	74	76	74	76
100					78	80	78	80	78	80	78	80	78	80	78	80

表2-5和表2-6是1991年国家标准5·3A号型系列的内容，其中，身高是7档，与表2-3和表2-4最大的不同之处在于胸围和腰围的分档，在这里，男子的胸围分为10档，女子的胸围分为9档，相邻两档的胸围差数是3cm，同样，相邻两档的腰围差数也是3cm，与身高的分档值5cm组合，形成5·3号型系列。从表中看，5·3号型系列既可以用于上装又可以用于下装中，呈一一对应的特点。

表2-5　1991年国家标准男子5·3A号型系列　　　　　单位：cm

胸围 ＼ 腰围 ＼ 身高	155	160	165	170	175	180	185
A							
72		58	58				
75	61	61	61	61			
78	64	64	64	64			
81	67	67	67	67	67		
84	70	70	70	70	70	70	
87	73	73	73	73	73	73	73
90		76	76	76	76	76	76
93		79	79	79	79	79	79
96			82	82	82	82	82
99				85	85	85	85

表2-6　1991年国家标准女子5·3A号型系列　　　　　单位：cm

胸围 ＼ 腰围 ＼ 身高	145	150	155	160	165	170	175
A							
72	56	56	56	56			
75	59	59	59	59	59		
78	62	62	62	62	62		
81	65	65	65	65	65	65	
84	68	68	68	68	68	68	68
87		71	71	71	71	71	71
90		74	74	74	74	74	74
93			77	77	77	77	77
96				80	80	80	80

表2-7男子号型系列A体型分档数值表，表2-8是女子号型系列B体型分档数值表，两表中采用的人体部位有身高、颈椎点高、坐姿颈椎点高、全臂长、腰围高、胸围、颈围、总肩宽、腰围和臀围。不论男子和女子的身高如何分档，男子的中间体在标准中使用的是170cm，女子则采用160cm，表中的计算数是指经过数理统计后得到的数值，采用数是服装专家们在计算数的基础上进行合理地处理得到的数值，它在内销服装生产过程中制定规格尺寸时有着很重要的作用。

表2-7　男子号型系列A体型分档数值　　　　　　　　单位：cm

体型	A									
部位	中间体		5·4系列		5·3系列		5·2系列		身高、胸围、腰围每增减1cm	
	计算数	采用数	计算数	采用数	计算数	采用数	计算数	采用数	计算数	采用数
身高	170	170	5	5	5	5	5	5	1	1
颈椎点高	145.1	145	4.5	4	4.5	4			0.9	0.8
坐姿颈椎点高	66.3	66.5	1.86	2	1.86	2			0.37	0.4
全臂长	55.3	55.5	1.71	1.5	1.71	1.5			0.34	0.3
腰围高	102.3	102.5	3.11	3	3.11	3	3.11	3	0.62	0.6
胸围	88	88	4	4	3	3			1	1
颈围	37	36.8	0.98	1	0.74	0.75			0.25	0.25
总肩宽	43.7	43.6	1.11	1.2	0.86	0.9			0.29	0.3
腰围	74.1	74	4	4	3	3	2	2	1	1
臀围	90.1	90	2.91	3.2	2.18	2.4	1.46	1.6	0.73	0.8

以男子分档数值表中的坐姿颈椎点高进行分析：当中间体的坐姿颈椎点高计算数为66.3cm时，为了便于在实际工作中数据的处理，采用数为66.5cm；在对应的5·4系列和5·3系列两栏中，由于身高对应的高度部位中有坐姿颈椎点高，所以，它只与身高有关而与围度的变化无关，因此，身高变化5cm，坐姿颈椎点高的变化量实际计算数都是1.86cm，而采用数则是2cm；至于对应的5·2系列一栏中却是空白，这是因为5·2系列常用在下装中，而与坐姿颈椎点高没有关系，所以该栏不能填写；最后一栏的计算数是0.37cm，采用数是0.4cm，它的含义是，当身高变化5cm时，坐姿颈椎点高的变化量计算数是1.86cm，采用数是2cm，那么，身高变化1cm，两格中的数值就是表中的0.37cm和0.4cm。表2-7中的其他数据和表2-8中的所有数据都可以这样分析。

集中表2-7和表2-8中5·4系列、5·3系列和5·2系列三栏中各部位的分档采用数，颈椎点高为4cm，坐姿颈椎点高为2cm，全臂长为1.5cm，腰围高为3cm，胸围为4cm、3cm，颈围为1cm、0.75cm和0.8cm、0.6cm，总肩宽为1.2cm、0.9cm和1cm、0.75cm，腰围为

4cm、3cm、2cm，臀围为3.2cm、2.4cm、1.6cm，如果下装只使用5·3系列和5·2系列，那么，腰围则用3cm和2cm，臀围用2.4cm和1.6cm，这些数据就是我们在制定规格尺寸时要用的。

表2-8　女子号型系列B体型分档数值

单位：cm

体型	B									
部位	中间体		5·4系列		5·3系列		5·2系列		身高、胸围、腰围每增减1cm	
	计算数	采用数	计算数	采用数	计算数	采用数	计算数	采用数	计算数	采用数
身高	160	160	5	5	5	5	5	5	1	1
颈椎点高	136.3	136.5	4.57	4	4.57	4			0.92	0.8
坐姿颈椎点高	63.2	63	1.81	2	1.81	2			0.36	0.4
全臂长	50.5	50.5	1.68	1.5	1.68	1.5			0.34	0.3
腰围高	98	98	3.34	3	3.34	3	3.34	3	0.67	0.6
胸围	88	88	4	4	3	3			1	1
颈围	34.7	34.6	0.81	0.8	0.61	0.6			0.2	0.2
总肩宽	40.3	39.8	0.69	1	0.52	0.75			0.17	0.25
腰围	76.6	78	4	4	3	3	2	2	1	1
臀围	94.8	96	3.27	3.2	2.45	2.4	1.64	1.6	0.82	0.8

表2-9是男性Y、B、C和女子Y、A、C体型的中间体数据与5·4系列分档数据的采用数，在男子体型栏中Y、B、C三种体型的中间体都是170cm，在长度方向，Y体型的数据与A体型相同，而与B、C体型相比，颈椎点高变化0.5cm，坐姿颈椎点高也变化0.5cm，全臂长没有变化，腰围高略有差异；在围度方向，Y体型的胸围与A体型一样都是88cm，而B体型则是92cm，C体型是96cm，由于胸围的改变，导致颈围、总肩宽、腰围和臀围也相应变化；对于5·4系列一栏中的采用数，通过与表2-7中A体型5·4系列中的分档采用数相比，绝大部分相同，只有臀围略有差异。在女子体型栏中，Y、A和C三种体型和B体型的中间体虽然都是160cm，但长度方向的采用数已经有些不同，在围度方向，Y和A体型的胸围都是84cm，B和C体型的胸围则都是88cm，其他部位的数据不仅仅是胸围不同，即使是相同的胸围，数据也不相同；对于5·4系列一栏中的分档采用数，通过与表2-8中B体型5·4系列中的分档采用数相比，绝大部分相同，与男子体型一样，只有臀围的采用数有区别。男子的四种体型对应的中间体是170/88Y、170/88A、170/92B和170/96C，女子的四种体型对应的中间体是160/84Y、160/84A、160/88B和160/88C。

表2-10和表2-11分别是男子和女子$\frac{5\cdot4}{5\cdot2}$A号型系列控制部位数值表，从表中看各部位相邻两列间的差数：颈椎点高为4cm；坐姿颈椎点高为2cm；全臂长为1.5cm；腰围

高为3cm；胸围为4cm；颈围为1cm和0.8cm；总肩宽为1.2cm和1cm；腰围为2cm；臀围为1.6cm和1.8cm，这些差数与表2-7和表2-8的采用数相比，大多数都一样，只是表2-8中臀围的采用数是1.6cm，而表2-11中的臀围差数却是1.8m，这是因体型的不同而略有不同。

表2-9　男女其他体型分档数值　　　　　　　　单位：cm

体型	男　子						女　子					
	Y		B		C		Y		A		C	
部位	中间体	5.4系列	中间体	5.4系列	中间体	5.4系列	中间体	5.4系列	中间体	5.4系列	中间体	5.4系列
身高	170	5	170	5	170	5	160	5	160	5	160	5
颈椎点高	145	4	145.5	4	146	4	136	4	136	4	136.5	4
坐姿颈椎点高	66.5	2	67	2	67.5	2	62.5	2	62.5	2	62.5	2
全臂长	55.5	1.5	55.5	1.5	55.5	1.5	50.5	1.5	50.5	1.5	50.5	1.5
腰围高	103	3	102	3	102	3	98	3	98	3	98	3
胸围	88	4	92	4	96	4	84	4	84	4	88	4
颈围	36.4	1	38.2	1	39.6	1	33.4	0.8	33.6	0.8	34.8	0.8
总肩宽	44	1.2	44.4	1.2	45.2	1.2	40	1	39.4	1	39.2	1
腰围	70	4	84	4	92	4	64	4	68	4	82	4
臀围	90	3.2	95	2.8	97	2.8	90	3.6	90	3.6	96	3.2

表2-10中的身高和胸围并不是一一对应而是有交叉的，单从该表看，如果依据国家标准组织内销服装的生产，在制订服装规格表时，不应仅只生产170/88A规格的上装，还要适当生产一些170/84A规格的上装，别的规格也是这样；而对于表2-11却是一一对应，单从该表看，在组织生产时，可以只考虑一个身高对应于一个胸围。在生产下装时，如男子身高为170cm，可以生产的下装规格有170/70A、170/72A、170/74A和170/76A；女子身高为160cm，生产的下装规格可以是160/66A、160/68A和160/70A。如果组织生产套装，男子身高仍为170cm，则有170/84A|170/70A、170/84A|170/72A、170/88A|170/72A、170/88A|170/74A、170/88A|170/76A五种规格；女子身高为160cm，则有160/84A|160/66A、160/84A|160/68A和160/84A|160/70A三种规格。如果要进行综合的分析，对同一身高，在组织生产时，还不能简单地只生产上述提到的几种规格。

表2-12和表2-13分别是1991年国家标准中男子和女子5·3A号型系列控制部位数值表，与表2-10和表2-11相比，在高度方向对应的五个部位相邻两列的差数一样，分别为5cm、4cm、2cm、1.5cm和3cm；在围度方向，5·3A号型系列的胸围和腰围都为3cm，而男子和女子的颈围、总肩宽和臀围略有不同；表2-12和表2-13的身高和胸围并不是一一

表2-10　男子5·4 A号型系列控制部位数值

单位：cm

A

部位	数值								
身高	155	160	165	170	175	180	185	190	
颈椎点高	133	137	141	145	149	153	157	161	
坐姿颈椎点高	60.5	62.5	64.5	66.5	68.5	70.5	72.5	74.5	
全臂长	51	52.5	54	55.5	57	58.5	60	61.5	
腰围高	93.5	96.5	99.5	102.5	105.5	108.5	111.5	114.5	
胸围	72	76	80	84	88	92	96	100	104
颈围	32.8	33.8	34.8	35.8	36.8	37.8	38.8	39.8	40.8
总肩宽	38.8	40	41.2	42.4	43.6	44.8	46.0	47.2	48.4

腰围	56	58	60	60	62	64	64	66	68	68	70	72	72	74	76	76	78	80	80	82	84	84	86	88	88	90	92
臀围	75.6	77.2	78.8	78.8	80.4	82	82	83.6	85.2	85.2	86.8	88.4	88.4	90	91.6	91.6	93.2	94.8	94.8	96.4	98	98	99.6	101.2	101.2	102.8	104.4

表2-11 女子5·4A号型系列控制部位数值

单位：cm

部位	A 数值																							
身高	145			150			155			160			165			170			175			180		
颈椎点高	124			128			132			136			140			144			148			152		
坐姿颈椎点高	56.5			58.5			60.5			62.5			64.5			66.5			68.5			70.5		
全臂长	46			47.5			49			50.5			52			53.5			55			56.5		
腰围高	89			92			95			98			101			104			107			110		
胸围	72			76			80			84			88			92			96			100		
颈围	31.2			32			32.8			33.6			34.4			35.2			36			36.8		
总肩宽	36.4			37.4			38.4			39.4			40.4			41.4			42.4			43.4		
腰围	54	56	58	58	60	62	62	64	66	66	68	70	70	72	74	74	76	78	78	80	82	82	84	86
臀围	77.4	79.2	81	81	82.8	84.6	84.6	86.4	88.2	88.2	90	91.8	91.8	93.6	95.4	95.4	97.2	99	99	100.8	102.6	102.6	104.4	106.2

表2-12　1991年国家标准男子5·3A号型系列控制部位数值　　　　单位：cm

A						
部位	数　值					
身高	155	160	165	170	175	180	185
颈椎点高	133	137	141	145	149	153	157
坐姿颈椎点高	60.5	62.5	64.5	66.5	68.5	70.5	72.5
全臂长	51	52.5	54	55.5	57	58.5	60
腰围高	93.5	96.5	99.5	102.5	105.5	108.5	111.5

部位	数　值									
胸围	72	75	78	81	84	87	90	93	96	99
颈围	32.85	33.6	34.35	35.1	35.85	36.6	37.35	38.1	38.85	39.6
总肩宽	38.9	39.8	40.7	41.6	42.5	43.4	44.3	45.2	46.1	47
腰围	58	61	64	67	70	73	76	79	82	85
臀围	77.2	79.6	82	84.4	86.8	89.2	91.6	94	96.4	98.8

表2-13　1991年国家标准女子5·3A号型系列控制部位数值　　　　单位：cm

A						
部位	数　值					
身高	145	150	155	160	165	170	175
颈椎点高	124	128	132	136	140	144	148
坐姿颈椎点高	56.5	58.5	60.5	62.5	64.5	66.5	68.5
全臂长	46	47.5	49	50.5	52	53.5	55
腰围高	89	92	95	98	101	104	107

部位	数　值								
胸围	72	75	78	81	84	87	90	93	96
颈围	31.2	31.8	32.4	33	33.6	34.2	34.8	35.4	36
总肩宽	36.4	37.15	37.9	38.65	39.4	40.15	40.9	41.65	42.4
腰围	56	59	62	65	68	71	74	77	80
臀围	79.2	81.9	84.6	87.3	90	92.7	95.4	98.1	100.8

对应，也是有交叉的，只不过5·3系列没有$\frac{5·4}{5·2}$系列那样复杂，换句话说，5·3系列没有$\frac{5·4}{5·2}$系列的覆盖面大。在组织服装生产时，5·3系列的规格制订就少些。男子同样以身高170cm为例，套装的规格有170/84A|170/70A和170/87A|170/73A两种；女子也以身高160cm为例，套装的规格可以是160/81A|160/65A、160/84A|160/68A和160/87A|160/71A三种。

另外，从所有的$\frac{5·4}{5·2}$号型系列控制部位数值表中可看出，国家标准很好地解决了服装上、下装配套的问题，以男子胸围88cm为例，可以使用的腰围有68、70、72、74、76、78、80、82、84，其中68和70是Y体，72、74和76是A体，78和80是B体，82和84是C体，即同一胸围的上装有不同腰围的裤子来搭配不同的体型。

表2-14列出了传统的男女西服套装在人体基本参数（净尺寸）的基础上关键部位应加放的松量，仅供参考，如袖长的放量在全臂长的基础上加3.5cm，但根据西服穿着的规范来讲，此数有些偏大；裤长中的+2、-2是指在腰围高的基础上加上腰宽的2cm（腰头宽假设是4cm）再减去裤口距脚底的2cm，换句话说，可以直接采用腰围高来计算裤子的长度。

表2-14 男女西服套装关键部位的加放量

单位：cm

加放松度	衣长[①]	胸围	袖长	总肩宽	裤长	腰围	臀围
男子	-0.5	+18	+3.5	+1	+2-2	+2	+10[②]
女子	-5	+16	+3.5	+1	+2-2	+2	+10

①衣长的服装尺寸：颈椎点高/2。
②如果上装中列有臀围尺寸，此时的松量在10cm的基础上再多加3~7cm。

表2-15和表2-16是男女各体型在总量中的覆盖率，A体型在各自的覆盖率中所占比例最大，而C体型所占比例最小；但把男子各体型的覆盖率相加为96.76%，女子各体型的覆盖率相加为99.12%，这说明除这四种体型之外，还有其他特殊的体型，国家标准中没有列出。仅仅从数据上比较，女子的体型分类比男子的更合理，覆盖面更广。

表2-15 男子各体型人体在总量中的比例

体型	Y	A	B	C
比例（%）	20.98	39.21	28.65	7.92

表2-16 女子各体型人体在总量中的比例

体型	Y	A	B	C
比例（%）	14.82	44.13	33.72	6.45

在表2-17和表2-18列出了男子身高与胸、腰围的覆盖率，从表2-17中发现170/88Y规格所占比例最大，在组织上装生产时，就把这个规格作为中间规格，批量适当多一些；同样，表2-18中170/68Y规格和170/70Y规格数量也稍多一些。这里要注意三点：

（1）在表2-3中170/88Y对应的腰围是68cm和70cm两种，虽然表2-18中70cm的腰围覆盖率没有68cm的大，但基本接近，可以说表2-3和表2-18是对应的。

（2）在表2-7中身高170cm，胸围88cm，对应的腰围采用数却是74cm，这是否说明它与表2-18就相违背？其实不然。因为表2-7中的体型是A体型，而表2-18中的是Y体型，所以，一定要在同等条件下进行表格的比较。

（3）在前面已经提到，国家标准中还列有各大地区各体型的比例和服装号型覆盖率，这就要求服装生产企业在进行操作时，根据自身的特点，针对销售的不同地区和不同对象，采取灵活多样的尺寸比例搭配，杜绝照搬照抄和盲目教条的做法。

表2-17　男子Y体型身高与胸围覆盖率

胸围（cm）	身高（cm）						
	155	160	165	170	175	180	185
	比例（%）						
76		0.74	0.95	0.57			
80	0.67	2.47	4.23	3.38	1.26		
84	0.77	3.78	8.57	9.08	4.48	1.03	
88	0.41	2.63	7.92	11.11	7.27	2.22	
92		0.83	3.34	6.21	5.38	2.18	0.41
96			0.64	1.58	1.82	0.97	

表2-18　男子Y体型身高与腰围覆盖率

腰围（cm）	身高（cm）						
	155	160	165	170	175	180	185
	比例（%）						
56		0.16	0.20				
58		0.41	0.58	0.39			
60	0.25	0.83	1.34	1.04	0.38		
62	0.36	1.37	2.51	2.20	0.92	0.18	
64	0.42	1.82	3.79	3.78	1.80	0.41	
66	0.39	1.96	4.64	5.25	2.84	0.73	
68	0.30	1.70	4.59	5.90	3.63	1.06	
70	0.19	1.20	3.67	5.37	3.75	1.25	0.20
72		0.68	2.38	3.95	3.14	1.19	0.21
74		0.31	1.25	2.35	2.12	0.91	0.19
76			0.53	1.13	1.16	0.57	
78			0.18	0.44	0.52	0.29	
80					0.18		

　　虽然，表2-19中155/84Y规格所占比例最大，但我们常常以160/84Y规格作为中间体；而在表2-20中155/62Y、155/64Y、160/62Y和160/64Y这四种规格的覆盖率比较大，虽然中间规格常采用后两种之一，但四种规格生产的批量则根据销售的不同地区而略有不同。

表2-19 女子Y体型身高与胸围覆盖率

胸围（cm）	身高（cm）					
	145	150	155	160	165	170
	比例（%）					
72		0.75	1.04	0.66		
76	0.70	2.49	4.00	2.90	0.95	
80	1.11	4.57	8.45	7.05	2.66	0.45
84	0.97	4.61	9.83	9.46	4.11	0.80
88	0.47	2.57	6.31	7.00	3.50	0.79
92		0.79	2.23	2.85	1.64	0.43
96			0.43	0.64	0.43	

表2-20 女子Y体型身高与腰围覆盖率

腰围（cm）	身高（cm）					
	145	150	155	160	165	170
	比例（%）					
50		0.16	0.21			
52		0.38	0.53	0.34		
54	0.23	0.76	1.15	0.78	0.24	
56	0.36	1.31	2.12	1.55	0.51	
58	0.50	1.92	3.33	2.62	0.93	
60	0.58	2.39	4.47	3.77	1.44	0.25
62	0.57	2.55	5.11	4.64	1.90	0.35
64	0.48	2.32	4.99	4.87	2.14	0.42
66	0.35	1.80	4.16	4.36	2.06	0.44
68	0.22	1.19	2.96	3.33	1.69	0.39
70		0.67	1.80	2.17	1.18	0.29
72		0.32	0.93	1.21	0.71	0.19
74			0.41	0.57	0.63	
76			0.16	0.23	0.16	

　　这里，各大地区各体型的比例和服装号型覆盖率的表格以及儿童号型覆盖率都没有列出，但它们的原理和分析与上面的覆盖率表类似；当然，还有大量的不同号型系列和不同体型的表格，大家可以查阅《中华人民共和国国家标准 服装号型》，从书中可以更具体、更全面、更深刻地了解并结合实际加以运用。

二、1991年、1997年和2008年标准比较

在1997年11月13日发布、1998年6月1日实施的国家服装标准对1992年实施的服装国家标准进行了修订和补充，以保持其先进性、合理性和科学性。2008年发布的国家标准又在1997年标准的基础上进一步完善，比较这三部标准，发现它们在很大程度上是相同的，下面就内容的不同之处进行说明：

1. 取消了5·3号型系列

经过一些年的应用，从服装实际生产的过程看，号型系列制定得越细，越复杂，就越不利于企业的生产操作和质量管理，而从国际标准的技术文件看，胸围的档差为4cm，与我国的5·4系列一致，又为了满足腰围档差不宜过大的要求，将5·4系列按半档排列，组成5·2系列，保证了上、下装的配套，因此，在后两次的修订中，取消了5·3系列，只保留了5·4系列和5·2系列。但并不是说5·3系列就不存在，它仍然有效，企业可根据自身的特点制订比国家标准更高要求的企业标准。

2. 取消了人体各部位的测量方法及测量示意图，但仍保留了文字

由于人体各部位的测量方法及测量示意图在国家标准GB/T 16160—1996《服装人体测量部位与方法》（1996年1月4日发布，1996年7月1日实施，2008年又再次修订，标准代号GB/T 16160—2008）中有叙述，因此，服装号型国家标准修订本中没有列出。为了便于理解，在本书的附录C中附有人体各部位的测量方法及测量示意图（示意图以男子为例，女子的测量方法与男子一样）。

3. 补充了婴幼儿号型部分，使儿童号型尺寸系列得以完整

1991年发布的儿童服装号型国家标准部分只有2~12年龄段儿童的号型，为了完善号型体系，增加了婴幼儿号型部分，即身高52~80cm的婴儿。这样，儿童服装号型把身高就分成三段，其中儿童的身高范围是80~130cm，男童的身高范围是135~160cm，女童的身高范围与男童稍有差异，是135~155cm。

4. 修订过程中参考了国外先进标准

标准在修订过程中参考了国际标准技术文件ISO/TR 10652《服装标准尺寸系统》、日本工业标准JIS L 4004《成人男子服装尺寸》、日本工业标准JIS L 4005《成人女子服装尺寸》等国外先进标准。

5. 规范引用，范围微调

2008年发布的服装号型国家标准对标准的英文名称进行了修改，对相关术语进行了英文标注。同时，对身高的范围进行了扩展，四种体型都增加了190cm的身高档，B体和C体则向下补充了150cm的身高档；在胸围方面，对Y体和A体增加了104cm档，对B体增加了112cm档，对C体增加了116cm档，其内容也相应进行了丰富。

思考题

1. 号和型的定义，我国服装号型国家标准的特点。

2. 体型分类代号的范围及意义。

3. 号型的标注及含义。

4. 号型系列的概念及组成。

5. 为什么在表2-3和表2-4中，一个身高和一个胸围对应两个腰围尺寸，而在表2-5和表2-6中，则是一一对应？

6. 如何理解表2-7和表2-8？其中的采用数有何意义？

7. 在表2-14中，衣长的传统计算公式是"颈椎点高/2"，结合表2-7和表2-9中颈椎点和坐姿颈椎点的计算数和采用数，你认为衣长的采用数根据哪个数计算更科学和合理，为什么？

8. 请根据2008年发布的服装号型国家标准，列出男子和女子在不同体型腰、臀之差的范围，它们对制订服装规格尺寸有何作用？

9. 表2-21是男女同一个胸围在不同体型下的数据，从中你认识到什么？再与某一体型男女肩宽的档差进行比较。

表2-21　同一胸围不同体型的男女肩宽档差比较　　　　　单位：cm

部位 ＼ 体型	Y	A	B	C	档 差
男子胸围88cm的肩宽	44.0	43.6	43.2	42.8	0.4
女子胸围88cm的肩宽	41.0	40.4	39.8	39.2	0.6

10. 表2-22是男子 $\frac{5 \cdot 4}{5 \cdot 2}$ A号型系列的内容，结合表2-7男子号型系列A体型分档数值表及表2-14男装关键部位的加放量，编写5·4系列男西服上装A型规格表（表2-23）和5·2系列男西服下装A型规格表（表2-24）。其中灰框条表示中间体。答案请参见本书附录D。

表2-22　男子 $\frac{5 \cdot 4}{5 \cdot 2}$ A号型系列规格表　　　　　单位：cm

胸围	A															
	身　高															
	155	160	165	170	175	180	185	190
	腰　围															
72		56	58	60	56	58	60										

续表

<table>
<tr><td rowspan="3">胸围</td><td colspan="24" align="center">A</td></tr>
<tr><td colspan="24" align="center">身　高</td></tr>
</table>

胸围	155			160			165			170			175			180			185			190		
											腰　围													
76	60	62	64	60	62	64	60	62	64	60	62	64												
80	64	66	68	64	66	68	64	66	68	64	66	68	64	66	68									
84	68	70	72	68	70	72	68	70	72	68	70	72	68	70	72	68	70	72						
88	72	74	76	72	74	76	72	74	76	72	74	76	72	74	76	72	74	76	72	74	76			
92				76	78	80	76	78	80	76	78	80	76	78	80	76	78	80	76	78	80	76	78	80
96							80	82	84	80	82	84	80	82	84	80	82	84	80	82	84	80	82	84
100										84	86	88	84	86	88	84	86	88	84	86	88	84	86	88
104													88	90	92	88	90	92	88	90	92	88	90	92

表2-23　5·4系列男西服上装A型规格表　　　　　　　　　单位：cm

型		72	76	80	84	88	92	96	100	104
部位		成品规格								
胸围										
总肩宽										
155	后衣长									
	袖　长									
160	后衣长									
	袖　长									
165	后衣长									
	袖　长									
170	后衣长									
	袖　长									
175	后衣长									
	袖　长									
180	后衣长									
	袖　长									
185	后衣长									
	袖　长									
190	后衣长									
	袖　长									

表2-24　5·2系列男西服下装A型规格表　　　　　　　单位：cm

部位		腰围	臀围	号							
				裤　长							
				155	160	165	170	175	180	185	190
型				成品规格							
72											
76											
80											
84											
88											
92											
96											
100											
104											

基础理论及基础应用——

服装工业推板

课题内容：1. 服装工业推板的原理。

2. 服装工业推板的依据。

3. 女装原型的推板。

上课时数：10课时

教学提示：叙述服装工业推板的概念，重点分析工业推板的原则和依据。以女装原型（衣身、袖、裙）为例讲解推板中的数据分析和绘制（建议：以现场演示的方法进行实际操作）。

教学要求：1. 使学生理解服装工业推板的含义，及它是服装工业制板的重要组成。

2. 使学生掌握服装工业推板的原则。

3. 使学生了解选择中间规格进行纸样绘制的作用。

4. 使学生了解推板中基准线和放大缩小的作用。

5. 使学生了解档差的概念，以实例进行分析。

6. 使学生掌握采用推板方法进行纸样绘制。

课前准备：准备一份订单样本，用于分析档差；准备原型纸样，作为推板教学使用。

第三章　服装工业推板

当今服装工业的社会化大生产，要求同一款式的服装按照多种规格或号型系列的要求组织生产，从而满足大多数消费者的需求。

服装工业推板是工业制板的一部分，它是以中间规格标准纸样（或基本纸样）作为基准，兼顾各个规格或号型系列之间的关系，进行科学的计算，正确合理地分配尺寸，绘制出各规格或号型系列的裁剪用纸样。在服装生产企业中通称推板（Grading），也称放码、推档或扩号。

采用推板技术不但能很好地把握各规格或号型系列变化的规律，使款型结构一致，而且有利于提高制板的速度和质量，使生产和质量管理更科学、更规范、更容易控制。

推板是一项技术性、实践性很强的工作，是计算和经验的结合。在工作中要求细致、合理，质量上要求绘图和制板都应准确无误。

第一节　服装工业推板的原理

通常，同一种款式的服装有几个规格，这些规格都可以通过制板的方式实现，但单独绘制每一个规格的纸样将造成服装结构的不一致，如：牛仔裤前弯袋的曲线，如果不借助于其他工具，曲线的造型或多或少会有差异；另外，在绘制过程中，由于要反复计算，出错的概率将大大增加。然而，采用推板技术放缩出的几个规格就不易出现差错，因为号型系列推板是以标准纸样为基准，兼顾了各个规格或号型系列关系，通过科学的计算而绘制出系列裁剪纸样，这种方法可保证系列规格纸样的相似性和准确性。

一、服装工业推板的方法

目前，服装工业纸样推板通常有两种方法。

（一）推拉摞剪法

推拉摞剪法又称推剪法，一般是先绘制出小规格标准基本纸样，再把需要推板的规格或号型系列纸样，依此剪成各规格近似纸样的轮廓，然后将全系列规格纸样大规格在下、小规格（标准纸样）在上，按照各部位规格差数逐边、逐段地推剪出需要的规格系列纸样。这种方法速度快，适于款型变化快的小批量、多品种的纸样推板，由于需要熟练度较高的技艺，又比较原始，已不多用。

（二）推画制图法

推画制图法又称嵌套式制板法，是在标准纸样的基础上，根据相似形原理和坐标平移的原理，按照各规格和号型系列之间的差数，将全套纸样画在一张样板纸上，再依此拓画并复制出各规格或号型系列纸样，随着推板技术的发展，推板制图法又分"档差法""等分法"和"射线法"等。

服装工业推板一般使用的是毛缝纸样（也可以使用净纸样）。本书推荐介绍的推板方法是目前企业常用的档差推画法，这种方法又有两种方式：

（1）以标准纸样作为基准，把其余几个规格在同一张纸板上推放出，然后再一个一个地使用滚轮器复制出，最后再校对。

（2）以标准纸样作为基准，先推放出相邻的一个规格，剪下并与标准纸样核对，在完全正确的情况下，再以该纸样为基准，放出更大一号的规格，依此类推。对于缩小的规格，采用的方法与放大的过程一样。

二、服装工业推板的原理

服装工业推板的原理来自于数学中任意图形的相似变换，各衣片的绘制以各部位间的尺寸差数为依据，逐部位分配放缩量。但推画时，首先应选定各规格纸样的固定坐标中心点为统一的放缩基准点，各衣片根据需要可有多种不同的基准点选位。下面以简单的正方形的变化为例进行分析。

如图3-1所示，假如（a）图正方形$ABCD$的边长比（b）图正方形$A'B'C'D'$的边长小1个单位，（c）图以B点和B'点两点重合作为坐标系的原点O，纵坐标在AB边上，横坐标在BC边上，那么，正方形$A'B'C'D'$各点的纵坐标在正方形$ABCD$对应各点的放大点处：1，0，0，1，横坐标对应各点放大：0，0，1，1，顺序连接各点成放大的正方形$A'B'C'D'$；（d）图的坐标在正方形$ABCD$的中心，那么，正方形$A'B'C'D'$各点的纵坐标在正方形$ABCD$对应各点放大：0.5，0.5，0.5，0.5，横坐标对应各点放大：0.5，0.5，0.5，0.5，顺序连接各点成放大的正方形$A'B'C'D'$；（e）图的坐标原点O在正方形$ABCD$的BC边的中点，那么，正方形$A'B'C'D'$各点的纵坐标在正方形$ABCD$对应各点放大：1，0，0，1，横坐标对应各点放大：0.5，0.5，0.5，0.5，顺序连接各点成放大的正方形$A'B'C'D'$；（f）图的坐标原点O在正方形$ABCD$的BC边上，距B点为BC边长的四分之一，那么，正方形$A'B'C'D'$各点的纵坐标在正方形$ABCD$对应各点放大：1，0，0，1，横坐标对应各点放大：0.25，0.25，0.75，0.75，顺序连接各点成放大的正方形$A'B'C'D'$。当然，坐标系还可以建立在不同的边上，只是纵、横坐标放大的数值不一样。缩小的原理类同。通过（c）、（d）、（e）、（f）四图的比较，发现这些放大的图形结构、造型没有改变；而且（c）

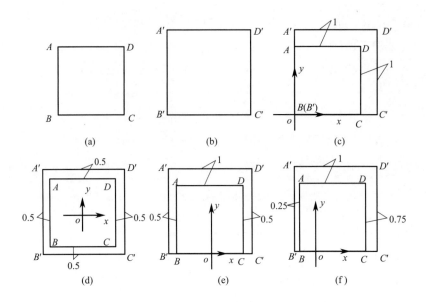

图3-1　正方形的相似变化

图的放大方法最简单，其他三图的方法就比较复杂。

由此可见，服装工业推板的放缩推画基准点和基准线（坐标轴）的定位和选择要注意三个方面的因素：

（1）要适应人体体型变化规律；

（2）有利于保持服装造型、结构的相似和一致；

（3）便于推画放缩和纸样清晰。

但是，由于不同人体不同部位的变化并不像正方形的放缩那么简单，而是有着各自增长或缩小的规律，因此，在纸样推板时，既要用到上面图形相似放缩的原理来控制"形"，又要按人体的规律来满足"量"。下面以女上装原型的分割为例（图3-2），进一步阐述推板的原理。该女装基本原型尺寸为：净胸围84cm，背长38cm。

首先，看一下主要控制部位的公式：

前、后胸围尺寸：净胸围/4+2.5cm

背宽尺寸：净胸围/6+4.5cm

胸宽尺寸：净胸围/6+3cm

后领中点到胸围线尺寸：净胸围/6+7cm

前、后领宽尺寸：净胸围/20+2.9cm或净胸围/12

由于原型只有净胸围和背长两个尺寸，在整个绘制原型的过程中，基本参数是净胸围，假设净胸围的变化量为x，并且以上公式中"+"号后面的定数不变，那么，在图3-2中，前、后胸围各变化3份的$x/12$，背、胸宽各变化2份的$x/12$，前、后领宽各变化1份的$x/12$；再假设净腰围的变化量为a，依据制图的方法，前、后腰围也各变化3份的$a/12$，连接各分割点成纵向分割，共有6块纵条。后领中点到胸围线变化2份的$x/12$，如果平分后领

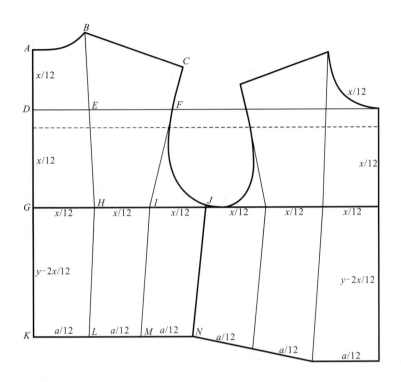

图3-2　女上装原型的近似分割原理

中点到胸围线的尺寸，画胸围线的平行线直到前中线（见图中的虚线），发现虚线与前中线的交点并不在前领深（窝）点上，但为了方便计算，把虚线平移到前领深点处（见图中的实线），该线为横向分割，共有6块横条，前、后片共有16个分割片。

　　x在以上16个分割片中，每小片都要加入部分变化量。怎样操作这些变化量呢？首先，看纵条的多边形ABHG，通过上面分析，后领弧长AB和线段GH上各加入$x/12$，这个变化量的加入实际上是原型围度的变化，把这个变化量分成n等份，相邻两份之间加入$1/n$，这样，纵条多边形ABHG围度的加入量就是均匀的变化；其次，纵长条多边形BCIH中围度上的加入量也是$x/12$，同样，把线段BC（肩长）和线段HI分成n等份，把这些纵窄长条均匀拉开，其间距为$1/n$的变化量，多边形BCIH围度的变化也成为均匀的变化；第三，对于部分后袖窿弧线的多边形FJI，把弧线FJ和线段IJ都分成n等份，均匀拉开，这才是理想的围度分配。其他多边形GHLK、HIML和IJNM围度的变化与上述多边形分配的原理一样，只是腰部各线段的变化量是$a/12$。

　　下面看长度方向的变化，首先，横向的多边形ABCFD由多边形ABED和多边形BCFE组成，把线段AD和线段BE平均分成n份，均匀拉开的变化量为$x/12$的$1/n$，同样，把CF也等分成n份，均匀拉开，两个多边形的增加量就是多边形ABCFD的变化量；其次，把多边形DFJG的线段DG和曲线FJ各等分n份，横窄条均匀拉开$x/12$的$1/n$，这样，多边形DFJG在长度方向的变化量被均匀加入；第三，把多边形GJNK的线段GK和曲线JN各等分n份，假设背长的变化量为y，那么，胸围线到腰围线的变化量为$y-2x/12$，在相邻的两横窄条之间分别加入$y-2x/12$的$1/n$，即可。

　　前片围度、长度方向变化量的加入与后片类似，按这种方法把变化量加入，既能满足尺寸"量"的要求，又能保证纸样"形"的一致。

　　上面的过程只是理论上的分析，但可以把纵条和横条的变化量在适当的位置加入也能实现"量"和"形"的统一，如图3-3所示。以后片为例，取纵条多边形$ABHG$的后领弧长AB的中点和线段GH的中点，沿两中点剪开，拉开并加入$x/12$；同样，对于多边形$BCIH$和多边形FJI分别取肩长BC、线段HI、部分袖窿弧线FJ和线段IJ的中点，加入$x/12$；而在多边形$GHLK$、$HIML$和$IJNM$中也是取相应线段的中点加入相应放松量，但在靠近胸围线处加的量是$x/12$，而在靠近腰围线处加的量是$a/12$。同理，前片与后片一样处理，加的量参看图3-2前片中的数值。有一点要注意的是，要利用基本原型纸样的曲线构造来连接变化后的弧线。

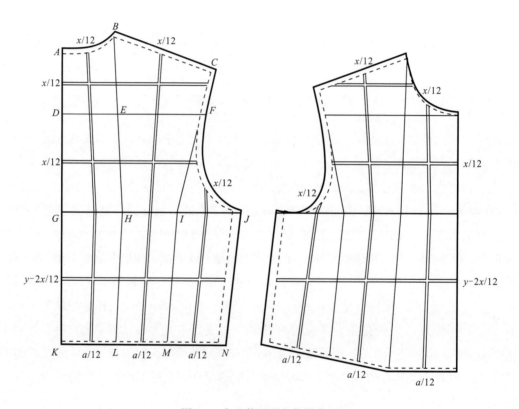

图3-3　女上装原型变化量分配图

注　1. 虚线为图3-2中的原型，其间的实线为分割线。
　　　2. 放大的原型尺寸：胸围88cm，背长39cm，比例1:5。

　　我们按照制图的方法计算上面放大的原型与基本原型在具体数据上的变化。原型后领宽（后横开领）的计算公式：净胸围/20+2.9，按照这个公式：

　　放大原型的净胸围为88cm时，后领宽=88/20+2.9=4.4+2.9=7.3（cm）；

当基本原型的净胸围是84cm时，后领宽=84/20+2.9=4.2+2.9=7.1（cm）；

那么，两后领宽之差=7.3-7.1=0.2cm。

推板是怎样计算后领宽的变化呢？采用的计算公式依旧不变：

放大的原型与基本原型的后领宽之差=（88/20+2.9）-（84/20+2.9）=（88-84）/20=4/20=0.2（cm）。

比较两个差数，不论是按制图的过程绘制，还是使用推板方法，数值相同。仔细观察推板计算的后领宽的变化为4/20，其中的"4"就是放大原型的胸围与基本原型的胸围之差，从中知道，推板采用的数据是把公式中涉及某部位尺寸换成该部位的相邻规格的差数，而与公式中使用的定数（假设在整个推板过程中该定数不变）没有关系。当然，因款式和造型的需要，该定数可稍作适当调整。

从上可知，推板有两条关键的原则，简单说：

（1）服装的造型结构保持一致，是"形"的统一。

（2）推板是制板的再现，是"量"的变化。

第二节　服装工业推板的依据

服装工业推板是工业制板中的一种方法，而一种方法的掌握和灵活运用需要有扎实的基础知识和丰富的实践经验，同时，应摸索该方法的一些规律和方便操作的步骤。

一、选择和确定中间规格

进行服装工业推板，无论采用何种推板方法，首先要选择和确定标准规格纸样，也称基本纸样。本书进行推板的基本纸样，根据习惯的档差推板法，基本纸样又称中间规格纸样或封样纸样，是制板人员依据号型系列或订单上提供的各个规格，选择具有代表性并能左右兼顾的规格作为基准。用来制作样衣的样板就是依此规格绘制的服装工业纸样。

例如，在商场中卖的T恤后领处缝有尺寸标记，但标记不是只有一种规格，通常的规格有S、M、L、XL等。绘制纸样时，在这四个规格中多选择M规格作为中间规格进行首先绘制。S规格以M规格为基准进行缩小，L规格也以M规格为基准进行放大，XL规格则又以L规格为参考进行放大。选择合适的中间规格主要考虑三个方面的因素：第一，由于目前大多数推板的工作还是由人工来完成，合适的中间规格在缩放时能减少误差的产生。如果以最小规格去推放其余规格或以最大规格推缩其他规格，产生的误差相对来说会大些，尤其在最大规格推缩其他规格比最小规格推放其余规格的操作过程更麻烦些。在服装CAD的推板系统中，凭借计算机运算速度快及精确的作图则不会产生上述的问题。第二，由于纸样绘制可以采用不同的公式或方法进行计算，合适的中间规格在缩放时能减少其产生的差数。第三，对于批量生产的不同规格服装订单，通过中间规格纸样的排料可以估算出面料的平均用料，减少浪费，节约成本。

假设一份订单中有以下7种规格：28、29、30、31、32、34、36，常选择30规格或31规格作为中间规格进行制板。

二、绘制标准中间规格纸样

能够作为推板用的标准中间规格纸样需要进行以下工作。在确定中间规格之后，首先，分析面料的哪些性能影响纸样的绘制；其次，分析各部位测量的方法和它们之间的联系；第三，采用合理的制板方法，绘制出封样用裁剪纸样和工艺纸样；第四，按裁剪纸样裁剪面料，并严格按工艺纸样缝制及后整理；第五，验收缝制好的样衣，写出封样意见；第六，讨论封样意见，找出产生问题的原因，修改原有封样纸样成标准中间规格纸样。

不同款式有不同的制板分析过程，在后面的章节中会详细叙述。总之，标准中间规格纸样的正确与否将直接影响到推板的实施，如果中间规格纸样出现问题，不论推板运用得多么熟练，也没有意义。

三、基准线的约定

基准线类似数学中的坐标轴，例如，图3-1中的（c）、（d）、（e）和（f）图的结果，虽然都正确，但坐标位置的确定直接影响操作的繁简。在服装工业纸样的推板过程中也必须使用坐标轴，这种坐标轴常称作基准线，基准线的合理选择能方便推板并保证各推板纸样的造型和结构一致，基准线是纸样推板的基准，没有基准线各放码点的数值也就成了形式上的数量关系，没有实际意义。在本书中大多数基准线定位在纸样结构有明显不同的分界处。另外，基准线既可以采用直线也可以在约定的某种方式下采用弧线，甚至可以用折线，使用弧线作为基准线的部位有西服的后中线、腋下片中的侧缝线等，但这种弧线基准线只是相对的基准线，在后面章节中会进行说明。

约定的常用基准线如下：

上装：前片——胸围线，前中线或搭门线；

后片——胸围线，后中线；

一片袖——袖肥线，袖中线；

领子——领尖位置为基准位置，一般放缩后领中线。

下装：裤装——横裆线，裤中线（挺缝线）；

一般的裙装——臀围线，前、后中线；

圆裙——圆点为基准；

多片裙——对折线为基准线。

其中，长度方向的基准线和围度方向的基准线，有的还要依据款式结构的不同有所变化。

四、推板的放缩约定

纸样的放大和缩小有严格的规定，为此，对放大和缩小作如下约定：

放大：远离基准线的方向。

缩小：接近基准线的方向。

图3-4所示为女上装原型的放大和缩小约定，其中，胸围线是长度方向的基准线，后中线是后片纸样围度方向的基准线，前中线是前片纸样围度方向的基准线。①线、②线、③线、④线表示长度方向的放缩，基准线是胸围线，但①线和②线的箭头是远离基准线方向，根据放缩的约定，①线和②线表示放大，③线和④线的箭头是靠近基准线，根据约定，这两条线表示缩小；⑤线、⑥线、⑦线、⑧线则表示围度方向的放缩，但⑤线和⑥线的基准线是后中线，⑤线的箭头是远离后中线，那么，该线就表示放大，反之，⑥线为缩小，⑦线和⑧线的基准线是前中线，⑦线表示放大，⑧线则缩小；⑨线、⑩线和另两条线的基准线是胸围线，其中⑨线和⑩线表示放大，另两条线表示缩小。

只要记住上面两条约定，就可以准确判定推板的放大和缩小的方向。

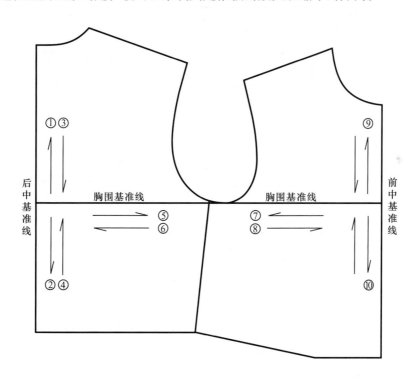

图3-4　女上装原型的放大和缩小约定

五、档差的确定

第二章表2-7和表2-8中各部位的分档采用数，这些数值在推板中非常有用，它们就是我们经常所说的"档差"（Grade）。档差是指某一款式同一部位相邻规格之差。

表3-1是男衬衫部分尺寸规格，该表是按照国家服装标准制定的，有165/84A、170/88A、175/92A和180/96A四个规格，对应的衣长为70cm、72cm、74cm和76cm，对照档差的概念，很显然，衣长的档差是2cm，即：76-74=74-72=72-70=2cm，同理，领围的档差为1cm，肩宽的档差为1.2cm，胸围的档差为4cm，袖长的档差为1.5cm，这些数值就是表2-7中的采用数。通过比较，同一部位的档差是相等的，这说明档差是有规则的。但能均匀变化吗？就围度的胸围和肩宽而言，根据衬衫的制板方法，前、后纸样中一片的胸围变化是1cm，而肩宽变化却是0.6cm，在绘制纸样时，由于变化量的不同，导致衬衫结构发生了变化，因此，各部位间的档差是不均匀的，这就是说，由于服装尺寸变化的不规律使得服装结构发生了变化，所以，前面提到的推板原则之一的服装"形"的统一是相对的而不是绝对的。另外，一定要记住表2-7和表2-8中的采用数，它们是制定内销产品规格表中档差的依据。

表3-1　男衬衫部分尺寸规格

单位：cm

号型	165/84A	170/88A	175/92A	180/96A	规格档差
部位	成品尺寸				
衣长	70	72	74	76	2
领围	38	39	40	41	1
肩宽	44.8	46	47.2	48.4	1.2
胸围	106	110	114	118	4
袖长	56.5	58	59.5	61	1.5

表3-2外贸裤子部分尺寸规格表，该表一共有7个规格，腰围的档差从28～32规格相邻之差为1英寸，而从32、34、36规格，相邻之差为2英寸，这说明腰围的档差有变化，而不像表3-1中衣长的档差那么均匀；同样，臀围的档差从28～32规格为1英寸，32～36规格为2英寸；横裆的档差从28～32规格为0.5英寸，32～36规格为1英寸；中裆档差从28～32规格为0.25英寸，32～36规格为0.5英寸；裤口档差从28～32规格为0.25英寸，32～36规格为0.5英寸；前裆长和后裆长的档差从28～32规格为0.125英寸，32～36规格为0.25英寸。以上腰围、臀围、横裆、中裆和裤口五个部位都是指裤子的围度方向，前裆长和后裆长是指裤子的长度方向，虽然同一部位28～32规格档差一致，32～36规格档差相同，但由于存在着"跳档"现象的出现，即没有33规格和35规格，使得该部位档差出现变化，可以认定该部位的档差是不规则的。根据推板是制板再现这一原则，裤子前、后纸样的一片中28～32规格腰围变化0.25英寸，臀围变化0.25英寸，横裆变化0.25英寸，中裆变化0.125英寸，裤口变化0.125英寸，前裆和后裆都变化0.125英寸，而到了34规格和36规格腰围变化0.5英寸，臀围变化0.5英寸，横裆变化0.5英寸，中裆变化0.25英寸，裤口变化0.25英寸，前裆和后裆都变化0.25英寸，同一部位的变化成倍数关系，因此可以认定这些档差是均匀

的。再看腰围、臀围和横裆这三个部位，在同一片纸样中其变化量相等，前裆和后裆的变化量相等，中裆和裤口的变化量也相等，它们的变化也是均匀的（可称为均匀推板，Even Grading），也就是说，横裆以上部位、中裆以下部位，裤子的结构能保持一致，即推板原则之一的"形"的统一；而在横裆和中裆之间，由于变化量的不同，使裤子的结构发生改变，这是由于服装尺寸的变化不均匀，使得档差的变化也不均匀（可称为不均匀推板，Uneven Grading），最终导致裤子"形"发生变化。表中的下裆长，即内裆点到内裤口点的长度，发现28规格和29规格的下裆长一样长，即档差为0，30～32规格的下裆长一样长，34规格和36规格的下裆长一样，档差都为0，但29规格与30规格之间的档差为2英寸，32规格和34规格的档差也为2英寸；拉链档差的分析与下裆长档差类似，28规格和29规格的拉链一样长，30规格和31规格的拉链一样长，32规格和34规格的拉链一样，档差都为0，而8英寸的拉链只有36一个规格，但29规格与30规格之间的档差以及31规格与32规格的档差都为0.5英寸，34规格和36规格的档差也为0.5英寸，下裆长和拉链这两个部位的档差变化比较规则但不均匀。

表3-2　外贸裤子部分尺寸规格　　　　　　　　　　　　　　　单位：英寸

规格	28	29	30	31	32	34	36
部位	成品尺寸						
腰围	28	29	30	31	32	34	36
臀围	41	42	43	44	45	47	49
横裆	27	27.5	28	28.5	29	30	31
中裆	19.5	19.75	20	20.25	20.5	21	21.5
裤口	13.75	14	14.25	14.5	14.75	15.25	15.75
前裆长	11.875	12	12.125	12.25	12.375	12.625	12.875
后裆长	17.25	17.375	17.5	17.625	17.75	18	18.25
下裆长	30	30	32	32	32	34	34
拉链	6.5	6.5	7	7	7.5	7.5	8

注　1. 由于是外贸订单，而国外的衡量单位制多用英制，为了说明问题，没有使用我国的公制；
　　 2. 1英寸≈2.54cm。

通过上面的分析，档差并不是固定不变的，而应根据实际情况分别处理，确保推板过程的顺利进行。在此，大家要注意服装"形"的统一是相对意义上的结构一致。

第三节　女装原型的推板

根据推板的原理和依据，以实际的例子——女装原型的推板过程，了解制板和推板之间的关系，具体尺寸见表3-3和表3-4。表中的规格为制板尺寸，括号中的尺寸为净尺寸，档差的确定以5·4号型系列作为依据，每个款式由三个规格组成，缩小、放大和中间标准各一个规格。在推板之前，首先了解上装原型的制板，图3-5是女上装原型纸样图，在原型中后领宽（后横开领）使用的公式是净胸围/20+2.9，而在前述的图3-2中，后领宽使用的公式是净胸围/12，这两个公式都可以用于计算后领宽，另外，后肩省的画法与一些书上的画法不一样，这样做的目的是为了在推板中能使省道有所变化。

表3-3　上装原型规格尺寸　　单位：cm

部位	代号	规格	档差
胸围	B′	94（B=84）	4
背长	BL	38	1
腰围	W′	70（W=64）	4
袖长	SL	54	1.5

表3-4　裙原型规格尺寸　　单位：cm

部位	代号	规格	档差
腰围	W′	70（W=64）	4
臀围	H′	96（H=90）	4
腰臀深	D	17	0.5
裙长	L	60	2

注　1. 依据人体的结构特点，身高每增加5cm，背长的变化在1.1～1.3cm，表3-3中为了说明问题而采用的背长档差是1cm。
　　2. 在国家标准中，腰围变化4cm，相应的臀围变化3.2cm，表3-4为了说明问题，臀围与腰围的变化量相同。
　　3. 表3-3和表3-4中字母B、W和H分别是指净胸围、净腰围和净臀围；腰臀深和裙长尺寸不含腰头宽。

一、女上装和袖原型的制板

（一）女上装原型的分析与绘制（图3-5）

绘制长方形AUVF，其中AU=胸围/2=94/2=47（cm），AF=背长=38cm。在AF上取AD=净胸围/6+7=84/6+7=21（cm），过D点画AU的平行线DD′，取其中点E，画垂线EN，取NN′=2cm。利用背宽和胸宽的计算公式B/6+4.5cm和B/6+3cm，画出背宽线和胸宽线。

A～K　后领宽计算公式：净胸围/20+2.9=84/20+2.9=7.1（cm），后领深为后领宽的1/3，画顺后领弧线$\overset{\frown}{AK}$。

K～C　在背宽线上量取后领深大小，再水平右移2cm，得到肩点C，连接后肩线KC；后肩长平均分成三份，得到M点，过M点垂直向下取后肩长的一半，水平左移0.5cm，得到肩省尖点O，省大MJ=1.5cm，连接MO、JO，得到肩省。

后腰省PQR　取背宽的一半，垂直向上2cm，得到省尖点P。N′左移1cm取G点，QR=FG-（净腰围/4+1.5-1）=净胸围/4+2.5-3-（64/4+1.5-1）=84/4-0.5-16.5=4（cm），过P点作垂线与腰线相交，将4cm均分，得到Q点和R点，连接QP、PR线。

A′～K′　前领宽比后领宽小0.2cm，为6.9cm，从U点向左量取6.9cm确定点U′，过U′点垂直向下0.5cm，得到K′点。前领深比前领宽大1cm，为7.9cm，过U点向下量取7.9cm得到A′点，画顺前领弧线。

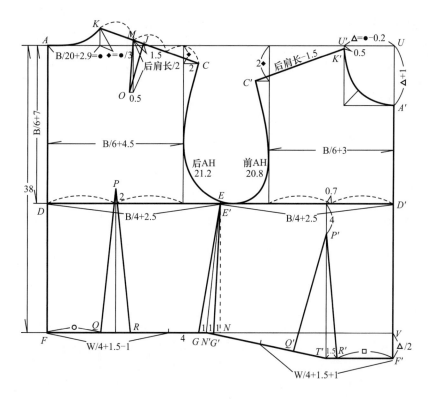

图3-5 女上装原型纸样图

$K' \sim C'$　在胸宽线上量取2倍的后领深大小，画水平线，从K'点作斜线取后肩长-1.5cm与水平线相交，得到C'点，连接$K'C'$，为前肩线。

胸省$P'Q'R'$　取胸宽的一半，左移0.7cm，再垂直向下取4cm，得到省尖点P'。延长$A'V$至F'，VF'=前领宽/2=6.9/2=3.45（cm）。从P'作垂线，F'画水平线，两线相交于T'点，过T'点向右量1.5cm取R'点，连接$T'N'$，从N'点沿线段取1cm，得到G'点。$T'Q'$=（$F'T'+T'G'$）-（净腰围/4+1.5+1）-1.5，得到Q'点，连接$Q'P'$、$P'R'$。

袖窿曲线的凹凸则根据人体体型和运动特点进行绘制，前袖窿曲线的曲率大，后袖窿曲线的曲率小，呈现前凹后缓的形状，同时袖窿弧线底部在袖窿宽的一半位置偏右。量得前、后袖窿的弧线长分别为20.8cm和21.2cm。

（二）袖原型的分析与绘制（图3-6）

$A \sim B$、$A \sim C$　画袖中线和袖肥线，呈"十"字，"十"字线中心点定为O点，袖中线上袖山高AO，取袖窿弧长/4+2.5=（20.8+21.2）/4+2.5=13（cm），得到A点。从A点分别向袖肥水平线量取后袖窿弧长+1cm、前袖窿弧长，得到B点和C点，BC的大小就是原型袖的袖肥。袖山弧线的绘制见图示。

$D \sim E$　从A点沿袖山高向下量取袖长尺寸54cm，得到袖中线，画出袖口基础线。过B、C点分别作袖中线的平行线，与袖口基础线相交，从交点处分别向上量取1cm，得到D和E

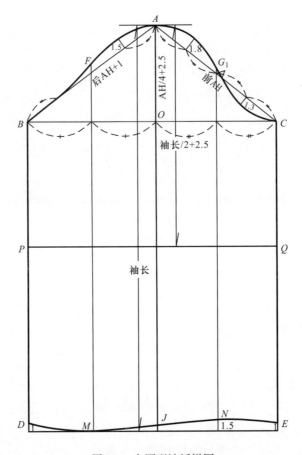

图3-6 女原型袖纸样图

点。取前袖肥CO的中点并画袖中线的平行线，与袖口基础线相交向上取1.5cm得到N点。取后袖肥BO的中点并画袖中线的平行线，与袖口基础线相交得到M点，画顺袖口曲线。

$P \sim Q$ 从A点沿袖中线量取袖长/2+2.5，画袖肥线的平行线，得到袖肘线PQ。

袖山弧线的绘制按图示数据进行，确保线条圆顺、光滑，使曲线富有弹性。

二、女上装和袖原型的推板

约定上装原型基准线是胸围线和前、后中线，袖原型基准线是袖中线和袖肥线，并假设公式中采用的数据（放松量或调节数）不变，计算前、后衣片和袖片上各推板点（放码点）的长度方向和围度方向的推板放缩数值。下面涉及的各点字母与基本板上的相应字母对应。

（一）后片的分析与推板［图3-7～图3-12（a）］

1. 长度方向的变化分析

胸围线上的点D、E的变化量，这两点都在基准线上，因此D、E点的变化量为0。

后领中点A的变化量，由于$AD=$净胸围/6+7，所以A点相对于基准线（胸围线）的变化量=胸围档差/6，即A点变化量为0.67cm。

颈侧点K的变化量，由于后领深=后领宽/3＝（净胸围/20+2.9）/3，因此，K点变化量=A点变化量+后领深变化量=4/6+（4/20）/3=0.67+0.07=0.74（cm）。

肩点C的变化量，根据图3-5的绘制过程，C点在长度方向比A点少一个后领深尺寸，则C点变化量=A点变化量-后领深变化量=4/6-（4/20）/3=0.67-0.07=0.6（cm）。

腰线上的点F、Q、R和G的变化量，整个背长分成AD和DF两部分，表3-3中背长的档差为1cm，AD已变化了0.67cm，那么，F点变化量=1-0.67=0.33（cm），因腰线与胸围线平行，则腰线上Q、R和G点变化量都与F点相同，为0.33cm。

后腰省省尖点P的变化量，根据P点的确定过程，省尖点P距胸围线是固定数（2cm），所以，P点变化量就是0。

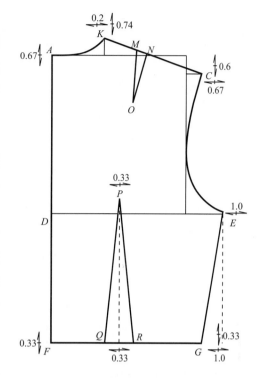

图3-7　后片上各放码点的变化量

2. 围度方向的变化分析

后中线上的点A、D、F的变化量，这些点都在基准线上，因此，它们的变化量为0。

颈侧点K的变化量，由于后领宽的计算公式为净胸围/20+2.9，所以K点变化量=胸围档差/20=4/20=0.2（cm）。

肩点C的变化量，肩宽由背宽确定，背宽=净胸围/6+4.5，则C点变化量=胸围档差/6=4/6=0.67（cm）。

袖窿深点E的变化量，DE=净胸围/4+2.5，则E点变化量=胸围档差/4=4/4=1（cm）。

腰线上点G的变化量　该点由净胸围计算得到，计算公式为净胸围/4+2.5-3，因此G点变化量=胸围档差/4=4/4=1（cm）。

后腰省省尖点P的变化量，该点由背宽/2确定，而背宽=净胸围/6+4.5，则P点变化量=（胸围档差/6）/2=4/6/2=0.33（cm）。

Q、R点的变化量，这两点是根据胸围、腰围的尺寸差和P点所在位置确定的。推板的原则之一，是使服装的结构造型保持一致。以图3-8为例进行分析，假设圆台高度为h，小圆半径为r_1，大圆半径为r_2，高度变化量为Δh，半径变化量为Δr，要想保证圆台的"形"不变，只要保证夹角a不变即可，假设Δx为省的变化量，根据推算：$\Delta x=(r_2-r_1)\cdot\Delta h/h$。据上所述，假设人体的胸

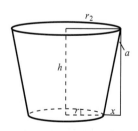

图3-8　腰省变化量模拟示意图

围到腰围是一个规则的圆台，那么知道F点长度方向的变化量，就可以计算出腰省的变化量，但实际上人体是一个很不规则的曲面，况且省的变化量很小，因此在推板过程中，可以保持省的大小不变，以做到服装"形"的相对统一，则Q、R、P点都变化0.33cm。

3. 确定各放大和缩小的点

根据长度方向和围度方向的计算数，采用垂直和水平的方法标记出相应的放大和缩小的点。上述图3-7中的双向箭头，根据推板放缩的约定，远离基准线的箭头表示放大，接近基准线的箭头表示缩小，其余图中双向箭头的含义与此一样。

4. 弧线的绘制

（1）后领弧线。弧线的绘制步骤以后领弧线为例，如图3-9所示。

根据后领中点A和颈侧点K的变化量，标出它的缩小和放大点［图3-9（a）］。

使中间规格、放大规格纸样的后领中点A及后中线重叠，依照中间规格纸样的后领弧线形状从A点开始画大约1/3的后领弧线长［图3-9（b）］。

使中间规格、放大规格纸样的颈侧点K重合，并保证中间规格、放大规格纸样的后中线平行，依照中间规格纸样的后领弧线形状从K点开始画大约1/3的后领弧线长［图3-9（c）］。

把中间规格后领弧线的其余1/3部分与所推纸样上已放大规格的两部分后领弧线对齐，使两条后中线的间距与两条肩线的间距相等，画出放大规格纸样其余1/3部分的后领弧线［图3-9（d）］。最后，修顺后领弧线。

同此方法，绘制出缩小规格纸样的后领弧线。

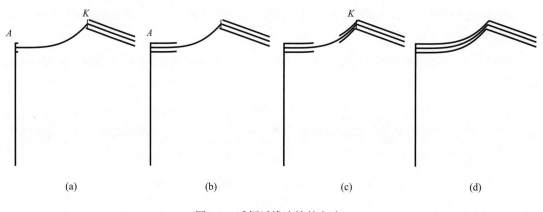

(a)　　　　　　　　(b)　　　　　　　　(c)　　　　　　　　(d)

图3-9　后领弧线连接的方法

（2）袖窿弧线。袖窿弧线的绘制与后领弧线的方法一样，在拟合的过程中，注意保持对应部位的间距均匀。

除肩省还没有放缩外，大、小规格的轮廓已经画完，各放码点的基准线都是后中线和胸围线。

5. 肩省的推板（图3-10）

根据肩省的绘制过程，可知道肩省只与肩长和颈侧点有关，而与后中线和胸围线无直接关联，图3-5中KM=后肩长KC/3，MO=后肩长/2，这样做的目的是为了保证在推板时肩省位置及省长有所变化。如果采用固定数，如KM=4.3cm，MO=6.5cm，那么，推板时省位和省长就不能变化，从人体的角度出发，这样做是不科学的，而如果以后肩长为变量来计算后

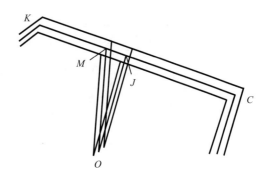

图3-10　肩省的推板示意图

肩省的位置和长度，相对而言就比较合理。另外，在进行肩省的推板时，不能以原有的后中线和胸围线作为基准线，而应该参考后颈侧点和后肩长进行辅助绘制。下面以放大规格为例讲解肩省的推板。

测量中间规格、放大规格的肩线长，两者差数为后肩长的档差，则KM变化量为肩长档差的1/3，MO变化量为肩长档差的1/2，肩省MJ大小保持不变。绘制过程如下：

（1）把中间规格、放大规格纸样的肩线及两个颈侧点重叠，沿肩线移动中间规格纸样，使两个规格的K点间隔肩长档差的1/3。由于省的大小保持不变，此时，中间规格纸样上的M和J点就是放大规格纸样上肩省M和J点的位置。

（2）保持上一步纸样移动后的位置，用锥子垂直通过中间规格的肩省尖点O，扎透在放大规格的纸样上，此时放大规格与中间规格的肩省长度一样。

（3）为了使放大规格的省长变长，经过扎透的点作后中线的平行线，从该点沿该线向下移动肩长档差的1/2，即为放大规格纸样的肩省尖点。

（4）连接MO和OJ，就完成了放大规格纸样的肩省绘制。

同此方法，绘制出缩小规格纸样的肩省。

（二）前片的分析与推板［图3-11、图3-12（b）］

1. 长度方向的变化分析

胸围线上的点D'、E的变化量，这两点都在基准线上，所以，D'、E点的变化量为0。

颈侧点K'的变化量，该点是借助后领中点A绘制而得，所以，K'点变化量与A点变化量相同，为0.67cm。

前领中点A'的变化量，该点是由前领宽计算而得，而前领宽又与后领宽相关，因此，A'点变化量=K'点变化量−前领深变化量=0.67−后领宽的变化量= 0.67−0.2=0.47（cm）。

前肩点C'的变化量，C'点变化量=K'点变化量−2个后领深变化量=0.67−2×（胸围档差/20）/3=0.67−2×（4/20）/3=0.53（cm）。

腰线上的点G'、V、F'、R'、T'的变化量，与后片腰线上对应点分析一样，由于基准线（胸围线）以上已变化了0.67cm，则G'、V点变化量都为0.33cm。

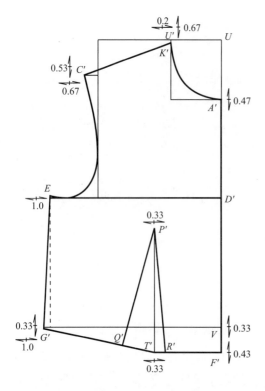

图3-11 前片上各放码点的变化量

VF'为原型的胸凸量，胸凸量大小=前领宽/2，那么F'点变化量=V点变化量+VF'的变化量=0.33+（4/20）/2=0.43（cm）。由于T'、R'和F'点在同一直线并平行于基准线，所以T'和R'点的变化量也是0.43cm。

胸省尖点P'的变化量，根据该点的绘制方法，可以确定该点的变化量为0。

2. 围度方向的变化分析

前中线上的点A'、D'、V、F'的变化量，这些点都在基准线上，因此，它们的变化量为0。

颈侧点K'的变化量，该点与前领宽有关，K'点变化量=前领宽变化量=后领宽变化量=0.2cm。

前肩点C'的变化量，该点是由后肩长确定的，而后肩点C变化量是0.67cm，因此，C'点变化量也是0.67cm。也可以根据胸宽来计算，胸宽=净胸围/6+3，则C'点变化量=胸宽变化量=胸围档差/6=4/6=0.67（cm）。

袖窿深点E的变化量，由于$D'E$=净胸围/4+2.5，所以E点变化量=胸围档差/4=4/4=1（cm）。

腰线上的点G'的变化量，该点由净胸围计算得到，计算公式为净胸围/4+2.5+1，因此G'点变化量=胸围档差/4=4/4=1（cm）。

胸省上的点P'、T'、R'的变化量，P'点位置在胸宽的中点左移0.7cm，而胸宽=净胸围/6+3，则P'点变化量=（胸围档差/6）/2=（4/6）/2=0.33（cm）。根据T'、R'点的确定方法，这两点的变化量与P'点变化量相同，也是0.33cm。

胸省上的点Q'的变化量，该点在斜线$G'T'$上，放大规格纸样的Q'点确定如下：

（1）画出放大规格纸样的T'点和G'点，连接$G'T'$线。

（2）将中间规格纸样上的T'点、$G'T'$线与放大规格纸样上的对应点、对应线重合。

（3）由于胸省大小通常不变，以中间规格纸样上的Q'点为准，标记对应点到放大规格纸样的$G'T'$线上，所得的点就是放大规格纸样的Q'点。

同此方法，绘制出缩小规格纸样的Q'点。

不论是前片还是后片，利用放大和缩小改变各点所处的位置，形成如图3-12所示的女上装原型三个规格的推板效果图。

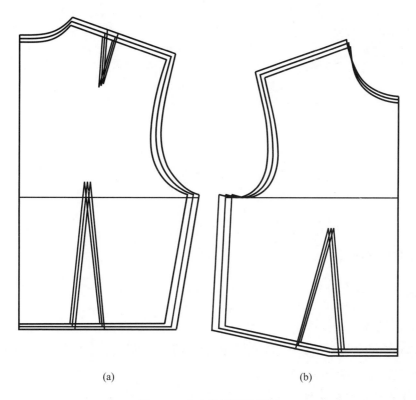

(a)　　　　　　　　　　　(b)

图3-12　女上装原型推板图

3. 部分点的变化量可采用近似数值计算

有些点的数据在计算时比较复杂，而且还会产生一定的误差，在实际操作中，可以采用近似的计算数值进行处理。如后颈侧点K、后肩点C、前肩点C'、前腰线上点R'和F'的变化量，在长度方向，理论上的计算数分别是0.74cm、0.6cm、0.53cm、0.43cm和0.43cm，实际采用的对应数值可以是0.67cm、0.67cm、0.67cm、0.33cm和0.33cm，这样做有两个目的：

（1）可以方便计算和操作。虽然同时也产生了误差，但这个误差可以在纸样剪切时给予补足。在实际工作中，建议使用下面的方法：当放缩好一个规格后，接着就把它剪成新纸样，然后，用该放大和缩小的纸样放缩更大或更小的规格纸样，但在剪切每条线之前一定要谨慎考虑。对于放大规格由于计算和操作而产生的差数，采用"在后颈侧点处剪在肩线的外面，然后，缓慢地与肩线交叉，在后肩点处剪在线的里面"的方法，这样就补足了此前的差数。操作时注意线外线里的尺度，参看图3-13，（a）图沿肩线剪切即可；（b）图沿点画线剪切。同理，由于前颈侧点的计算位置不用调整，可以直接从前颈侧点开始剪切，直至在前肩点剪切在线里。对前腰线作类似处理。而缩小规格纸样的剪切与上述过程相反处理。

（2）如果基准线选择合理，前、后两片缝合在一起的对应点变化量就应相等，如后

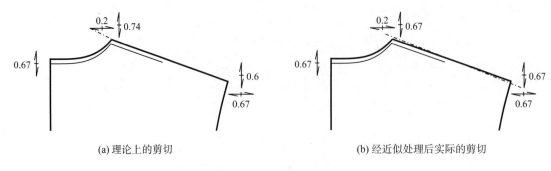

(a) 理论上的剪切   (b) 经近似处理后实际的剪切

图3-13　放大规格纸样的后肩线剪切对比

颈侧点和前颈侧点都为0.67cm，这样便于检查纸样，减少错误的产生。以后涉及该类情况，请大家酌情处理。

（三）袖原型的分析与推板（图3-14～图3-16）

通常袖窿的周长与胸围有一定的关系，大约等于0.45～0.5倍的胸围尺寸（含放松量），这样袖窿的变化量就是0.45～0.5倍的胸围档差，约为1.8～2cm。为便于计算，袖原型推板时取袖窿变化量为2cm。

1. 长度方向的变化分析

袖肥线上的点B、O、C的变化量，这些点都在基准线上，所以，它们的变化量为0。

袖山点A的变化量，根据袖山高计算公式，A点变化量=袖窿变化量/4=2/4=0.5（cm）。

袖口线上的点D、E、M、J和N的变化量，它们与袖口基础线有关，由于袖长档差是1.5cm，则$D=E=M=J=N$=袖长档差-袖山高变化量=1.5-0.5=1（cm）。

袖肘线上的点P、Q的变化量，袖肘线PQ平行于基准线，根据袖肘线确定方法，点P和点Q变化量=袖长档差/2-袖山高变化量=1.5/2-0.5=0.25（cm）。

袖山弧线上的点F、G的变化量，根据绘图，F、G点近似等于袖山高的一半，则F点变化量=点G变化量≈点A变化量/2=0.5/2=0.25（cm）。

2. 围度方向的变化分析

袖中线上的点A、O、J的变化量，这些点都在基准线上，所以，它们的变化量为0。

袖肥点B、C的变化量，根据图3-6原型袖肥的确定方法（AB=后袖窿弧长+1，AC=前袖窿弧长），对于放大规格纸样，从放大规格的A点起，在中间规格袖山斜线AB、AC线长度基础上各增加2/2cm，量到袖肥线上，得到放大规格的B点和C点；对于缩小规格纸样，从缩小规格的A点起，在中间规格袖山斜线AB、AC线长度基础上各缩短2/2cm，量到袖肥线上，得到缩小规格的B点和C点。这样，就可以测量出它们围度方向的变化量（绝对数值有差异，但很小），分别以记号"■"和"□"表示，见图3-14。

袖肘点P、Q的变化量，由于BD和CE都平行于基准线（袖中线），所以，P点变化量

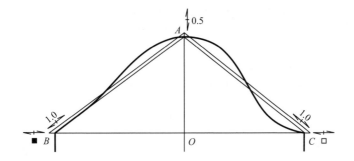

图3-14 女原型袖肥变化分析图

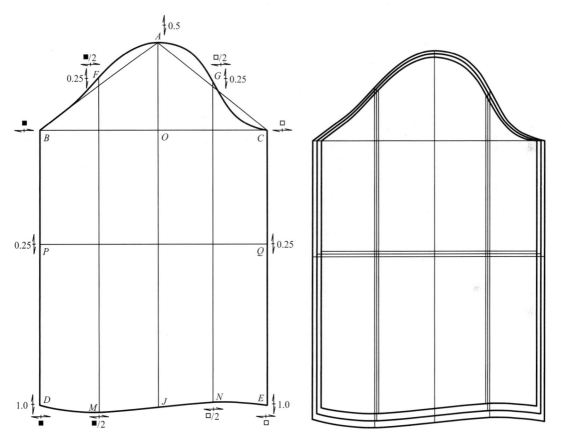

图3-15 袖原型各放码点的变化量　　　　图3-16 袖原型推板图

为"■"，Q点变化量为"□"。

袖口点D、E的变化量，与P、Q点同理，记D点变化量为"■"，E点变化量为"□"。

F、M、G、N点的变化量，根据这些点的确定方法，可知，F、M点变化量为"■/2"，G、N点变化量为"■/2"。

确定并绘制出各放缩点后，在弧线部位，利用中间规格的袖山和袖口弧线，仍按前述

图3-9的方法进行拟合绘制。图3-16就是袖原型三个规格的推板效果图。

三、裙原型的制板

裙原型尺寸见前述的表3-4，裙子的腰围尺寸与上装原型的腰围尺寸一样，档差也与上装原型对应。

（一）前片的分析与绘制（图3-17）

$A'\sim E'$　前中基础线$A'E'$=60cm（裙长），过A'点作垂线，为腰围基础线。

$C'\sim D'$　取$A'C'$=17cm，前片臀围$C'D'$=净臀围/4+1.5+1=25（cm）。

侧缝$B'D'F'$　过D'作$D'S'$平行于$A'E'$，$D'S'$=10cm，$S'T'$=1cm，连接$T'D'$并延长，与腰围基础线相交并向右移1cm，垂直向上0.7cm取B'点。与裙摆基础线相交并沿线向上1cm取F'点。

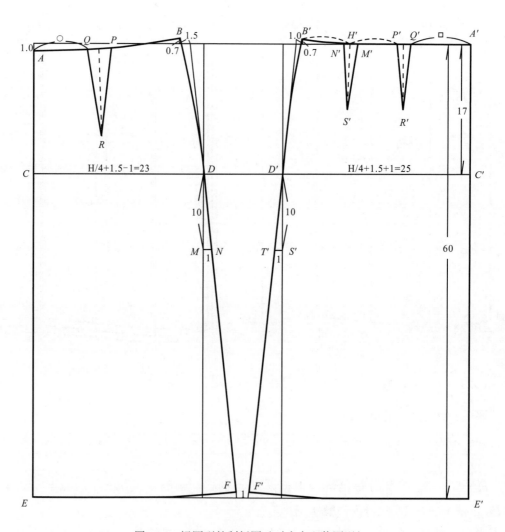

图3-17　裙原型的制板图（对应女上装原型）

省$Q'R'P'$，由于上装原型前片腰围尺寸为净腰围/4+1.5（松量）+1，因此，裙子前片腰围也是该数值。量取$A'B'$长度减去前片腰围尺寸，得到的数值就是收省量，将省量均分为两个大小相同的省。$A'Q'$等于上装原型前片腰部的"□"，$P'Q'$为第一个省，取$P'Q'$的中点，过该点作$P'Q'$的垂线，省长为腰臀深的1/2，得到R'点，过R'点分别与P'、Q'点连接。

省$M'S'N'$，平分线段$B'P'$取H'点，H'点是第二个省的中点，依据省的大小，确定N'、M'点，过H'点作$M'N'$的垂线，省长与第一个省相同，得到S'点，过S'点分别与M'、N'点连接。

连接并画顺各线，完成前片纸样的绘制。

（二）后片的分析与绘制（图3-17）

$A \sim E$　画后中基础线，延长前片腰围基础线与之相交，再向下1cm取A点。C点是臀围线延长与后中基础线的交点。E点是裙摆基础线延长与后中基础线的交点。

$C \sim D$　后片臀围CD=净臀围/4+1.5-1=23（cm）。

侧缝BDF　过D点作DM平行于AE，取DM=10cm，MN=1cm，连接DN并延长，与腰围基础线相交并向左移1.5cm，垂直向上0.7cm取B点。与裙摆基础线相交并沿线向上1cm取F点。

省QRP　由于上装原型后片的腰围尺寸为净腰围/4+1.5（松量）-1cm，因此，裙子后片腰围也是该数值。量取AB长度减去后片腰围尺寸，得到的数值就是收省量。后片可采用一个省，取AQ等于上装原型后片腰部的"○"，作出省的大小QP，取QP的中点，过中点做QP的垂线，取省长为腰臀深的2/3，得到R点，分别与P、Q点连接。

连接并画顺各线，完成后片纸样的绘制。

四、裙原型的推板

约定长度方向的基准线是臀围线，围度方向基准线为前、后中线。下面分后片和前片进行分析并计算各点的变化量。

（一）前片的分析与推板［图3-18、图3-20（a）］

1. 长度方向的变化分析

腰线上的点A'、Q'、P'、M'、N'、B'的变化量，从表3-4中知道腰臀深的档差为0.5cm，因此，这些点变化量都是0.5cm。

臀围线上的点C'、D'的变化量，这两点都在基准线上，则C'、D'点的变化量都是0。

裙摆线上的点E'、F'的变化量，裙长档差是2cm，臀围以上部分变化量0.5cm，臀围以下变化量1.5cm，即E'、F'点变化量为1.5cm。

省尖点R'、S'的变化量，省长度是腰臀深的1/2，省尖点相对基准线（臀围线）的距离

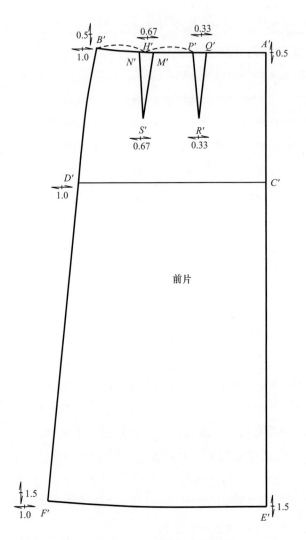

图3-18　前片各放码点的变化量

是腰臀深的1/2，而腰臀深的档差是0.5cm，因此R'、S'点的变化量为0.25cm。

2. 围度方向的变化分析

前中线上的点A'、C'、E'的变化量，这些点都在基准线上，所以，它们的变化量都为0。

腰线与侧缝线的交点B'的变化量，前片腰围的计算公式为净腰围/4+1.5（松量）+1，因此B'点变化量=腰围档差/4=4/4=1（cm）。

臀围线与侧缝线的交点D'的变化量，前臀围的计算公式为臀围/4+1，则D'点变化量=臀围档差/4=4/4=1（cm）。

裙摆线与侧缝线的交点F'　从上述图3-17的纸样绘制可知，该点与侧缝延长线和裙摆基础线有直接关联，因此，绘制放大规格纸样F'点的步骤如下：

（1）绘制出放大规格的侧缝延伸线和裙摆基础线；

（2）使中间规格纸样的侧缝线及裙摆基础线与放大规格的对应线重合；

（3）依中间规格纸样的裙摆线画出放大规格的裙摆线。

同理，绘制出缩小规格的裙摆线。

如果采用近似数值计算，F'点可以与D'点变化量一样，为1cm。

省点P'、Q'、R'的变化量，由于$A'Q'$的大小等于上装原型前片$F'R'$，而R'点在围度方向相对于基准线（上装原型前中线）变化0.33cm，那么Q'点的变化量相对于基准线（原型裙前中线）也是0.33cm，由于省$P'Q'R'$的大小不变并保持推板时结构一致，则P'、R'的变化量也是0.33cm。

省点H'、M'、N'、S' 根据该省的绘制方法和推板时P'、B'点围度方向变化量（0.33cm、1cm），则H'点变化量=（B'点变化量+P'点变化量）/2=（0.33+1）/2=0.67（cm），由H'点确定M'点、S'点和N'点，因此M'、S'、N'点变化量=H'点变化量=0.67（cm）。

确定出各放码点后，使用中间规格裙原型纸样绘制出放大规格和缩小规格的纸样。裙原型前片的推板效果如图3-20所示。

确定出各放码点后，使用中间规格裙原型纸样绘制出放大规格和缩小规格的纸样。裙原型后片的推板效果如图3-20所示。

（二）后片的分析与推板［图3-19、图3-20（b）］

1. 长度方向的变化分析

腰线上的点A、Q、P、B的变化量，由于腰臀深的档差为0.5cm，因此，这些点变化量都是0.5cm。

臀围线上的点C、D的变化量，这两点都在基准线上，它们的变化量都为0。

裙摆线上的点E、F的变化量，与前片裙摆上对应点分析过程相同，这两个点变化量也为1.5cm。

省尖点R的变化量，省长度是腰臀深的2/3，省尖点相对基准线（臀围线）的距离就是腰臀深的1/3，而腰臀深的档差

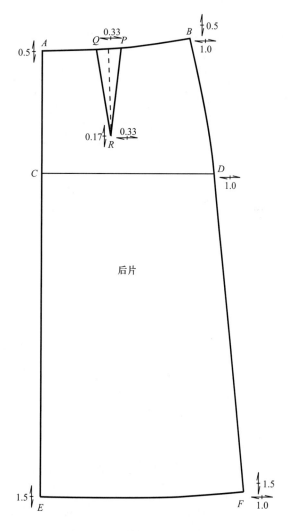

图3-19 后片各放码点的变化量

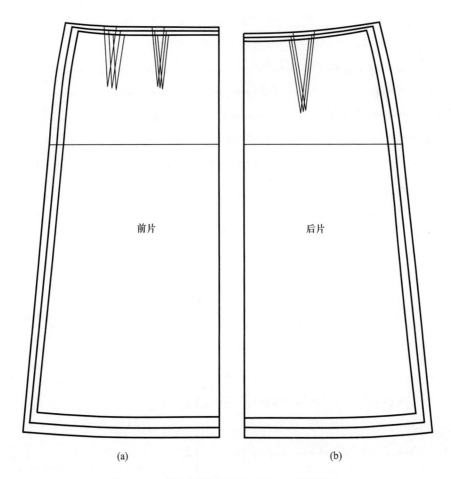

(a)

(b)

图3-20 裙原型的推板图（对应女上装原型）

是0.5cm，因此，*R*点变化量=0.5/3=0.17（cm）。

2. 围度方向的变化分析

后中线上的点*A*、*C*、*E*的变化量，这些点都在基准线上，它们的变化量都为0。

腰线与侧缝线的交点*B*的变化量，后片腰围计算公式为净腰围/4+1.5（松量）-1，因此，B点变化量=腰围档差/4=4/4=1（cm）。

臀围线与侧缝的交点*D*的变化量，后片臀围计算公式为臀围/4+1，则*D*点变化量=臀围档差/4=4/4=1（cm）。

裙摆线与侧缝线的交点*F*的变化量，该点与前片*F'*点的分析及绘制过程一样。如果采用近似数值计算，该点可取1cm。

省点*P*、*Q*、*R*的变化量，由于*AQ*的大小等于上装原型后片*FQ*（参见图3-5），而该点相对于基准线（上装原型后中线）变化0.33cm，那么省*Q*点的变化量相对于基准线（原型裙后中线）也是0.33cm，由于省*PQR*的大小不变并保持推板时结构一致，则*P*、*R*点的变化量也是0.33cm。

五、女装原型的推板重点

上面讲述了女装原型制板和推板的方法及过程，从中应掌握的以下重点：

（1）正确理解和运用推板的两个原则。

（2）合理约定基准线位置。

（3）正确分析各放码点长度方向和围度方向的变化数值。

（4）合理使用中间规格纸样绘制曲线和一些特殊的部位。

女上装原型5·3系列的推板分析和效果参见本书附录E。

思考题

1. 工业推板的概念及常用的方法。

2. 怎样做到推板中"量"和"形"的统一？

3. 四开身女西服的基准线如何约定？

4. 档差的概念？如何理解规则推板和均匀推板？表3-5是某品牌羊绒衫男女号型系列与成品胸围尺寸的搭配数据，分析其号型和档差。

表3-5 某品牌羊绒衫号型系列与胸围规格表　　　　单位：cm

男子号型	160/84A	165/88A	170/92A	175/96A	175/100B	180/104B
胸围	100	105	110	115	120	125
女子号型	155/80A	160/84A	165/88A	170/92A	170/96B	175/100B
胸围	85	90	95	100	105	110

5. 练习女装原型袖窿在放缩时的绘制。

6. 练习女装原型肩省的放缩。

7. 在裙原型的尺寸表中，有一项是腰臀深，它的档差为0.5cm，结合国家标准，思考使用该数值是否合理？

8. 在前衣片原型中，通过转省，把部分胸省转移到侧缝（腋下）中，前衣片纸样如何绘制？如果部分转到袖窿或肩部或领口中，纸样又如何放缩？

9. 在本章所介绍的女装原型推板中，约定了计算公式中的数据（放松量或调节数）都不作变化。那么，在推板时，线性推板或是正比例推板哪种更科学？如何变化？

10. 在纸样的推板中，放松量是否变化？举例说明。

典型款式分析及实践应用——

典型款式的工业制板

课题内容：1. 西服裙。

2. 塔裙。

3. 男西裤。

4. 牛仔裤。

5. 男衬衫。

6. 分割线夹克。

7. 插肩袖夹克。

8. 女西装。

9. 男西服。

上课时数：56课时

教学提示：分析每种款式的结构图和规格尺寸表，按照企业生产的要求结合服装结构的知识进行基础纸样设计，同时剖析各部位的档差，将其科学合理地分配到各放点，利用基础纸样进行推板实践。在学生进行实习时，教师应及时了解和解决出现的各种问题。

教学要求：1. 使学生了解典型服装款式的结构。

2. 使学生掌握各规格尺寸之间的关系。

3. 使学生了解企业如何进行纸样设计。

4. 使学生掌握档差的合理分配。

5. 使学生了解各规格间纸样的核对。

6. 通过实践，加深学生对推板的理解，使之做到举一反三。

7. 对类似款式，尽可能采用订单式教学。

课前准备：了解每个案例的具体分析过程，对一些比较复杂的结构准备好相关纸样，便于在教学中分析。

第四章　典型款式的工业制板

服装的款式多姿多彩,结构各有特点。对于一些常见的款式,针对其不同点可采用不同的纸样处理方法。首先从绘制该款式的基本纸样着手,分析纸样结构的组成,然后以纸样为基准进行推板。为便于说明,本书只对基本纸样各放大和缩小一个规格,绘制出的纸样为全套的裁剪纸样和净纸样及部分工艺纸样,这样可以反映在实际工业生产中所用纸样的情况。

第一节　西服裙

一、款式说明、示意图及规格尺寸

西服裙在女套装中经常使用,由一片前片和两片后片组成。前片共有四个省,每个省的大小是2cm,长度是腰臀深的一半,前中线有一暗裥,长为16cm。每片后片有两个省,每个省的大小为2cm。后中线处有隐形拉链,长度是15cm;后开衩的长度是20cm,宽度是4cm,采用右后片压左后片的形式。使用全里子,里子下摆悬空;在侧缝处用线襻连接里子折边与裙片面料的折边。腰头宽3cm,后腰头也采用右腰头压住左腰头的形式,重叠量为3cm,宝箭头的大小是1cm。图4-1是西服裙的款式结构示意图,表4-1中所列的尺寸是

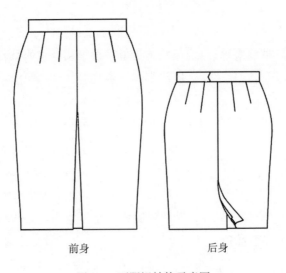

前身　　　　　　　　后身

图4-1　西服裙结构示意图

西服裙的成品规格，档差根据国家标准确定，其中中间规格M的号型是160/66A。

表4-1　西服裙规格尺寸　　　　　　　　单位：cm

规格 部位	S	M	L	档差
腰围	66	68	70	2
臀围	92.4	94	95.6	1.6
腰臀深	15.5	16	16.5	0.5
裙长	57.5	60	62.5	2.5

注　1. 在设计制板尺寸时，不含其他任何影响成品规格的因素，如热缩率，缩水率等。
　　2. S规格对应国家标准中的155/64A，L规格对应165/68A。
　　3. 腰围的放松量是2cm，臀围的放松量是6cm，腰臀深和裙长的尺寸不包括3cm的腰头宽。

二、基本纸样的分析及绘制

为了保证基本纸样的清晰，有些纸样生产符号（如布纹符号）在后面的推板图中列出。

（一）前片（图4-2）

$A \sim E$　前中基础线，两点间的长度=腰口缝份AA_1（1cm）+裙长A_1E_1（60cm）+裙折边宽E_1E（3cm）=64（cm）。

$A_2 \sim A_3$　取AA_2=8cm（暗裥的宽度），画A_2A_3线，并平行于前中基础线AE，长度与AE相等（请注意图中暗裥的结构和表示方法）。在A_2A_3处采取对折处理。

$A_1 \sim B_2$　过A_1点画腰围基础线，取A_1B_2=腰围尺寸/4+1+2（省量）+2（省量）=68/4+5=22（cm），从B_2垂直向上0.7cm至腰侧净点B_1，向左向上各加出1cm的缝份，为腰侧缝点B，画顺腰口毛缝线AB。

$C \sim D$　取腰臀深A_1C=16cm，过C点画臀围基础线，量取CD_1=臀围尺寸/4+1=24.5（cm），DD_1为侧缝的缝份（1cm）。

$D \sim G_1$　过D点作垂直线与裙摆基础线相交于G_1。

$G_1 \sim G$　根据裙子的结构、长度和穿着时的方便、合体程度等，在裙摆侧缝处收进一定的尺寸，前片侧缝下摆向右收进2cm至G点，画顺侧缝曲线BDG。

$A_3 \sim F$　连接A_3点和E点并延长至F点，为裙折边线，连接GF画折边侧缝线。

前腰省　腰省采用平分前腰围的方法定位，即（腰围尺寸/4+1）/3=18/3=6（cm），从A_1点沿净腰线向左移6cm，画第一个省，宽度为2cm，长度为腰臀深的一半；再向左移6cm，画第二个省，宽度为2cm，长度也是腰臀深的一半，连接好两个省，省尖点分别是O点和R点，与腰口的交点分别为M点、N点、P点和Q点。

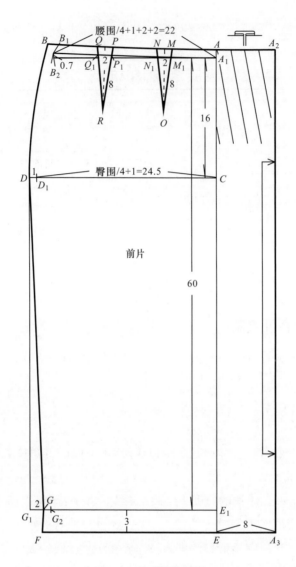

图4-2 前片裁剪纸样

（二）后片（图4-3）

延长图4-2前片的净腰围基础线、臀围线、裙摆基础线、裙折边线。

$A \sim C$ 画臀围线的垂线 AC 为后中毛缝线，再右移1cm的缝份画垂线 A_1H_1 为后中基础线。

$A_1 \sim B_2$ 为满足后腰部体型的需要，从净腰围基础线向下1cm取 A_1 点。取 A_1B_2 =腰围尺寸/4-1+2（省量）+2（省量）=68/4+3=20（cm），从 B_2 垂直向上0.7cm至腰侧净点 B_1，画圆顺曲线 A_1B_1 并修正使其等于20cm，再向右向上各加出1cm的缝份，为腰侧缝点 B，画顺腰毛缝线 AB。

$C_1 \sim D_1$ 后臀围 C_1D_1 =臀围尺寸/4-1=22.5（cm），DD_1 为侧缝的缝份（1cm）。

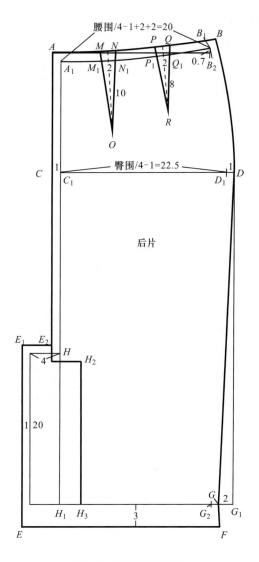

图4-3　后片裁剪纸样

$D \sim G_1$　过D点作垂线与裙摆基础线相交于G_1。

$G_1 \sim G$　与前裙片相同，侧缝下摆向左收进2cm取G点，画顺侧缝曲线BDG。

$E \sim F$　裙折边线，连接GF画折边侧缝线。

后腰省　后腰省定位方法与前腰相同，即（腰围尺寸/4-1）/3=16/3=5.3（cm），从后净腰线右移5.3cm，画第一个省，宽度为2cm，长度为腰臀深的2/3（图中取10cm）；再右移5.3cm，画第二个省，宽度也为2cm，长度为腰臀深的一半，每个省的中心线垂直于净腰线，分别连接好每个省，省尖点分别是O点和R点，而与腰口的交点分别是M、N、P、Q。

后开衩　后开衩的长度要考虑裙子的长度，并与之匹配，一般取臀围线至裙折边线的1/2处。由于在款式说明中已知开衩长为20cm，因此，图中开衩长度取20cm，宽度为

4cm，缝份的加放参看图中示意。

（三）裙里

由于该西服裙的后裙片开衩采用右后片压住左后片的加工工艺，且两后片大小相同，由于裙子采用全里子的加工工艺，所以，左、右后片裙里的纸样不相同，图4-3后片开衩中的E_1E是左后里子的开衩，H_2H_3是右后里子的开衩；前裙片里采用对折处理（参见前述图4-2的前片纸样图）。裙里裁剪纸样的长度至裙摆基础线，不包括折边宽度。

（四）腰头（图4-4）

净腰头的宽度是3cm，长度是腰围尺寸加重叠量3cm及1cm的宝箭头宽，腰衬的宽度和长度与净腰头的尺寸一样；腰头的裁剪纸样宽度=两倍的腰头宽+两个缝份=3×2+1×2=8（cm），长度=腰围+3+1+两个缝份=68+4+2=74（cm）。

图4-4　腰头和腰衬裁剪纸样

三、推板

了解了西服裙的制板过程，就可以进行推板。确定裙子的长度方向基准线为臀围线，围度方向基准线为前、后中基础线，下面分前裙片和后裙片计算各放码点的长度方向和围度方向的推板数值。

（一）前片的分析与推板（图4-5）

1. 长度方向的变化分析

腰线上的点A_2、A、M、N、P、Q、B的变化量，由于腰臀深的档差为0.5cm，因此，这些点的变化量都是0.5cm。

臀围线上的点C、D的变化量，这两点都在基准线上，则C、D点的变化量都是0。

裙摆线上的点A_3、F的变化量，裙长档差为2.5cm，臀围以上已变化0.5cm，则臀围以下就变化2cm，即A_3、F点变化量为2cm。

省尖点O、R的变化量，省长度是腰臀深的1/2，省尖点相对于基准线的距离也是腰臀深的1/2，而腰臀深的档差是0.5cm，因此O、R点变化量=0.5/2=0.25（cm）。

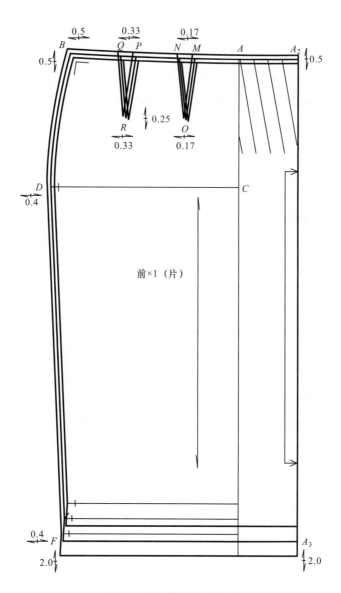

图4-5　前片裁剪纸样推板

2. 围度方向的变化分析

前中基础线上的点A、C的变化量，这两点都在基准线上，所以，它们的变化量都为0。

点A_2、A_3的变化量，通常暗裥的大小不变，则A_2、A_3点变化量为0。

腰线与侧缝线的交点B的变化量，前腰围的计算公式为腰围尺寸/4+1+4（省量），因此，B点变化量=腰围档差/4=2/4=0.5（cm）。

臀围线与侧缝线的交点D的变化量，前臀围的计算公式为臀围尺寸/4+1，则D点变化量=臀围档差/4=1.6/4=0.4（cm）。

侧缝线与裙摆线的交点F的变化量，该点是通过D点计算而得，因此，F点变化量=D

点变化量=0.4（cm）。

省点M、N、O的变化量，根据该省的绘制方法，M点到A点的实际距离是前片净腰围的1/3，因此，M、N、O点变化量=（腰围档差/4）/3=2/4/3=0.17（cm）。

省点P、Q、R的变化量，根据该省的绘制方法，P点到A点的实际距离是前片净腰围的2/3，因此，P、Q、R点变化量=2×（腰围档差/4）/3=2×2/4/3=0.33（cm）。

确定出各放码点后，使用中间规格裙原型纸样绘制出放大规格和缩小规格的纸样。

（二）后片的分析与推板（图4-6）

1. 长度方向的变化分析

腰线上的点A、M、N、P、Q、B的变化量，由于腰臀深的档差为0.5cm，因此，这些

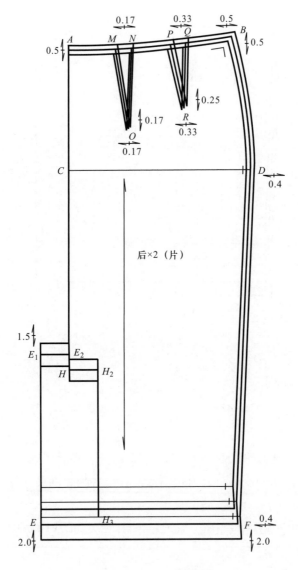

图4-6　后片裁剪纸样推板

点的变化量都是0.5cm。

臀围线上的点C、D的变化量，这两点都在基准线上，则C、D点的变化量都是0。

裙摆线上的点E、F的变化量，和前片裙摆线上的点A_3和F相同，变化量都是2cm。

开衩上的点E_1、E_2的变化量，设开衩长度的变化量是0.5cm，由于E点变化了2cm，则E_1、E_2点变化量=E点变化量−0.5=2.0−0.5=1.5（cm）。

省尖点O的变化量，该省长度是腰臀深的2/3，则O点相对于基准线的变化量是腰臀深档差的1/3，即O点变化量=0.5/3=0.17（cm）。

省尖点R的变化量，该省长度是腰臀深的一半，则R点的变化量也是腰臀深档差的一半，即R点变化量=0.5/2=0.25（cm）。

2. **围度方向的变化分析**

后中线上的点A、C、E_1、E_2、E的变化量，这些点都在基准线上，它们的变化量都为0。

腰线与侧缝线交点B的变化量，后片腰围计算公式为腰围尺寸/4−1+4（省量），因此，B点变化量=腰围档差/4=2/4=0.5（cm）。

臀围线与侧缝交点D的变化量，后片臀围计算公式为臀围尺寸/4−1，则D点变化量=臀围档差/4=1.6/4=0.4（cm）。

裙摆线与侧缝线交点F的变化量，该点是通过D点计算出来的，因此，F点变化量=D点变化量=0.4（cm）。

省点M、N、O的变化量，根据该省的绘制方法，M点到A点的实际距离是后片净腰围的1/3，因此，M、N、O点变化量=（腰围档差/4）/3=2/4/3=0.17（cm）。

省点P、Q、R的变化量，根据该省的绘制方法，P点到A点的实际距离是后片净腰围的2/3，因此，P、Q、R点变化量=2×（腰围档差/4）/3=2×2/4/3=0.33（cm）。

确定出各放码点后，使用中间规格裙原型纸样绘制出放大规格和缩小规格的纸样。

（三）腰头的分析与推板（图4−7）

由于腰围的档差是2cm，则腰头长的变化量也是2cm，在进行腰头纸样的推放时，只需在腰头的一端放缩2cm，图4−7所示为腰头的裁剪纸样，腰衬纸样的放缩与腰头纸样的放缩相同。

图4−7　腰头和腰衬裁剪纸样推板

（四）里子的分析与推板

前片里子的推板与前裙片的裁剪纸样推板相同，前述图4-5前片纸样的裙摆基础线中，三条线分别表示大、中、小规格的裙里子卷边线。

后片里子的推板也与后裙片的裁剪纸样推板相同，前述图4-6中开衩上的点H和H_2在长度方向的变化量也与后裙片上开衩点E_1在长度方向的变化量相等，为1.5cm，应注意后里左、右片大、中、小规格的连线。

第二节　塔裙

一、款式说明、示意图及规格尺寸

该塔裙款式结构如图4-8所示，由三节面料组成，每两节连接处抽有碎褶；第一节和第二节分别由两片前片和一片后片构成，第三节由两片前片和两片后片构成；前中开口，门、里襟上分别锁眼、钉扣；腰头上有一平头扣眼和四个串带襻，腰两侧车缝有橡筋带，塔裙内衬半里，里子两边侧缝处各有一个开衩。该塔裙使用面料的幅宽是120cm，不用水洗。其规格尺寸见表4-2。塔裙正面、反面的结构剖析图和相关尺寸等如图4-9所示。

前身　　　　　　　后身

图4-8　塔裙款式结构示意图

表4-2　塔裙规格尺寸　　　　　　　　　　　　　　　　单位：cm

部位＼规格	S	M	L	档差
腰围	56	60	64	4
臀围	96	100	104	4
裙长	85	85	85	0

注　1. 在设计制板尺寸时，不含任何影响成品规格的因素，如缩水率等。

　　2. 裙长包括腰头宽度 4cm。

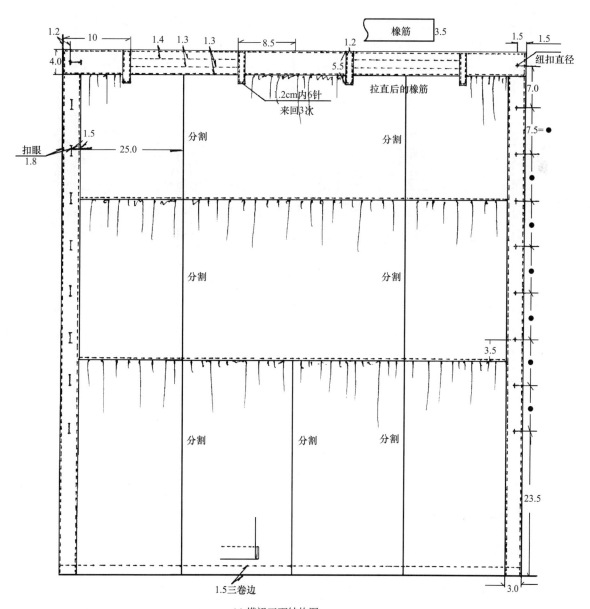

(a) 塔裙正面结构图

图4-9

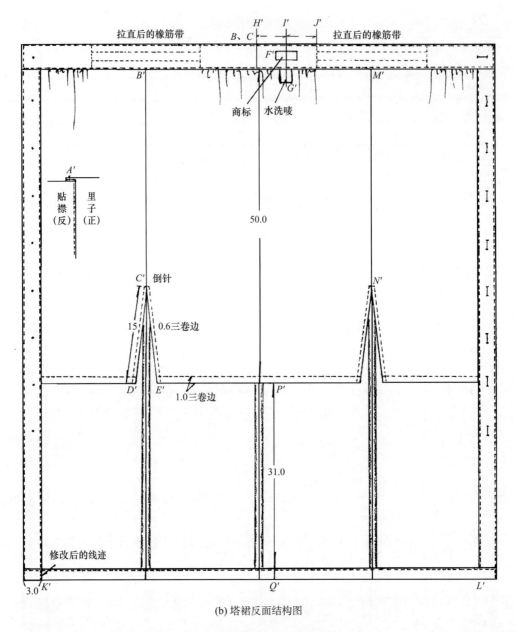

拉直后的橡筋带

商标　水洗唛

贴襟（反）

里子（正）

50.0

C′　倒针

15　0.6三卷边

1.0三卷边

31.0

修改后的线迹

3.0

(b) 塔裙反面结构图

图4-9　塔裙正面和反面结构分析

二、基本纸样的分析及绘制

（一）前片及后片

1. 门襟

如图4-9（a）塔裙正面结构图所示，门（贴）襟的宽度为3cm，长度等于裙长减去腰头宽，即85-4=81cm。

从塔裙正面分析门襟，其缝型有四种方法，如图4-10所示，（a）图表示门襟贴在裙子的正面；（b）图表示前片翻卷在面料正面；（c）图表示门襟夹住裙子前片并且三层一起车缝两行线迹；（d）图表示门襟夹住裙子前片而只有一行线迹把三层车缝在一起。根据图4-9（b）塔裙反面结构分析，因为该塔裙采用半里子的缝制工艺，从图4-10（a）图和（b）图所示的缝制工艺分析，前中线处的里子是无法与前裙片缝合在一起。图4-9（b）示出塔裙反面A'处的示意图则表示了门襟和里子的缝型结构，很明显图4-10（c）图也应排除，唯一留下的图4-10（d）图恰好与A'处缝型一致。从这个分析过程可以看出不同的缝型不仅影响门襟毛板的宽度，而且也将影响裙子前片的制板，所以在绘制纸样之前，一定要全面分析服装结构，而不能草率。

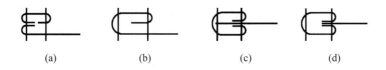

|(a)|(b)|(c)|(d)|

图4-10　门襟处缝型结构

门襟裁剪纸样长度的确定不仅要分析裙子的长度，还要了解门襟的缝制工艺。在图4-9（b）中，裙片右下角L'是原订单中绘制的工艺缝制结构图，通过纸样的折叠，可以做到与该结构相同的效果，但按照常规的缝制工艺方法则不能实现，因此，把结构图修改成裙片左下角K'的形状，其目的不仅是为了简化工艺，而且使结构更合理。因此，在绘制服装结构图时一定要注意服装结构线的组成，既不能少也不能多。另外，裙摆缝制是采用三卷边的工艺，见塔裙正面裙摆处的缝型结构图，它的宽度是1.5cm。

所以，门襟裁剪纸样的长度=1个缝份（1cm）+裙长-腰宽+两倍的卷边宽=1+85-4+1.5×2=85（cm），宽度=门襟贴边宽×2+2个缝份（1cm）=8（cm）。门襟、里襟裁剪纸样见图4-11。

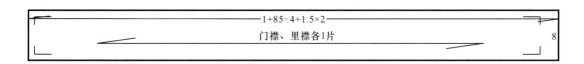

1+85-4+1.5×2

门襟、里襟各1片　　　　8

图4-11　门襟、里襟裁剪纸样

2. 塔裙第一节

塔裙各节净纸样如图4-12所示。

长度，塔裙的第一节由两个前片和一个后片组成，三片净长相同，可以从扣位的分配计算出它的长度，$RW=7.0-4/2+7.5+7.5=20$（cm），那么，裁剪纸样的长度=RW+两个缝份=20+1×2=22（cm）。

围度，对于普通的裙子，一般前臀围=臀围/4+1，后臀围=臀围/4-1，但塔裙的结构可

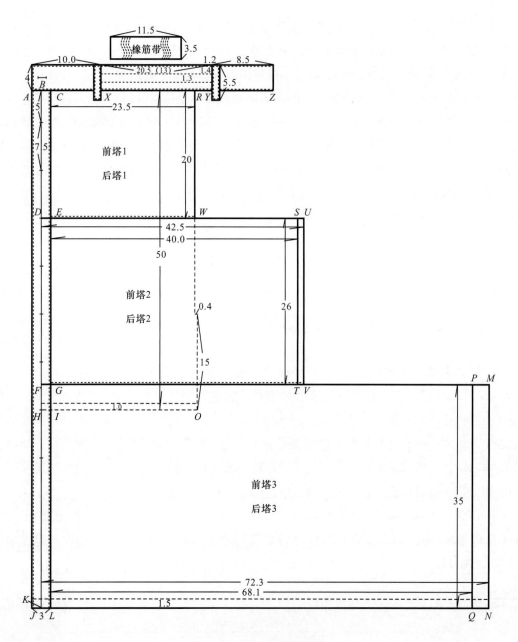

图4-12　各节净纸样示意图

以采用方形的裁剪，然后，以抽碎褶的加工工艺缝制而成，这样侧缝线的位置可稍作调整。因此为了计算方便，塔裙各片的前、后臀围采用相同的计算公式，即臀围/4。由于中间规格的臀围尺寸是100cm，则前臀围=后臀围=100/4=25（cm），前片净纸样的围度CR或EW=前臀围−净门襟宽度/2=25−3/2=23.5（cm），塔裙第一节前片围度的裁剪尺寸（简称：前塔1，以下采用类似简称）=前片净纸样的围度+两个缝份=23.5+2=25.5（cm），后片净纸样的围度=后臀围×2=25×2=50（cm），后塔1围度的裁剪尺寸=后片净纸样的围度+两个缝份=50+2=52（cm）。

3. 塔裙第二节

长度，第二节的三片净纸样长度与第一节长度的计算方法一样，$ST=UV=7.5\times3+3.5=26$（cm），则裁剪纸样的长度=第二节净纸样长度ST（UV）+两个缝份=26+1×2=28（cm）。

围度，根据前述的图4-9（a）所示塔裙正面腰头的缝制方法，整个腰围中有三部分采用抽碎褶，两部分采用橡筋带收缩腰口，中间规格成品的腰围尺寸是60cm，而前后片制板的整个腰围尺寸为100cm，则腰围的收缩量为40cm，一半的收缩量为20cm，在图4-12中，CX和YZ两部分抽碎褶，XY部分通过橡筋带收缩来产生碎褶，为了使这三部分产生均匀的碎褶，应使用下面的算法：

前塔1净纸样CR=23.5cm，后塔1净纸样BR=25cm，两部分共收缩20cm，假设，前塔1净纸样的收缩量为x，则有

$$\frac{23.5}{25}=\frac{x}{20-x}$$

$$x=9.7\text{cm}$$

也就是说，应在前塔1净纸样围度23.5cm的基础上收缩9.7cm，成为13.8cm；在后塔1净纸样围度25cm的基础上收缩10.3cm，成为14.7cm。

从理论上分析，第二节与第一节收缩的效果应与第一节腰口收缩的效果一样，即前塔2净纸样的围度缝制收缩成25cm后的效果应与前塔1净纸样的围度23.5cm缝制收缩成13.8cm的效果，那么，前塔2的净纸样围度y按以下公式计算：

$$\frac{13.8}{23.5}=\frac{23.5}{y}$$

$$y=40\text{cm}$$

前塔2围度的裁剪尺寸=前塔2的净纸样围度y（ES）+两个缝份=40+2=42（cm）。

同理，一半的后塔2的净纸样围度z的计算如下：

$$\frac{14.7}{25}=\frac{25}{z}$$

$$z=42.5\text{cm}$$

后塔2围度的裁剪尺寸=后塔2的净纸样围度z（DU）×2+两个缝份=42.5×2+2=87（cm）。

4. 塔裙第三节

长度，第三节的四片纸样长度都相等，$MN=PQ$=7.5-3.5+7.5+23.5=35（cm），则裁剪纸样的长度=一个缝份+MN（PQ）+两倍的卷边宽=1+35+1.5×2=39（cm）。

围度，第三节有两个前片和两个后片组成，它的处理与第二节处理的方法一样，具体的计算过程如下：

假设，前塔3的净纸样围度为m，则有：

$$\frac{23.5}{40.0}=\frac{40.0}{m}$$

$$m=68.1\text{cm}$$

前塔3围度的裁剪尺寸=前塔3的净纸样围度m（GM）+两个缝份=68.1+2=70.1（cm）。

同理，后塔3的净纸样围度n的计算如下：

$$\frac{25}{42.5}=\frac{42.5}{n}$$

$$n=72.3\text{cm}$$

后塔3围度的裁剪尺寸=后塔3的净纸样围度n（FP）+两个缝份=72.3+2=74.3（cm）。

（二）里子

根据图4-9（b）塔裙反面结构图，可以看到里子由两个前片和一个后片组成，在侧缝处有两个长为15cm的开衩，里子的长是50cm，这样，$B'C'$=50-15=35（cm），一般说来，立裆深（腰围线与横裆线之距离）尺寸在24cm，根据里子的长度计算，横裆线以下也只有11cm（35-24），如果裙里以臀围尺寸（M规格为100cm）作为塔裙里子的制板尺寸，加上有两个开衩，整个裙里下摆肯定不影响人在穿着该塔裙时的正常行动，只有在这个前提下，才能真正分析前、后里子的围度尺寸。

通常，塔裙大身面的侧缝应该与里子的侧缝对合，也就是说，里子的围度大小可以用塔裙第一节的围度尺寸，这样，前里围度的净尺寸就是23.5cm，后里围度的净尺寸就是$25\times2=50$（cm），同时在开衩处为了方便三卷边的缝制，多留出0.4cm。虽然图中是以三角的方式绘制开衩，但在实际制板时，开衩仍画成与下摆成直角，这样做的目的是便于缝制加工。因此，前里围度的裁剪尺寸=两个缝份+23.5=25.5（cm）；后里围度的裁剪尺寸=两个缝份+$B'M'$=2+50=52（cm）；由于里子在下摆处采用1cm宽的三卷边缝制工艺，则里子裁剪纸样长度=一个缝份+50+两倍的卷边宽=1+50+1.0×2=53（cm），开衩的制板长度=一个缝份+15+两倍的卷边宽=1+15+1.0×2=18（cm）。

（三）腰头

在前述图4-9（a）中，塔裙正面结构图的整个腰头可以分成5部分：从左止口边到第一个串带襻的右侧，第一个串带襻的右侧到第二个串带襻的左侧，第二个串带襻的左侧到第三个串带襻的右侧，第三个串带襻的右侧到最后一个串带襻的左侧，最后一个串带襻的左侧到右止口边。其中，从左止口边到第一个串带襻的右侧与最后一个串带襻的左侧到右止口边是对称的；第二个串带襻的左侧到第三个串带襻的右侧是以后中线为对称的；第一个串带襻的右侧到第二个串带襻的左侧和第三个串带襻的右侧到最后一个串带襻的左侧也是对称的，并且这两部分中车缝有橡筋带，图中的绘制表示橡筋带在拉直时的状况。再观察图4-12的腰头，它以后中线为对称表示，根据图4-9（a）中提供的尺寸，再看图4-12，AX=10cm，YZ=8.5cm，虽然整个腰围是60cm，一半的腰围BZ收缩后的尺寸是30cm，那么XY是否就等于30-（10-1.5）-8.5，即13cm呢。答案是否定的。因为这部分是通过橡筋带的自然收缩而达到塔裙第一节腰口在该处产生碎褶，而不是像AX中CX以及YZ两部分是采用工艺的方法实现的抽碎褶。现在知道XY收缩后的尺寸是13cm，那么是否橡筋带的长度就是13cm？答案也是否定的。因为橡筋带在与面料一起车缝后，不可能做到100%的收缩。

可以通过实验的方法测出橡筋带的收缩率，实验采用的面料和缝制工艺应与实际生产加工腰头的方法一样。假设实验测出的橡筋带收缩率是88%，已知XY收缩后的尺寸是13cm，通过计算，橡筋的净尺寸应是11.5cm。前面已经分析半腰围的收缩量是20cm，为了使CX、YZ和XY对塔裙第一层腰口的收缩效果相同，下面计算橡筋带部分应该收缩的大小，假设收缩量为x，则有

$$\frac{半腰围 - BX - YZ}{CX + YZ} = \frac{x}{20 - x}$$
$$\frac{30 - (10 - 1.5) - 8.5}{10.0 - 3 + 8.5} = \frac{x}{20 - x}$$
$$x = 9.0 \text{cm}$$

那么，XY的实际尺寸就是橡筋带的净尺寸加橡筋带收缩量，即$XY = 11.5 + 9.0 = 20.5$（cm）。整个腰头的净尺寸：（$AX + XY + YZ$）×2＝（10.0+20.5+8.5）×2＝78（cm），腰头的裁剪纸样尺寸为腰头净尺寸+两个缝份＝78+2＝80（cm），橡筋的裁剪纸样尺寸为11.5+2＝13.5（cm）。订单中规定橡筋带宽度是3.5cm（见图4–12中的橡筋带净纸样），而橡筋带的宽度就是它的制板宽度，因此，宽度的制板尺寸就是3.5cm，这片纸样是裁剪纸样中的辅助纸样。

由于腰头的宽度是4.0cm，那么，腰头裁剪纸样的制板宽度尺寸就是两个净腰宽加两个缝份，即4×2+1.0×2＝10（cm）。

腰头上共有4个串带襻，订单中指定每个串带襻的长度是5.5cm，宽度是1.2cm，那么，4个串带襻只要连在一起绘制成一片裁剪纸样，长度的制板尺寸＝（5.5+3.5）×4＝36（cm），宽度的制板尺寸通常是2.5cm。

三、推板

订单上提供的档差数值见表4-2，其中的腰围和臀围的档差都是4cm，国家标准中5·2号型系列所说的腰围、臀围的档差是2cm，对于这点，在工业制板中可以撇开标准，按订单的要求去做。由于塔裙的纸样都是方形，基准线的确定相对而言比较简单，下面分别推算各纸样的放大和缩小的数据。

（一）前片的分析与推板

1. 前门、里襟

依据表4-2的规格尺寸表，由于裙子的长度档差是0，宽度采用定数3cm，因此，三个规格的门襟和里襟裁剪纸样长度和宽度都不变，见图4-11门襟、里襟裁剪纸样图。

2. 前塔1

图4-13为前塔1裁剪纸样的推板图。根据围度的计算公式，前塔1的围度尺寸=臀围/4-1.5+2，则其围度档差=臀围档差/4=1cm，即前塔1放大和缩小各为1cm，前塔1的长度因整条裙子的长度不发生变化，所以，前塔1在长度方向不变。

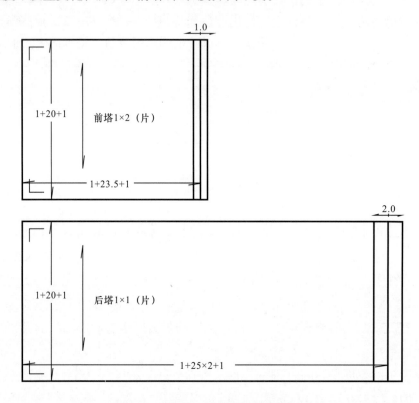

图4-13　塔裙第一节裁剪纸样推板

3. 前塔2

如图4-14所示，由于前塔2围度的尺寸是根据前塔1计算来的，因此放大规格，前塔1净纸样CR=24.5cm，放大规格后塔1净纸样BR=26cm，两部分也共收缩20cm，假设放大规格前塔1净纸样的收缩量为x，则有

$$\frac{24.5}{26}=\frac{x}{20-x}$$
$$x=9.7\text{cm}$$

也就是说，放大规格在抽碎褶时，应在前塔1净纸样围度24.5cm的基础上收缩9.7cm，成为14.8cm；后塔1净纸样在围度26cm的基础上收缩10.3cm，成为15.7cm。

不论怎样推板，根据推板的原则——服装的结构应保持一致，假设放大规格前塔2的净纸样围度是y，则

$$\frac{14.8}{24.5}=\frac{24.5}{y}$$
$$y=40.56\text{cm}$$

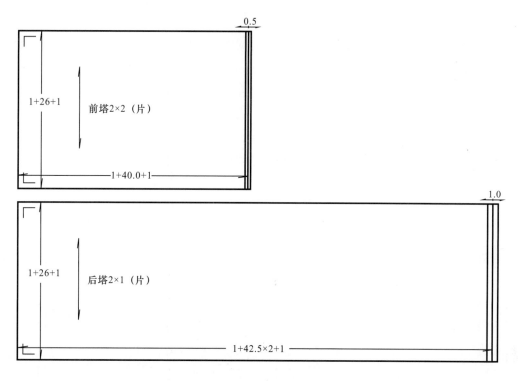

图4-14　塔裙第二节裁剪纸样推板

这样，放大规格前塔2围度与中间规格前塔2围度之差为40.56-40.02=0.54（cm），约为0.5cm。

那么，在缩小规格中，前塔1净纸样CR=22.5cm，后塔1净纸样BR=24cm，两部分也共收缩20cm，同样假设，缩小规格前塔1净纸样的收缩量也为x，则有

$$\frac{22.5}{24}=\frac{x}{20-x}$$

$$x=9.7\text{cm}$$

也就是说，缩小规格在抽褶时，应在前塔1净纸样围度22.5cm的基础上收缩9.7cm，成为12.8cm，后塔1净纸样在围度24cm的基础上收缩10.3cm，成为13.7cm。

同样也假设缩小规格前塔2的净纸样围度y按以下公式计算：

$$\frac{12.8}{22.5}=\frac{22.5}{y}$$

$$y=39.55\text{cm}$$

这样，中间规格前塔2围度与缩小规格前塔2围度之差为40.02-39.55=0.47（cm），约为0.5cm。

通过比较可知，前塔2围度的档差约为0.5cm；而不能仅依据前塔1的档差是1cm就简单认为前塔2的围度档差是1cm。前塔2的长度不变化，原理与前塔1相同。

4. 前塔3

图4-15所示为前塔3的放缩裁剪纸样图。它的围度变化与前塔2的计算方法相同，假设放大规格前塔3的净纸样围度是y，则有：

$$\frac{24.5}{40.56}=\frac{40.56}{y}$$

$$y=67.147\text{cm}$$

这样，放大规格中前塔3围度与中间规格前塔3围度之差为67.147–68.153=–1.06（cm），约为–1.1cm。

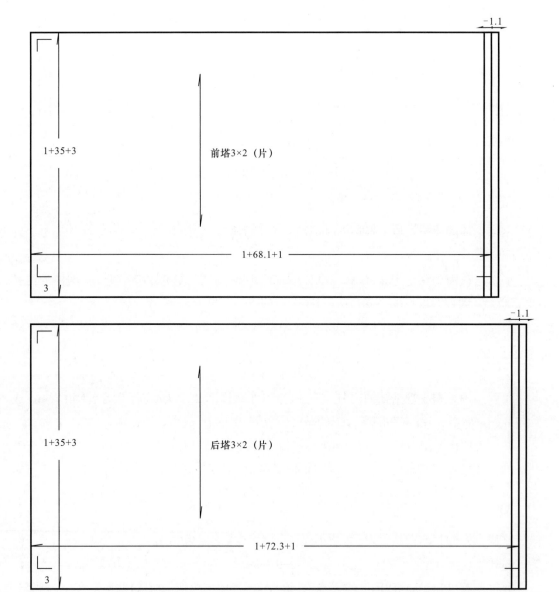

图4-15　塔裙第三节裁剪纸样推板

也假设缩小规格前塔3的净纸样围度y按以下公式计算：

$$\frac{22.5}{39.5}=\frac{39.5}{y}$$

$$y=69.34cm$$

这样，中间规格的前塔3围度与缩小规格前塔3围度之差为68.15-69.34=-1.19（cm），约为-1.2cm。我们可以说，前塔3围度的档差约为-1.1cm；长度的放缩为0。

（二）后片的分析与推板

后塔1、后塔2和后塔3的长度方向的变化为0，原理与前片相同；由于后塔1和后塔2是对折的纸样，以其中的一条侧缝线作为围度的基准线，通过计算，另一边围度方向的放缩约为1.0cm（0.5cm×2），而塔裙第三节采用由两片后塔3缝制而成，因此后塔3每片围度方向的档差约为-1.1cm。参见图4-13~图4-15中后片裁剪纸样的推板图。

（三）腰头的分析与推板

从表4-2中了解，腰围的档差是4cm，只要以一边为基准线，另一边直接放缩4cm，图4-16所示为腰头、串带襻、橡筋带的推板。

串带襻的数量、长度和宽度并不随着腰围的放缩而变化。

橡筋带的档差是1cm，这样放大规格橡筋带的净尺寸是12.5cm。

下面用逆推法计算放大规格的腰围尺寸。

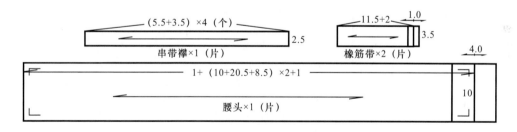

图4-16 腰头、串带襻和橡筋带裁剪纸样推板

在放大规格纸样中，XY收缩后的尺寸=12.5/0.88=14.2（cm），$CX+YZ=64/2-1.5-14.2=16.3$（cm），而半腰围的收缩量是20cm，假设放大规格XY的收缩量为x，则有

$$\frac{14.2}{16.3}=\frac{x}{20-x}$$

$$x=9.3cm$$

那么，放大规格纸样中XY的制板尺寸就是橡筋的净尺寸加橡筋收缩部分的尺寸，即$XY=12.5+9.3=21.8$（cm）。整个放大规格腰头的净尺寸：$（AX+XY+YZ）×2=$

（3+21.8+16.3）×2=82.2（cm），与中间规格腰头净尺寸（78cm）比较，差数是4.2cm，基本与腰围的档差一样，这就是说，橡筋带的档差1cm是可行的，同理，也可以用缩小规格来逆推橡筋带的档差。

（四）里子的分析与推板

由于里子的绘制过程比较简单，而且基准线的确定也比较容易，整个臀围的档差是4cm，根据制板公式，前片围度的档差是1.0cm；后片以一边作为基准线，另一边围度的档差就是2.0cm，图4-17所示为塔裙里子的推板图。

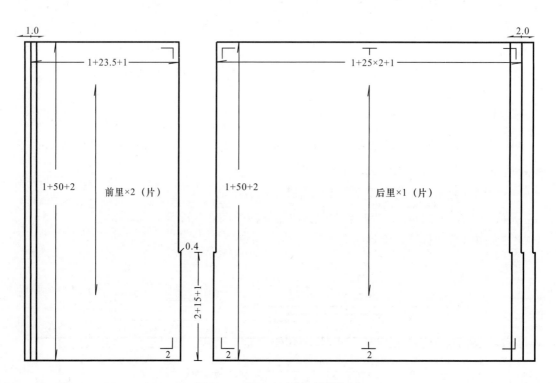

图4-17 塔裙里子裁剪纸样推板

四、部分工艺纸样

前述图4-12中的腰头净纸样是中间规格的腰头工艺纸样，图中表示的是半腰，以后中线为对称轴，从而保证左右腰头的对称，图上标有串带襻的位置和橡筋带的缉线位置及方法。为了塔裙的门、里襟规格一致，应该有扣烫门襟、里襟用的工艺纸样，纸样的宽度是3cm，该纸样就是工艺纸样中的定形纸样。

第三节　男西裤

一、款式说明、示意图及规格尺寸

男西裤是一种较普通的裤型，由两片前片、两片后片和腰头组成。图4-18所示为男西裤款式结构，裤子的前中有门襟、里襟，门襟内车缝一条拉链，左右前片各有一个压烫成锥形的活褶，两边侧缝各有一个斜插袋，前片内衬有里子（又称护膝绸，分半膝绸和整膝绸）；左、右后片各有一个省和一双嵌线一字袋；腰头上有6只串带襻。表4-3是男西裤的成品规格尺寸表。

表4-3　男西裤规格尺寸　　　　　　　　　　　　　　单位：cm

部位＼规格	S	M	L	档差
腰 围	74	76	78	2
臀 围	98.4	100	101.6	1.6
裤 长	99	102	105	3
裤 口	44	45	46	1
立裆深	22.25	23	23.75	0.75
拉 链 长	15.24	16.51	17.78	1.27

注　1. 中间规格 M 对应国家标准中的170/74A，S 规格对应165/72A，L 规格对应175/76A。

　　2. 腰围放松量是2cm，臀围放松量是10cm，立裆深尺寸不包括3.5cm的腰头宽。

　　3. 臀围位置处于从裆底沿前裆线量取前裆长的1/3处。

　　4. 中间规格 M 的拉链长度对应的英制数是6.5英寸，S 规格是6英寸，L 规格是7英寸。

　　5. 在设计制板尺寸时，不含其他任何影响成品规格的因素，如缩水率等。

　　6. 基础板是 M 规格。

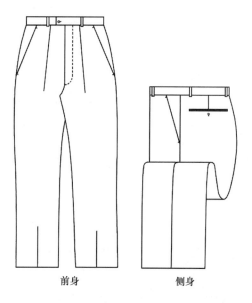

前身　　　　　侧身

图4-18　男西裤结构示意图

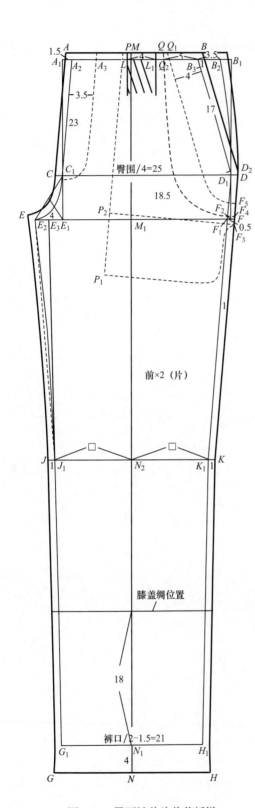

图4-19　男西裤前片裁剪纸样

二、基本纸样的分析及绘制

（一）前片（图4-19）

$B_1 \sim F_2$　侧缝基础线，B_1F_2=立裆深=23cm。

$B_1 \sim A_1$　根据该款西裤的特点（褶熨烫后在臀围处有部分重叠）和裤子前、后臀围的分配比例，前臀围采用臀围/4，即腰口基础线A_1B_1=100/4=25（cm）。过B_1点作B_1F_2的垂线，在垂线上取B_1A_1为25cm。

$E_1 \sim E_2$　过A_1点作B_1F_2的平行线，为前裆基础线。在前裆基础线上取A_1E_1=B_1F_2作横裆线E_1F_2。E_1E_2是小裆宽，其计算公式为臀围/20-1（有时采用臀围/25），它的取值范围通常在3.5~4.5cm之间，在本款式中E_1E_2确定为4cm。

$A_2 \sim B_2$　前腰围的计算公式为：腰围/4-1=W/4-1=76/4-1=18（cm），前片臀围与腰围的差数=A_1B_1-前腰围=25-18=7.0（cm），减去活褶的宽度4cm，其余的3cm根据纸样结构和裤子造型，平均分配在前裆缝和侧缝处，即A_1A_2=B_1B_2=1.5（cm）。腰口和前裆的缝份均为1cm。

$C_1 \sim D_1$　通常，臀围线位于从横裆线E_2F_2向上取立裆深的1/3处，但本例根据臀围位置的确定方法，初步画出前裆弧线，量其弧线长直至A_2点，取整个长度（前裆长）1/3的同时，确保C_1点在A_1E_1上，画臀围线CD，CC_1=DD_1=1（cm）（缝份）。

E、F点　在横裆线上E_2点外加1cm的缝份，与前裆弧线的毛缝线相交，得到E点。将F_2左移0.5cm为净缝点F_1，F_1F为1cm的缝份。

$M \sim N$　过前横裆E_2F_1的中点M_1作横裆

线的垂线，为裤中线（烫迹线），与腰围缝份线相交于M点，$MN=$裤长–腰头宽+1cm（缝份）+4cm（裤口折边）=102–3.5+5=103.5（cm）。

裤口G_1、H_1、G和H　从N点量取裤口折边宽4cm为N_1点，由于裤口的尺寸是45cm，本例前裤口计算公式为裤口/2–1.5，则前裤口为21cm，以N_1点为中点平分前裤口，得到G_1和H_1点（G_1H_1是裤口基础线），再各加1cm的缝份，与裤口折边线相连，最后得到G点和H点。

中档　通常，中档线J_1K_1的位置取臀围线C_1D_1到裤口基础线G_1H_1距离的一半。其尺寸有两种计算方法：

（1）取小档宽E_1E_2的中点E_3，连接E_3G_1与中档线的交点为J_1，以裤中线为对称，得到K_1点；

（2）根据款式特点，可以采用前裤口+2cm（23cm）计算前中档尺寸，再以裤中线为中线平分此数，得到J_1点和K_1点。然后，各加1cm的缝份，为J点和K点。

依据画内档线、侧缝线和前档弯线的方法，画顺前裤片的缝份轮廓线，得到男西裤前片裁剪纸样。

褶　根据款式结构的特点，平行褶倒向侧缝，褶的大小为4cm，在裤中线左侧为0.5cm，在右侧为3.5cm，如图4–19所示。

口袋　前片侧缝处有斜插袋，袋口确定方法如下：在腰口净缝线上量取$B_2B_3=3.5cm$，从B_3点向净侧缝线上量17cm，距B_3点1cm为口袋上端封口，口袋实际尺寸是16cm。

前斜插袋由袋布、袋垫布和袋贴布构成，这些纸样以前片为基础进行绘制（图4–20）。

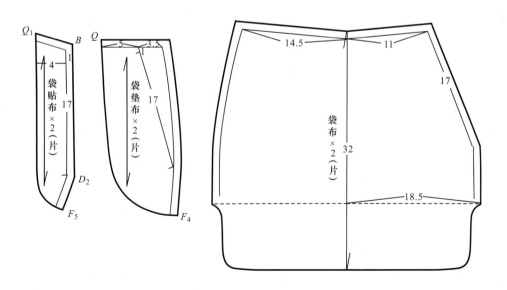

图4–20　男西裤前斜插袋各片裁剪纸样

袋垫布纸样：在腰口基础线上量取B_3Q_2=5cm，在侧缝线上量取DF_4=5.5cm，画顺QQ_2F_4线。

袋贴布纸样：画斜插袋净缝线的平行线，间距4cm，画顺Q_1F_5线。

袋布纸样：在腰线AB上量取BP=12.0cm，F_3F_4=2.0cm，F_3P_2=18.5cm，PP_1=32cm；完成袋垫布、袋贴布和袋布的裁剪纸样。

前片里子　前片里子的纸样与前片相同，只是长度比前片裤口基础线短18cm，通常布纹的方向采用直丝向，但如果既考虑里子的幅宽又考虑用料的情况，也可以选用横丝向的裁剪方式。

（二）后片（图4-21）

延长前片纸样中的腰口基准线（净腰线）、臀围线、横裆线、中裆线、裤口基础线和裤口折边线。

B_1F_1　后侧缝基础线，与臀围线相交于D_1，从D_1沿臀围线向右量取D_1C_1=臀围/4=100/4=25（cm）。

$M \sim N$　从D_1点量取D_1D_2=臀围/5-2=18（cm），过D_2点作垂线MN，MN就是后片的裤中线。

$E_1 \sim E_2$　大裆宽，计算公式为1.2臀围/10+0.5，即E_1E_2=0.12×100+0.5=12.5（cm），在图中F_2E_1为后横裆。

E_1到后中线的距离=C_1D_2+ E_1E_2=25-18+12.5=19.5（cm）；而F_2点根据侧缝线的结构距离F_1点0.8cm，这样F_2点到裤中线的距离=18-0.8=17.2（cm），C_2E_5是裤子缝合后熨烫时的痕迹。如果要使MN线成为真正的烫迹线，就必须减小D_1D_2计算公式中的调节数，同时还适当减小大裆宽的量，但是，F_2点到裤中线的距离绝对不能大于E_1到裤中线的距离，因为这与人体体型的造型有关。图4-21中E_1点采用了落裆处理（1cm），在车缝前的熨烫中，通过归拔内裆缝使后裆部分有一定的松度，以弥补运动时的需要，这样做也符合人体裆底曲度前缓后凹的人体特征。但在工业化生产中，由于整烫工序通常在最后进行，所以进行工业纸样处理时，落裆量比单裁单做的稍小些，保证内裆长前、后相等。

裤口G_1、H_1、G和H　从N点量取裤口折边宽4cm为N_1点，由于裤口的尺寸是45cm，前裤口是21cm，则后裤口宽为24cm，以N_1点为中点平分后裤口，得到G_1和H_1点，再各加1cm的缝份，与裤口折边线相连，最后得到G点和H点。

中裆J_1、K_1、J和K　量取前中裆的尺寸，后中裆比前中裆大3cm，以后裤中线为平分线，得到J_1和K_1点，加出缝份，对应后中裆线上的两点就是J点和K点。

后片腰口　由于后裤中线与腰口基础线的交点为M_1，根据习惯的制图方法，A_3M_1等于C_1D_2的一半，这个数值可以根据裤子的特征和体型的特点作适当调整，在图4-21中，A_3M_1等于2.3cm；过A_3点作腰口基础线的垂线A_2A_3，即后片纸样的起翘量，通常大于2cm，但超过3.5cm的情况较少。当然，起翘量的大小在纸样中直接与侧缝点相关，在谈到裤子与人体的造型关系时，如果侧缝点已经处于人体的腰围线上，此时若后翘过大，就很可能会在后腰口以下部位产生横皱，在侧缝处也会出现从前片到后片产生向下斜皱的现象。在没有后裆长尺寸限制的情况下，后翘高一般在2~3cm之间，在大致确定出A_2点后，还要计算后腰围的尺寸和腰线的位置，后腰围的计算公式为：腰围/4+1，另外，后片纸样上有一个省（2cm），则后腰围的制板尺寸=后腰围净尺寸+省量=76/4+1+2=22（cm），通过A_2点和B_2点的再次移动和调整，保证B_2A_2与A_2C_1的夹角在85°~95°。

最后把A_2点和B_2点确定下来。图4-21中后翘高采用3cm。在净腰线上加出1cm缝份，后裆线的缝份在A_2点是2.5cm，C_1点的缝份是1cm，连接AC。

依据画内裆线、侧缝线和后裆弯线的方法，画顺后裤片的缝份轮廓线，完成男西裤后片裁剪纸样。

后袋　左右后片各有一双嵌线的横袋和一个省，那么，是先确定出省的位置然后再绘制口袋呢？还是先确定并绘制出口袋位置然后再画省道呢？试想一下，如果一个人身穿有双嵌线后袋的裤子，从后面观察时，首先映入眼帘的是口袋还是省道？可以肯定地说，应该是口袋，正因为如此，在进行纸样处理时，首先确定口袋，其次才是省的绘制。

由于双嵌线口袋尺寸是13.5cm，

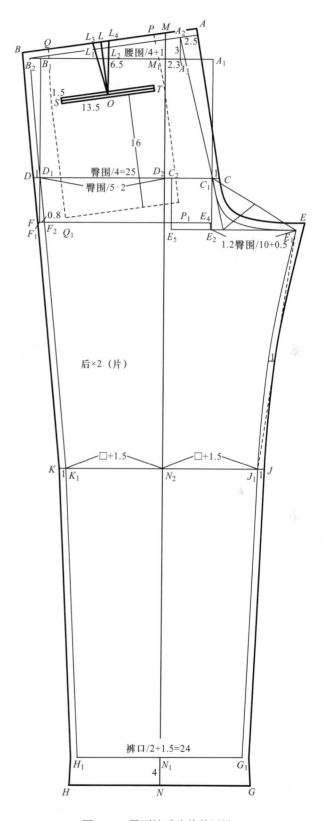

图4-21　男西裤后片裁剪纸样

宽度为0.8cm，它距净腰线为6.5cm，袋口的一端离侧缝净线的距离和另一端离裆缝净线的距离既可以设计成相等，也可以设计成前者稍小而后者稍大些，在这里，两者的距离设计为不一样大。画出双嵌线的袋位，省尖点位于双嵌线口袋中线的中点O上，过省尖点作腰口净缝线的垂线并延长交腰口缝份线AB于点L点，由于省的大小是2cm，因此得到L_1、L_2点，延长OL_1、OL_2交腰口缝份线于点L_3、L_4点，完成口袋和省道的绘制。

后袋由嵌线、垫布和袋布组成，因工艺不同，采用的嵌线片数也不一样，一般有两种：

（1）用一片嵌线布做成两个嵌线牙，则两个后袋只需要2片裁片。

（2）用一片嵌线布只做一个嵌线牙，则两个后袋需要4片裁片，图4-22中采用的工艺是第一种，图中后袋嵌线与后袋垫布使用相同的裁剪纸样。

后袋布的制板，长度=（1+6.5+16）×2=47（cm），制板宽度则根据缝制工艺设计，本结构采用折边工艺，如折边宽为0.5cm，这样袋布的宽度=0.5×2+垫布宽度+0.5×2=1+16.5+1=18.5（cm）。

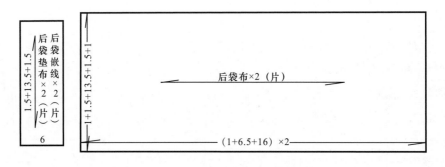

图4-22　男西裤后袋各片裁剪纸样

（三）门襟、里襟

西裤门襟、里襟的制作比较复杂，图4-23所示为门襟、里襟结构配合图，门襟的缉线宽度是3.5cm，门襟的制板宽度=一个缝份+门襟的净宽+0.5cm的滚边缝份=1.0+3.5+0.5=5（cm），长度=一个缝份+第一个拉链齿到净腰口的尺寸+拉链的净长度+最后一个拉链齿到门襟的边缘=1.0+0.5+16.51+2.0=20.01（cm），裁剪纸样如图4-24所示，门襟裁片只有一片；里襟通常由两片不同的面料构成，当门襟与里襟缝制完成后，把裤子的反面翻过来，里襟应完全把门襟遮盖住，这样里襟面的长度要比门襟长0.5cm，也就是说，里襟面的长度是20.51cm，其宽度的计算要根据里襟的特点和结构进行。图4-23中的⑤线采用滚边工艺，①线和⑤线之间的宽度是4cm，由于里襟应该遮盖住门襟，⑥线遮盖⑤线的尺寸为0.5cm，而在裤子的正面，门襟止口线则又应遮盖住右裤片的前裆净缝线②，通常①线遮盖②线的尺寸是0.5cm或稍大些，即里襟的局部净宽也是4cm，由于右腰头是斜角，而且里襟上要锁眼，扣子钉在如图4-25所示的腰里E片上，为了使扣眼和扣子能很好地配合，应延长净右腰头斜线，尺寸为1.8cm，画顺⑥线，②线应加1cm的缝份为③线，⑥线加0.8cm的缝份为⑦线，腰口净线加1cm的缝份，在部分净右腰头斜线上也加出1cm的缝份，与③线、⑦线构成里襟面的裁剪纸样，见图4-24中的里襟面裁剪纸样；由于里襟里中④线应包住里襟面的边③线，在③线的基础上再向左加出1.2cm的缝份，通常，里襟里的上腰口还要遮盖住右腰头，延长④线，净右腰头斜线上也加出1cm的缝份，在右腰头的上腰口加出1cm的缝份，里襟里下端的绘制如图所示，长度一直从拉链下端的缝合处沿前裆弯线计算到前裆底端并加出2cm的缝份，连接各毛缝线成里襟里的裁剪纸样（图4-24），里襟里只有一片纸样。

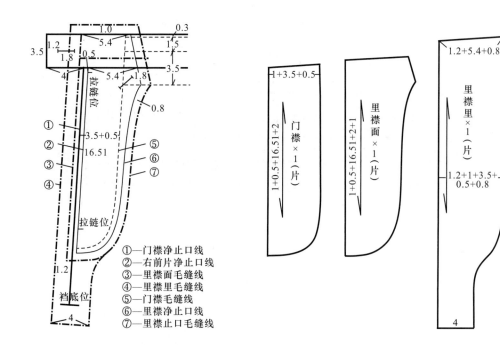

图4-23 男西裤门襟、里襟结构配合　　　　图4-24 男西裤门襟、里襟裁剪纸样

（四）腰头

图4-25是腰头结构示意图，A是腰面，宽度是3.5cm；B、D和E是腰里，B的宽度是1.5cm，连接腰面和其他腰里及防滑带；D的宽度是2.0cm，产生与腰口缝合的作用；E的宽度是3.5cm，起遮盖住D的作用并采用小线襻与腰口固定；C是防滑带，顾名思义是防止在运动时衬衫滑出，宽度是0.5cm。

下面分别计算各纸样的制板长度和制板宽度，如图4-26所示。

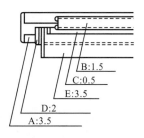

图4-25 腰头结构示意

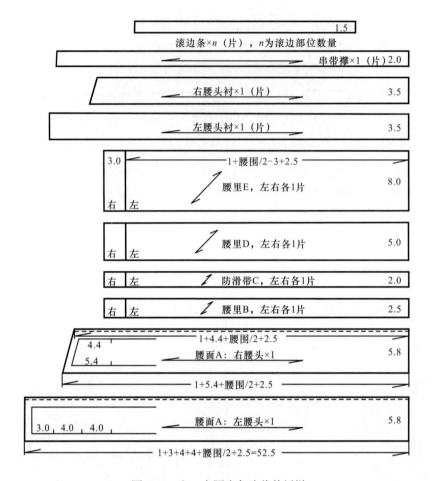

图4-26　左、右腰头各片裁剪纸样

参见图4-23门襟、里襟结构配合图中的左右腰头，其中，左腰头比左门襟止口多出4.0cm，在它上面锁扣眼，右腰头采用斜角的工艺方式，上腰口从②线向外4.4cm，下腰口从②线向外5.4cm，整个腰在后中线部位分成两段。

左腰头（门襟）的制板长度=一个缝份+①线向里叠3cm+2×左腰头多出的量+半腰围+后中缝份（对应后裆缝份2.5cm）=1+3+2×4+76/2+2.5=52.5（cm），制板宽度=与腰口连接的缝份+净腰宽+上腰口内翻的0.3cm+一个缝份=1+3.5+0.3+1=5.8（cm）。

左腰头衬的长度=左腰头的制板长度—两端的缝份=52.5-1-2.5=49（cm），宽度=净腰宽=3.5（cm），左腰头和左腰衬都只有一片。

由于右腰头是斜角，因此右腰头（里襟）的制板长度分别按上、下腰口的长度进行计算：

右上腰口的制板长度=一个缝份+4.4+半腰围+后中缝份=1+4.4+38+2.5=45.9（cm）。

右下腰口的制板长度=一个缝份+5.4+半腰围+后中缝份=1+5.4+38+2.5=46.9（cm）。

右腰头的制板宽度和左腰头的制板宽度相等，也是5.8cm。

同样，右腰衬也是斜角：

上腰口长度=右上腰口的制板长度−两端的缝份=45.9−1−2.5=42.4（cm）。

下腰口长度=右下腰口的制板长度−两端的缝份=46.9−1−2.5=43.4（cm）。

右腰头和右腰衬只有一片，宽度为3.5cm。

腰里B、腰里D、腰里E和防滑带C的长度相等：

左腰里的制板长度=一个缝份+半腰围−①线向里叠3cm+后中缝份=1+76/2−3+2.5=38.5（cm）。

右腰里的制板长度=一个缝份+半腰围+后中缝份=1+76/2+2.5=41.5（cm）。

但它们的宽度不等：

腰里B的制板宽度=两个缝份+腰里B的净宽度=2×0.5+1.5=2.5（cm）。

防滑带C的制板宽度=两个缝份+两倍的防滑带C的净宽=2×0.5+2×0.5=2（cm）。

腰里D的制板宽度=两个缝份+两倍的腰里D的净宽=2×0.5+2×2=5（cm）。

腰里E的制板宽度=两个缝份+两倍的腰里E的净宽=2×0.5+2×3.5=8（cm）。

西裤的串带襻一般有6个，每个串带襻的净长度是5cm，宽度是0.8~1.0cm，而纸样只绘制1片，串带襻裁剪纸样制板长度=（串带襻净长+两端缝份）×6=（5+1.5×2）×6=48（cm），制板宽度通常是2~2.5cm。

在男西裤中有些部位需要滚边，如前裆弯、整个后裆缝和门襟上有弧线的一边，滚边条通常采用与口袋布一样的面料，裁片的布纹方向是斜丝，宽度是1.5cm，长度按幅宽裁。

三、推板

表4−3中腰围、臀围、裤长、裤口、立裆深和拉链长的档差分别是2cm、1.6cm、3cm、1cm、0.75cm和1.27cm，其中的腰围、臀围和裤长的档差来自国家服装标准中5·2系列中的采用数；裤口档差是约定的数；而立裆深的档差是根据身高的差数和立裆深这部分在身高中所占比例确定的，由于身高的档差是5cm，而人的身高大约是7个头高，那么，一个头高的变化量约为0.7cm左右，立裆深的尺寸比一个头高稍大一些，因此，确定立裆深的档差是0.75cm；拉链长的档差来自拉链生产厂家每档拉链间的差数，通常是0.5英寸，约1.27cm。

为了便于分析，长度方向基准线约定为横裆线，围度方向基准线采用前、后中线，而对于一些比较特殊的纸样在下面分别说明。

（一）前片、前里的分析与推板（图4−27、图4−28）

1. 长度方向的变化分析

腰线上的点A、M、B　由于立裆深的档差是0.75cm，因此，这些点的变化都是0.75cm。

臀围线上的点C、D　根据臀围位置的确定方法，C点变化量=立裆深档差/3=

0.75/3=0.25（cm）；臀围线CD平行于基准线横裆线，则D点变化量也是0.25cm。

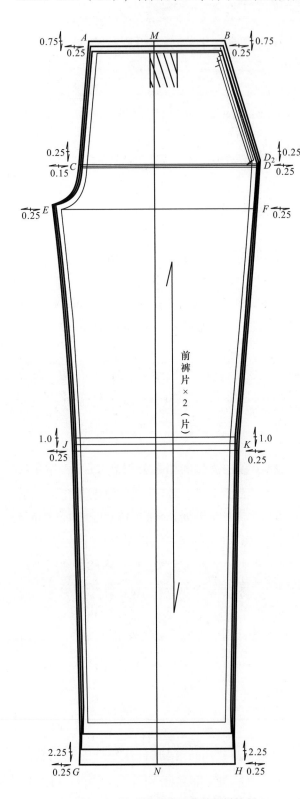

图4-27 男西裤前片面裁剪纸样推板

横裆线上的点E、F 这两点都在基准线上，因此，E、F点的变化量都是0。

裤口点G、N、H 裤长的档差是3cm，横裆线以上已变化0.75cm，则横裆线以下就变化2.25cm，即G、N、H点变化量是2.25cm。

中裆线上的点J、K 以臀围线与裤口基准线的一半确定中裆线，而臀围线到裤口的变化量是0.25+2.25=2.5（cm），那么，一半的变化量是1.25cm，由于长度方向基准线是横裆线，而臀围到横裆的变化量是0.25cm，因此，中裆线到横裆线的变化量就是1.25-0.25=1.0（cm），即J、K点变化量为1.0cm。

斜插袋的下端点D_2 由于斜插袋的口袋大小变化量为0.5cm，而B点变化0.75cm，则D_2点变化量= 0.75-0.5=0.25（cm）。

前里的放码点与前片对应各点在长度方向的变化量相同。

2. 围度方向的变化分析

横裆线上的点E、F 由于臀围档差是1.6cm，根据前臀围=臀围/4-1，则前臀围的变化量就是臀围档差/4=1.6/4=0.4（cm），同样，前述图4-19中E_1F_1变化量0.4cm，由于小裆宽的计算公式是臀围/20-1（或臀围/25），因此小裆宽的变化量近似采用0.1cm，即E_1E_2变化0.1cm，E_2F_1的变化量就是0.1+0.4=0.5（cm），裤中线MN平分前横裆，则E、F点变化量=0.25（cm）。

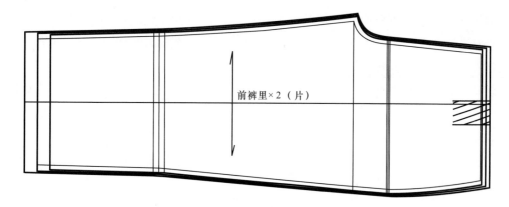

前裤里×2（片）

图4-28 男西裤前片里子裁剪纸样推板

注 各部位推板数据与对应的前裤片推板数据相同。

臀围线与侧缝线的交点D　F点是根据D点计算得到的，所以，D点变化量=F点变化量=0.25（cm）。

臀围线与前裆线的交点C　前臀围的变化量是0.4cm，D点变化了0.25cm，则C点变化量=0.4-0.25=0.15（cm）；也可通过E点来计算C点变化量，C点变化量=E点变化量-小裆宽的变化量=0.25-0.1=0.15（cm）。

腰线与侧缝线的交点B　根据制板过程，B点由D点计算而得，则B点变化量=D点变化量=0.25（cm）。

腰线与前裆线的交点A　腰围的档差是2.0cm，而臀围的档差是1.6cm，就人体而言，通常是腰围变化比臀围稍快，而这个变化量则主要在前腰腹部，所以，在前裆腰围变化略微比臀围快些，由于B点变化了0.25cm，则A点变化量=0.5-0.25=0.25（cm）。

斜插袋上的点D_2　由于该点与D点有关，则D_2点变化量=D点变化量=0.25（cm）。

裤口点G、H　由于前裤口的计算公式为裤口/2-1，前裤口变化量=裤口档差/2=1/2=0.5（cm），而裤中线是前裤口的平分线，所以，G、H点变化量=0.5/2=0.25（cm）。

中裆线上的点J、K　虽然J_1点是由G_1E_3连线得到的（参见上述图4-19），但在我们常用的计算公式中，中裆=前裤口+2，事实上这两种方法计算出的中裆尺寸近似相等，为了计算方便，中裆线上的J、K点就根据前裤口计算，即J、K点的变化量=0.25（cm）。

前片里的放码点与前片面的放码点对应，各点在围度方向的变化量相同。

纸样的曲线部位采用中间规格纸样对应的曲线来拟合绘制。

（二）后片的分析与推板（图4-29）

1. 长度方向的变化分析

腰线上的点A、B、M、L、L_3、L_4　与前片一样，这些点的变化量等于立裆深的档差，即0.75cm。

臀围线上的点C、D　与前片臀围线上的点变化相同，C、D点变化量=0.25（cm）。

横裆线上的点E、F　F点在基准线上，E点距离基准线1cm，因此，E、F点的变化量都是0。

裤口上的点G、H、N　对应前片裤口，而前片裤口上各点变化量是2.25cm，则G、H、N点变化量=2.25（cm）。

中裆线上的点J、K　与前片中裆对应，即J、K点变化量也是1.0cm。

省尖点O　在本款式中，假设省的长度保持不变，由于L点的变化量是0.75cm，则O点变化量=0.75（cm）。

2. 围度方向

横裆线上的点E、F　后臀围的计算公式为臀围/4+1，而臀围的档差是1.6cm，则后臀围的变化量是0.4cm，根据大裆宽的计算公式为1.2×臀围/10，大裆宽的变化量=0.192cm，因此，后横裆的变化量就是0.592cm。如果F点根据D点计算，则F=1.6/5=0.32（cm），这样，E点的变化量=0.592−0.32=0.272（cm），很明显，这样的推板数据是错误的，根据人体的结构，E点的变化不能小于F点的变化。调整两点的大小为F=E=0.592/2=0.296≈0.3（cm），即E、F点变化量=0.3（cm）。

臀围线与侧缝的交点D　用横裆线上的F点推算D点，D点变化量=0.3（cm）。

臀围线与后裆线的交点C　后臀围的变化量是0.4cm，则C点变化量=0.4−0.3=0.1（cm）。

腰线与后裆线的交点A　该点可以根据C点计算而定，即A点变化量=C点变化量=0.1（cm）。

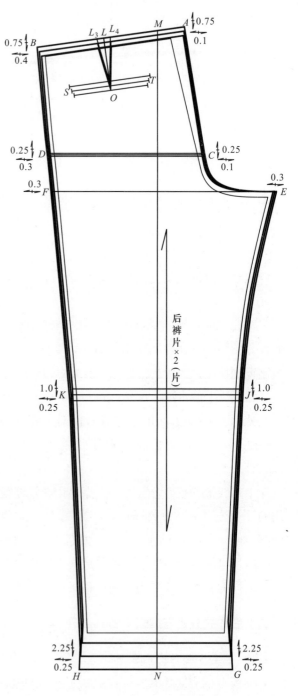

图4-29　男西裤后片裁剪纸样推板

腰线与侧缝的交点B 由于腰围的档差是2.0cm，根据后腰围的计算公式，后腰变化0.5cm，则B点变化量=0.5-0.1=0.4（cm）。

后裤口上的点H、G 与前裤口对应点相同，G、H点变化量=0.25cm。

后中档线上的点J、K 与前中档对应点相同，J、K点变化量=0.25cm。

确定后片的各放码点后，绘制放大和缩小各一个规格的后片纸样。

口袋 假设后一字袋的档差是0.5cm，省的长度保持不变，下面讨论后双嵌线袋和省在围度方向的变化方法：

（1）让中间规格纸样的腰线AB与放大规格的腰线重叠，在口袋位两端使中间规格纸样与放大规格纸样两侧缝BD的间距和中间规格纸样与放大规格纸样两后档缝AC的间距相等。

（2）用锥子把中间规格后袋的两端点以及省的L_3、L_4、O点都扎在放大规格的纸样上，此时，省的位置就是放大规格纸样省的位置。由于放大规格后袋口比中间规格后口袋大0.5cm，在放大规格的纸样上，把扎透的两点分别向左和向右各放大0.25cm，连接这两个放大的点，其间的距离就是放大规格纸样的后口袋位置。

缩小规格的口袋和省的绘制方法与上述步骤相同。只有使用这样的方法，后口袋和省的放缩才是合理的。

（三）零部件

由于腰围的档差是2cm，而整个腰头从后中线分成两部分，则每一部分的腰头变化就是1cm，左腰头、右腰头、左腰头衬、右腰头衬、腰里B、防滑带C、腰里D和腰里E都在后中线放大和缩小1cm，图4-30所示为腰头各片裁剪纸样的放缩；另外，串带襻和滚边条并不需要推板，故没有绘制。

斜插袋袋口大小的档差是0.5cm，则袋贴布和袋垫布也在长度方向放大和缩小0.5cm，宽度不变；同样，前袋布的口袋尺寸也随之变化0.5cm，宽度则随前腰围的变化而变化，尺寸也是0.5cm，见图4-31斜插袋各片裁剪纸样的放缩。

门、里襟的放大和缩小随拉链长的变化而变化，由于拉链长的档差是1.27cm（0.5英寸），这样，门襟、里襟的长度变化就是1.27cm，放缩时只要在门襟上端加长或缩短1.27cm即可，而对于里襟，它的上端形状和下端形状都不改变，因此，只能在里襟的中部加长或缩短1.27cm。图4-32中"剪开各放缩1.27cm"是指在此处把纸样横向剪开，然后再放长和缩短1.27cm。

由于后双嵌线口袋的变化是0.5cm，因此通常认为，后袋垫布和后袋嵌线的长度也变化0.5cm，宽度可以不变，后袋布的放大和缩小与后袋垫布和后袋嵌线一致，见图4-33后袋中各片裁剪纸样的放缩。

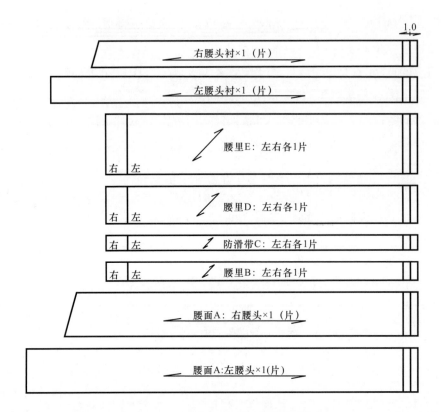

图4-30　男西裤腰头各片裁剪纸样推板

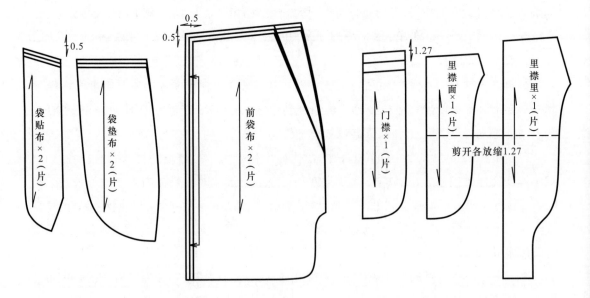

图4-31　男西裤斜插袋各片裁剪纸样推板　　　　图4-32　男西裤门襟、里襟裁剪纸样推板

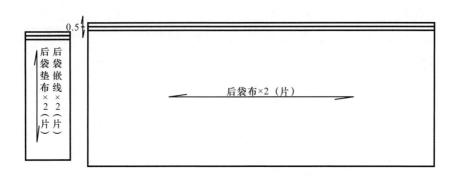

图4-33　男西裤后双嵌线口袋各片裁剪纸样推板

四、部分工艺纸样

男西裤的工艺纸样主要有腰头的定位纸样，后片双嵌线和省道的定位纸样，门襟缉线的定形纸样。图4-34表示的是净腰头定位纸样，在左右腰头上对应的各点缝制完毕后，它们起着保证左、右腰头的对称，使同一规格的所有裤子均整齐划一，不至于出现同一规格两条裤子的腰头尺寸出现不一致的情况。（a）图是缩小规格腰头的净纸样，上面标有门襟、褶、侧缝、后省、后中线及串带襻位置，在腰头与腰口合缝时，以上各点均要求一一对合；（b）图是中间规格腰头的净纸样；（c）图是放大规格腰头的净纸样。由于腰围尺寸的变化，（a）图、（b）图和（c）图中相应点的位置有所变化，在腰头与腰口缝制时，一定要注意腰头的规格和腰口的规格相同，如中间规格净腰（b）图上的侧缝位置一定要与中间规格裤片缝合后的侧缝对齐，否则将出现错误。

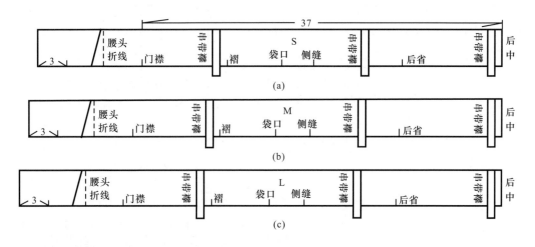

图4-34　三个规格腰头工艺纸样

图4-35表示的是S、M和L规格后双嵌线袋及省道的定位纸样，该类纸样可以保证两个后片上的对应省道一致、口袋对称；在缝制时，首先缉省，然后核对后袋位置，再车缝并制作双嵌线袋。

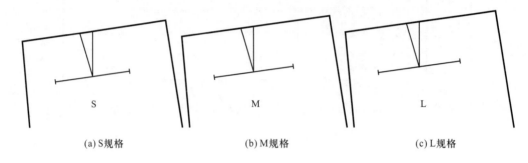

(a) S规格   (b) M规格   (c) L规格

图4-35　男西裤后双嵌线袋和省道工艺纸样

第四节　牛仔裤

一、款式说明、示意图及规格尺寸

牛仔裤通常是指用斜纹牛仔面料加工缝制而成的裤子，缝制完成后，按照成品要求进行水洗。常见的牛仔面料为深蓝色，采用不同的水洗方式，其效果也不同，常用的水洗方式有轻石磨靛蓝色、重石磨浅蓝色、漂洗加石磨则颜色更浅等；另外，牛仔面料也有其他各种颜色。典型的牛仔裤在业内多称为501裤（图4-36），其结构为：前身主要有两片前片、两个前弯袋、右侧有一个表袋、门襟和里襟各一片，其中，前大袋布的一部分缝在门里襟和腰头中。门襟使用铜齿拉链，门襟盖住里襟0.5cm，门襟处的双明线间隔0.5~0.6cm，外缉线距前止口宽为3.8cm（1.5英寸），门襟止口缉双线，门襟上套有两个结，每个前弯袋及表袋两端各套一个结或使用铆钉；后身由两片后片、两片后育克、两个后贴袋组成，后育克压住后片双包边并缉双明线，后裆缝采用左片压右片双包边并缉双明线，后袋袋口两端各有一个结或铆钉，裆底套结，裤口三卷边缉明线，宽度1.27cm（0.5英寸）；环腰头一周缉单明线，腰头左端锁圆头扣眼，右腰上钉工字金属

前身   后身

图4-36　牛仔裤结构示意图

扣，腰宽3.8cm（1.5英寸），腰上有5只串带襻，长为5cm（2英寸），宽为1.27cm（0.5英寸），串带襻上下各有套结加固。

通常牛仔面料以全棉织物见多，除此以外有化纤与棉混纺的面料。因牛仔裤在水洗时会有缩水的现象，因此假设面料的长度方向缩水率是5%，围度方向的缩水率是2%，结合在裁剪时面料的布纹方向就可以预先计算出各部位的制板尺寸，与此同时再把英寸转换成厘米。表4-4所示为外贸订单牛仔裤的部分规格尺寸。

表4-4 牛仔裤规格尺寸

部位 \ 规格	制板尺寸（英寸）	制板尺寸（cm）	档差（cm）	说明
腰围	30	82.4	2.54	
臀围	44	114	2.54	横档向上直量3英寸
横档	28	72.6	1.27	
前档	12.75	33.7	0.32	测量包括1.5英寸的腰头宽
后档	16.75	43.9	0.32	
中档	23.75	61.5	0.64	内长一半上量2英寸
裤口	18.5	48	0.64	
内长	30	80.2	0	
拉链长	6.5	16.5	1.27	

注 1. 长度方向的缩水率是5%，围度方向的缩水率是2%。

2. 表中各列尺寸是中间规格的尺寸，缩小规格和放大规格的成品尺寸请读者列出。

3. 制板尺寸中已包括缩水率和必要的调节量。

制板尺寸的计算方法如下：

腰围=30×2.54/（1-5%）+2.2=82.4（cm），其中，2.2cm是作为门襟、里襟在系上扣时的重叠量。

臀围=44×2.54/（1-2%）=114（cm）。

横档=28×2.54/（1-2%）=72.6（cm）。

前档=12.75×2.54/（1-4%）=33.7（cm），前档是从档底沿弧线一直量到前腰口，而整个弧线中有一部分从围度（小档宽）转换来的，该部分的面料在斜丝方向上，因此，前档的缩水率大于围度缩水率而小于长度缩水率，另外，前档的绝大部分仍处在长度方向，所以，选用的缩水率是4%，但不论怎样，可以通过制作样品来进行测试。

后档=16.75×2.54/（1-3%）=43.9（cm），测量方法与前档类似，都是弧线量取。

中档=23.75×2.54/（1-2%）=61.5（cm）。

裤口=18.5×2.54/（1-2%）=48（cm）。

内长=30×2.54/（1-5%）=80.2（cm），内下档长从前内档点量到前内裤口点。

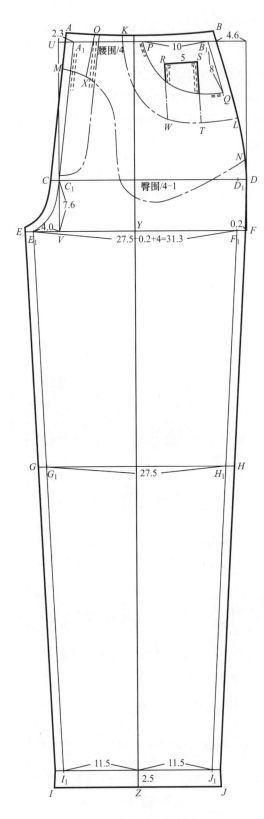

图4-37　前片裁剪纸样

拉链=6.5×2.54=16.5（cm），拉链没有缩水。

臀围线由横裆线确定，两线的间距是7.6cm（3英寸）。

二、外贸订单牛仔裤与西裤的比较

将前述的表4-3和表4-4作比较，发现两表的共同之处都有腰围、臀围、裤口和拉链尺寸，而内长和裤长有区别，但不同之处在于西裤有立裆深，牛仔裤有横裆、前裆、后裆、中裆，然而，西裤的裤长由立裆深和近似的内长组成，从上一节的制板过程了解到，通过立裆深就可以很容易地画出腰围线、臀围线和横裆线，通过臀围尺寸可以计算出前横裆尺寸和后横裆尺寸，前裆线和后裆线的确定都是独立地绘制，总之，西裤的制板相对来说基本上是独立的。但外贸订单中提供的裤子尺寸却增加了好几个，而且测量的方法又有区别，所以尺寸的处理和纸样的绘制与西裤的分析和处理又有不同。下面通过图4-37对不同的尺寸之间的关系进行逐一分析。

由于订单中提供了前裆尺寸，它由直线段A_1C_1和弧线C_1E_1两部分组成，弧线C_1E_1是由C_1V和E_1V确定，C_1V是臀围线到横裆线的距离，在订单中已经说明$C_1V=7.6$cm，也就是说小裆宽E_1V直接影响着弧线C_1E_1的长度，进而影响A_1点的高低，即腰线A_1B_1的高低；前横裆E_1F_1由前臀围和小裆宽两部分组成，如果前臀围确定后，小裆宽的大小将影响前横裆的尺寸，在订单中横裆尺寸已经知晓，这样，前横裆E_1F_1的尺寸又直接影响后横裆E_1F_1的尺寸，由于后裆A_1E_1的尺寸也已经确定，由于后横裆E_1F_1的改变，则又影响后腰线与后裆线的交点A_1的高低，即后翘高的尺寸，如果后翘高过大，腰线和后裆线的夹角将小于90° 而成锐角（图4-38），这种结构会产生两个问题：一是不利于腰头与后裆部分后腰口的缝合；二是在穿着时，后裆处将产生横皱，并且在人体胯部向后产生斜纹。如果后翘高过小，腰线和后裆线的夹角将大于90° 而成钝角（图4-39），同样，这种结构也产生两个问题：一是不利于腰头与后裆部分后腰口的缝合；二是在穿着时，后裆处可能拽拉后腰而产生皱痕，不便于运动。通过上面的分析得知，前裆宽采用的尺寸将直接影响制板的质量，如表4-5所示。

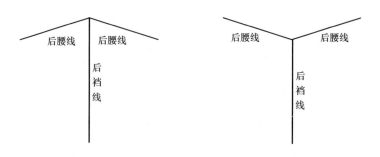

图4-38 后翘过大产生的后果　　　　图4-39 后翘过小产生的后果

图4-37中采用的小裆宽是4.0cm，可以绘制出较合理的横裆纸样，下面以两个不同的小裆宽3.7cm和4.3cm为例进行分析，并与小裆宽为4.0cm作比较。

表4-5 前裆宽的变化导致相应点、尺寸、角度的变化

小裆宽	前腰点A_1	后腰点B_1	横裆		后腰点A_1	后翘高	后腰与后裆的夹角
			前横裆	后横裆			
变大	↘	↘	↗	↘	↗	↗	小于90°
变小	↗	↗	↘	↗	↘	↘	大于90°

注 ↘表示减小或减低；↗表示增大或抬高。

对不同的体型，尤其是不同的臀围形态，要求有不一样的后翘尺寸。普通的体型，按一般的制图方法，后翘的尺寸通常为2～3cm，从表4-6中看，当小裆宽是4.0cm时，通过实际制图，得出的后翘高是2.5cm，假设按这个尺寸缝制裤子，在穿着时，后裆刚好合体；那么当小裆宽增大0.3cm为4.3cm时，后翘高大约变化0.6cm，为3.1cm，采用这种后翘缝制成裤子后，在穿着时可能在腰与中臀围之间产生横皱，原因就是小裆宽较大；而当小裆宽减小0.3cm时，后翘高则变为1.9cm，另外，小裆宽的减小，通过表4-5的分析得知，在后横裆加大后，只是臀部以下活动量加大，而臀围以上，由于后裆尺寸一定，这样后腰点A就向下移动，当身体前倾时，裤子的后裆用量不足，会造成后裤片受力过大，变形加大，使人有不舒服的感觉，而且对面料还有伤害，再者，裤子的穿着特点应该是前腰稍低，后腰稍高，这样给人有一种挺拔的视觉效果。

表4-6 不同小裆宽对应尺寸的变化　　　　　　　　　　　　　单位：cm

小裆宽	前臀围	前横裆	后 横 裆	前后横裆差	要达到前裆尺寸，腰线变化	后腰起翘
3.7	27.5	31.0	72.6-31.0=41.6	11.6	抬高0.3	2.5-0.6=1.9
4.0	27.5	31.3	72.6-31.3=41.3	10.0	—	2.5
4.3	27.5	31.6	72.6-31.6=41.0	9.4	降低03	2.5+0.6=3.1

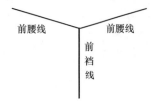

图4-40 前裆撇量过大的
情况

从表4-4中各部位的制板尺寸臀围、横裆、中裆三个部位，就可知道该款式属宽松的牛仔裤，因为腰、臀围之差为31.6cm，而牛仔裤的特点又是无褶无省，按常规的制板方法，前片腰臀围差数为31.6/4=7.9（cm），仅这一点就给制板带来很大的困难，因为前裆撇量和前侧缝撇量要达到7.9cm，而前裆撇量有一定范围，如过大会造成图4-40的情形，显然，这种结构是不合理的。如果只考虑前裆撇量使之符合正常的结构设计，又会出现前侧缝撇量过大，当腰侧缝点与臀围侧缝点连接成光滑的曲线时，会出现曲率很大的凸势，而这不符合人体髋部的特征，因为髋部相对而言是较平坦的，如果按上面方式制出的纸样制作成裤子，在髋部就会有多余量，出现鼓包状。因此，为了尽量使裤子结构合理，对于前片无褶无省的裤型（包括牛仔裤），常见的腰、臀围尺寸分配可以参见表4-7，其中，前裆撇量=（前臀围-前腰围）/3，侧缝撇量=2×（前臀围-前腰围）/3，同时还要具体情况具体分析，可使上述所说的不正常结构减至最低程度。如果前裆撇量较大，腰围线可稍下凹些，使前腰围线和前裆线的夹角尽可能符合裤片的基本结构。

分析相关尺寸的分配关系后就可以进行基本纸样的绘制。

表4-7 牛仔裤的腰、臀围尺寸分配　　　　　　　　　　　　单位：cm

臀腰围之差/4= *a*	前腰围	后腰围	前臀围	后臀围
a≤3	腰围/4-1	腰围/4+1	臀围/4-1	臀围/4+1
3<*a*≤5	腰围/4-0.5	腰围/4+0.5	臀围/4-1	臀围/4+1
a>5	腰围/4	腰围/4	臀围/4-1	臀围/4+1

三、基本纸样的分析及绘制

（一）前片（图4-37）

D~F　侧缝基础线，两点间隔为臀围线到横裆线的距离7.6cm（3英寸）。

C~D　过*D*点画臀围线*CD*，*D*点左移1.3cm作为侧缝的缝份，得到侧缝线与臀围线的净缝点D_1，由于前臀围计算公式为臀围/4-1，即前臀围=114/4-1=27.5（cm），量取D_1 C_1等于27.5cm作为前臀围尺寸，C_1点就是前裆线与前臀围线的净缝点，再左移1.3cm的缝

份，交点为C点。

$E_1 \sim F$　E_1F为横裆线，C_1V为前裆基础线。根据前面的分析，小裆宽E_1V确定为4.0cm，根据E_1V、C_1V及前裆弯的绘制方法，大致测量出前裆弯弧线C_1E_1。

$C_1 \sim A_1$　由于臀腰围之差/4=7.9（cm），根据表4-7调整之后，前片腰围和臀围的尺寸为：A_1B_1=腰围/4=82.4/4=20.6（cm），而C_1D_1=27.5（cm），则前片撇量=C_1D_1-A_1B_1=27.5-20.6=6.9（cm）。根据前裆撇量和前侧缝撇量分配的方法，前裆撇量UA_1=前片撇量/3=6.9/3=2.3（cm），前侧缝撇量=前片撇量—前裆撇量=6.9-2.3=4.6（cm）。前裆尺寸在表4-4中已经计算得到，为33.7cm，该尺寸包括腰头的宽度，牛仔裤的腰头宽通常是3.8cm（1.5英寸），也就是说，前片的前裆制板尺寸实际是29.9cm，减去前裆弯C_1E_1的尺寸得到C_1A_1的尺寸，用软尺测量并注意前裆撇量的尺寸，确定出A_1点，绘制前裆线$A_1C_1E_1$并使之圆顺。

$A_1 \sim B_1$　根据前腰围尺寸绘制腰口基础线A_1B_1，前裆、腰口和侧缝的缝份均为1.3cm，连顺腰口的缝份线$AOKB$。

$B \sim D$　从F点向左移0.2cm作为横裆线与侧缝线的缝份点，使之与B、D两点连顺成光滑的曲线。F点左移1.3cm缝份得到F_1点，该点为F点左移0.2cm的净缝点。

$Y \sim Z$　取前横裆E_1F_1的中点Y，过Y点作垂线YZ，该线即为前裤片的裤中线（挺缝线、烫迹线）。

裤口　表4-4中裤口尺寸是48cm，通常前后裤口的分配方法是采用裤口/2±1cm，这样，前裤口=裤口/2-1=48/2-1=23（cm），以裤中线作为平分线，左右两侧各为11.5cm，而内长的制板尺寸是80.2cm，用软尺从E_1点向裤口量取80.2cm并保持内裤口点与裤中线的距离是11.5cm，得到内裤口点I_1。过I_1点作裤口基础线，确定外裤口点J_1，注意上面的内长是采用直线测量，如果实际制板后内裆线是曲线的形式，则还要对实测的内裆长度进行调整，使之与表4-4中的内长尺寸相等。通常，牛仔裤的裤口采用的加工工艺是三卷边并缉明线，明线距裤口的尺寸约是1.3cm（0.5英寸），则裤口的缝份约是2.5cm（1英寸），绘制好I点和J点。

中裆线GH　表4-4中中裆位置由内长尺寸的一半再上移5.1cm（2英寸，计算缩水率后为5.3cm）确定，图4-37中GH即为中裆线；先用直线连接E_1I_1和F_1J_1，测量得到的G_1H_1是27.5cm，常见的中裆计算方法有以下几种：

（1）采用像西裤绘制中裆的方法，计算出的中裆尺寸是25cm。

（2）前中裆采用前裤口加2cm，这样，前中裆的尺寸也是25cm。

（3）前中裆=中裆/2-1=61.5/2-1=29.7（cm）。

很明显（3）中的数据不合理，因为前中裆最大的尺寸是27.5cm，如果使用29.7cm就会在前中裆处鼓出，这不符合裤子的造型；而（1）和（2）两种情况的前中裆尺寸均为25cm，从制板的角度来看，可以绘制出理想的裤子造型，但在表4-4中中裆尺寸是61.5cm，这样，后中裆的尺寸就是61.5-25=36.5（cm），参见图4-41的后中裆，如果采

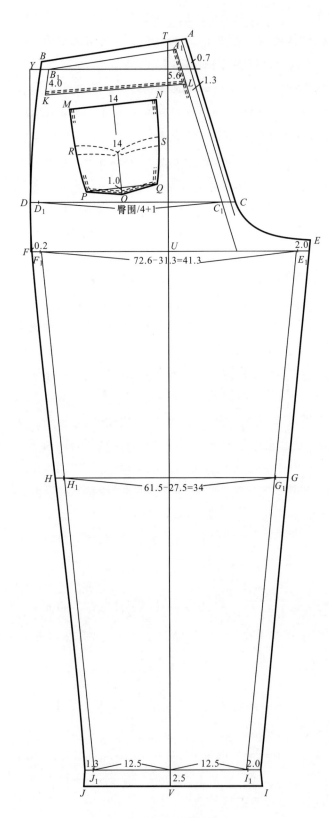

图4-41 后片裁剪纸样

用36.5cm绘制后裤片，后中裆处也会出现鼓出的情况，这也是不合理的。通过各方面的比较，采用直线连接的方法得到的中裆尺寸是合理且科学的，即前中裆$G_1H_1=27.5$（cm），对应两点各加1.3cm的缝份，得到G点和H点。

前袋口 由于前袋口的宽度是10cm，深是8cm，在净腰线A_1B_1上量取$PB_1=10$（cm），在净侧缝线上量取$B_1Q=8$（cm），绘制出前弯袋的形状，再加出1.3cm的缝份，就是前袋口的裁剪线（缝份线）。

（二）后片（图4-41）

延长图4-37中前片的腰口基础线、臀围线和横裆线，画一条侧缝基础线，相应的交点是Y、D和F点。

$D \sim C$ 从D点向右移1.3cm的缝份得到D_1点，该点是后侧缝与臀围线的净缝点，量取后臀围=臀围/4+1=114/4+1=29.5（cm），得到C_1点，该点是臀围线与后裆线的净缝点。由于后裆缝采用双包边的工艺，在后身从外观看是左后片压住右后片，这样左后裆的缝份是1.3cm，右后裆的缝份通常是常规缝份宽度的1.5倍，也就是说右后裆的缝份是2.0cm，从而得到C点。

$F \sim E$ 从F点向右移0.2cm作为后横裆与侧缝的缝份点，再向右移1.3cm的缝份，得到后横裆与侧缝的净缝点F_1点。表4-4中横裆尺寸是72.6cm，而前横裆E_1F_1是31.3cm，则后横裆等于41.3cm，在后横裆线上从F_1点向右量取41.3cm，确定为E_1点，由于内裆缝也采用双包边的加工工艺，即前片压住后片，因此后内裆缝的缝份就是2.0cm，画出E点。

$T \sim V$ 取E_1F_1的中点U，过U点作后横裆的垂线TV。如同西裤中确定后中线的方法，在臀围线上牛仔裤的后中线到侧缝D_1点的距离=臀围/5-（1～2）=114/5-（1～2）=22.8-（1～2）=20.8～21.8（cm）。通过比较，因为该款牛仔裤比较宽松，把TV作为后裤中线不会出现不合理的情况。另外，在图4-41中没有采用落裆的方法，这是由于该牛仔裤的前裆尺寸较大，减弱了配合人体的前缓后凹的合体造型因素，再则牛仔裤在缝制过程中不采用归拔的熨烫工艺，只要使前、后内裆缝的长度相等即可，这一点与西裤处理方法不同。

A_1 用软尺从E_1点沿后裆弧线的走向量，经过C_1点一直量取后裆的制板尺寸，大致确定出A_1点，由于后腰围=腰围/4=82.4/4=20.6（cm），因此从A_1点向腰口基础线量出后腰围，可大致确定出B_1点，按照下面绘制裤子纸样的方法调整A_1点和B_1点：

（1）保证A_1点到裤中线有一定的距离，A_1点处的后翘高尺寸，都要符合常规制板的尺寸范围。

（2）尽可能保证后腰口净线A_1B_1与后裆净线A_1C_1的夹角在85°～95°之间，如果能调整到90°则最好。

（3）保证后侧缝线的弧度在一定的范围之内，如果过大，缝制的裤子将在侧缝的臀围处产生鼓包，这不符合裤子的造型。

确定A_1点和B_1点后，侧缝加1.3cm缝份，后裆缝份如图所示，腰口的缝份加1.3cm，依据已确定的各点，绘制出横裆线以上的部分后裤片裁剪纸样。

后裤口 延长前裤口基础线、裤口缝份线。后裤口的绘制方法与前裤口相同，尺寸为裤口/2+1cm，即48/2+1=25（cm）。

中裆线GH 延长前中裆线，连接后裤片上的内裆缝E_1I_1和部分侧缝F_1J_1，交中裆线于G_1、H_1点，量取两点间的距离，得到的尺寸是34cm，而表4-4中的中裆制板尺寸减去前中裆尺寸也等于34cm（61.5cm-27.5cm），两种方法的后中裆相同，这说明采用直线连接的方法是正确的。相应加出符合工艺加工的缝份，对应的交点是H和G。

（三）浅裆牛仔裤纸样分析

前面分析的牛仔裤属于宽松的款式，对于市场上前裆较浅的牛仔裤又如何处理呢？请看表4-8的浅裆牛仔裤规格尺寸（前、后裆的测量不包括腰头宽）。

表4-8 浅裆牛仔裤的成品尺寸 单位：cm

部位	腰围	臀围	前裆	后裆	横裆	裤口	内长	拉链长
制板尺寸	76	96	20.6	31.1	59.3	51.2	84.7	10.1

　　从表中可以看出，前裆的尺寸显然比表4-4中减去腰头宽后的前裆尺寸小了很多，但其分析过程依旧与前面的一样，当大家按常规绘制出前片后再绘制后片时，发现后片的起翘高大约有5～6cm，在前面已经分析了这个数据是不正常的，而且在腰口的侧缝处会产生不合理的结构。

　　如果观察和分析样品，会发现裤子的腰口呈"倒三角形"，而且前片的腰口线是一条从前裆向侧缝上斜的弧线，这说明在绘制图4-42中前片纸样时，腰线从原来的PB线调整成PC线，C点成为实际纸样的腰线与侧缝线的交点，C点到腰线基础线AB的距离等于2.5cm，这个数据是结合绘制后片纸样时得到的，为保证前后片侧缝的长度相同，需适当调整P'点至A'点，且使起翘高度合理。其纸样的绘制过程不再重复，请大家参考图4-42进行处理。

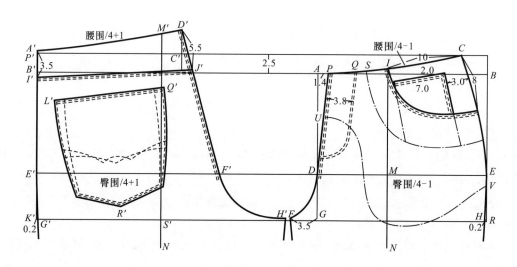

图4-42　浅裆牛仔裤的局部净纸样

（四）门襟、里襟、腰头及其他部件

1. 门襟纸样（图4-43）

　　把裤子的反面翻出，正规的门襟、里襟配合应该是里襟完全遮盖住门襟，而在服装的正面，门襟则又遮盖住里襟止口0.5cm，由于门襟的缉线宽度是3.8cm（1.5英寸），通过综合考虑：

　　裁剪纸样的制板宽度=一个缝份+缉线宽+锁边宽=1.3+3.8+0.5=5.6（cm）。

　　裁剪纸样的制板长度=一个缝份+净腰口到拉链第一个齿的距离+拉链长度+拉链最后一个齿到门襟底边的长度=1.3+0.5+16.5+3=21.3（cm）。

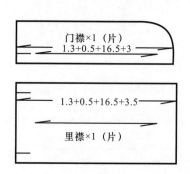

图4-43　门襟、里襟裁剪纸样

2. 里襟纸样（图4-43）

由于里襟采用双折的工艺方式，因此，裁剪纸样的制板宽度=（一个缝份+缉线宽+0.2cm在反面里襟遮盖住门襟的量）×2=（1.3+3.8+0.2）×2=10.6（cm）。

裁剪纸样的制板长度=门襟的长度+0.5cm=21.3+0.5= 21.8（cm）。

3. 腰头（图4-44）

牛仔裤的腰头比较简单，它在长度方向采用双折的工艺，所以只需绘制一片纸样，裁剪纸样的制板长度=一个缝份+腰围制板尺寸+里襟净宽+一个缝份+1.0cm操作电剪切割产生的误差量=1.3+82.4+4.0+1.3+1.0=90（cm）；腰头的宽度是对折的，而且净腰宽是3.8cm（1.5英寸），所以其裁剪纸样的制板宽度=（一个缝份+净腰宽）×2=（1.3+3.8）×2=10.2（cm）。串带襻的净尺寸在前面的款式说明中已经知道，串带襻的缝制是用专业缝纫机一次成形，因此其裁剪纸样的制板宽度=串带襻净宽+1.3cm的缝份=1.2+1.3=2.5（cm），串带襻长度的制板纸样通常是5个串带襻一起计算，制板长度=（一个串带襻的净长+3.0cm的缝份）×5=（5.0+3.0）×5=40.0（cm）。

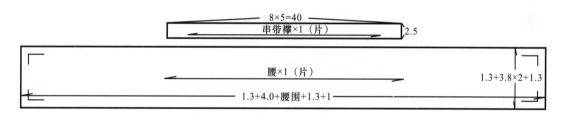

图4-44 腰头和串带襻裁剪纸样

4. 垫袋布和表袋布（图4-45）

前弯袋的宽度是10cm，深是8cm，在宽度的基础上再加3cm，在深度的基础上再加4cm，画出垫袋布的弧形，通常弧形边采用包缝的工艺，该弧线就可以作为垫袋布纸样的裁剪线，在腰口和侧缝各加一个1.3cm的缝份，即成垫袋布裁剪纸样。表袋布的裁剪纸样要根据表袋的实际位置和尺寸来确定，表袋布口距净腰口为3cm，距侧缝为2.5cm，绘制出表袋布的形状，然后，在表

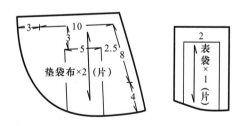

图4-45 垫袋布和表袋布裁剪纸样

袋布的两侧各加1.3cm的缝份。表袋口由于采用三卷边的工艺并缉双明线，一般加2cm的缝份，而表袋布的下沿是与垫袋布一起包缝并缝制，所以下沿的弧线在该部位与垫袋布保持一致。从理论上说，表袋布的左侧缝在下沿处不应该是这样，缝份加放请大家参见本书第一章第三节的内容。

5. 前袋布（图4-46）

牛仔裤的袋布有大、小袋布之分，与我们常见的袋布不一样，具体的结构参前述见图4-37中前裤片纸样，大袋布是由腰线*AOKB*、侧缝*BN*、弧线*NXM*和前裆*AM*构成，小袋布则由腰线*OKP*、前袋口*PQ*的毛缝边、侧缝*QN*、弧线*NX*和斜线*XO*构成，其中，在大袋布的前裆*AM*处再向左加出0.5cm，这样做的目的是保证大袋布与前片缝合时有些余地，而小袋布的*XO*处是采用折边或卷边的工艺缝合在大袋布上。

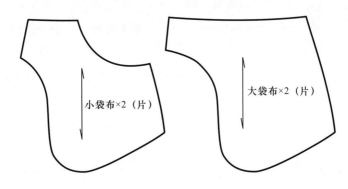

图4-46 前袋布各片裁剪纸样

6. 后贴袋（图4-47）

图4-47 后贴袋裁剪纸样

参见前述图4-41后片纸样的设计，其中，后袋的*N*点距分割线（*KL*）2cm，*M*点距分割线2.5cm，后贴袋的形状如图所示，其中*PQ*=11.5cm，通常后贴袋的袋口采用三卷边工艺并缉双止口，因此，缝份多为2cm，其他各边的缝份都按正常的缝份1.3cm处理。

7. 后育克（图4-48）

后育克是从后身上分割得到的，侧缝和后裆的尺寸分别是4cm和5.6cm（净纸样参见图4-41），由于后育克和后裤片采用双包边的工艺，而且是后育克压住后片，因此，后育克在*KL*处的缝份是1.3cm（后片的缝份为2.0cm），其他各部位缝份与后裤片一致，注意后育克裁剪的布纹方向。这里，需要说明一点，有人认为可以通过在后育克上采用转省的方式以减小侧缝的弧形，使之能更好地与人体配合，这种想法很好，但在实际的工业化生产中，如果分割线*KL*转成弧线后，再采用双包边的工艺，其加工工艺有一定困难，大家可以试一试。

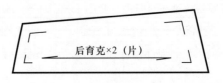

图4-48 后育克裁剪纸样

四、推板

表4-4中腰围、臀围、横裆、前裆、后裆、中裆、裤口、内长和拉链长的档差分别是2.54cm、2.54cm、1.27cm、0.32cm、0.32cm、0.64cm、0.64cm、0cm和1.27cm。为了便于分析，长度方向基准线约定为横裆线，围度方向基准线采用前、后中线，而对于一些比较特殊的纸样在下面分别说明。

（一）前片的分析与推板（图4-49）

1. 长度方向的变化分析

腰线上的点A、B 在表4-4中前裆档差是0.32cm，因此，A、B点变化量=0.32cm。

前弯袋与侧缝的交点C 在本例中前袋口的宽度和深度均保持不变，即C点与腰口同步变化，C点变化量=0.32cm。

臀围线上的点D、E 由于表4-4中臀围位置到基准线是固定数，因此，D、E点变化量为0。

横裆线上的点F、G 这两点都在基准线上，因此，F、G点变化量是0。

裤口点J、K 由于内长档差是0，即内长不变，所以，J、K点变化量也是0。

中裆线上的点H、I 根据中裆的确定方法，而内长不变，则H、I点变化量为0。

2. 围度方向的变化分析

横裆线上的点F、G 由于臀围

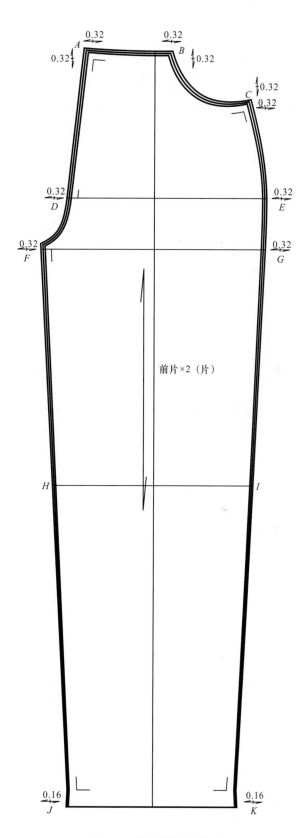

图4-49 前片裁剪纸样推板

的档差是2.54cm，按照计算公式，前臀围的变化量是臀围档差/4，即2.54/4=0.64（cm），通常在外贸订单中，小裆的宽度在推板过程中保持不变，这样，前横裆的变化与臀围一样，也是0.64cm，而裤中线平分前横裆，所以，*F*点和*G*点就变化前横裆变化量的一半，即*F*、*G*点变化量=0.64/2=0.32（cm）。

前裆线与臀围线的交点*D*　由于小裆宽大小不变，而*F*点变化0.32cm，因此，*D*点变化量也是0.32cm。

侧缝与臀围线的交点*E*　前臀围*DE*变化0.64cm，*D*点变化0.32cm，则*E*点变化量=0.64-0.32=0.32（cm）。

前裆线与腰线的交点*A*　由于腰围的档差是2.54cm，则前片变化量是腰围档差/4，即2.54/4=0.64（cm），而*A*点又与前裆基础线有关，而前裆基础线围度的变化量是0.32cm，所以，*A*点变化量=0.32（cm）。

腰线与前弯袋的交点*B*　前弯袋的宽度保持不变，*AB*变化量是0.64cm，*A*点变化0.32cm，则*B*点变化量=0.64-0.32=0.32（cm）。

侧缝与前弯袋的交点*C*　*C*点只有与*B*点的变化量相同，才能保证前弯袋的宽度不变，所以，*C*点变化量=*B*点变化量=0.32cm。

裤口点*J*、*K*　前裤口的计算公式为裤口/2-1，则前裤口的变化量就是裤口档差的一半，数值是0.64/2=0.32（cm），而裤中线平分前裤口，所以，*J*、*K*点变化量=0.32/2=0.16（cm）。

中裆线上的点*H*、*I*　中裆的档差是0.64cm，从理论上讲，*H*点和*I*点的变化量都是0.16cm，但是中间号纸样的中裆是通过连直线得到的，如果在推板时，也按这种方法处理，*H*点和*I*点的变化量肯定大于0.16cm，从而产生误差，如果考虑中裆的公差，可以适当放大或缩小一至两个规格。

确定出各放码点，合理使用中间规格前片纸样绘制放大和缩小各一个规格纸样。

（二）后片的分析与推板（图4-50）

1. 长度方向的变化分析

分割线上的点*M*、*L*　由于后翘宽度尺寸是定数，所以后裆的档差只能在后片的后裆线上变化，后裆档差为0.32cm，则*M*、*L*点变化量=0.32cm。

臀围线上的点*N*、*O*　后臀围线由前臀围线沿长而得，与前臀围线上相应点的分析一样，*N*、*O*点变化量为0。

横裆线上点*P*、*Q*　这两点都在基准线上，因此，*P*、*Q*点变化量为0。

裤口点*T*、*U*　与前裤口对应点的分析一样，*T*、*U*点变化量为0。

中裆线上的点*R*、*S*　与前中裆线上的点一样，*R*、*S*点变化量也是0。

2. 围度方向的变化分析

横裆线上的点*P*、*Q*　横裆档差是1.27cm，而前横裆已经变化0.64cm，则后横裆的变化量=1.27-0.64=0.63（cm），在此也近似采用0.64cm，裤中线平分后横裆，所以，P、Q点变化量=0.32cm。

后裆线与臀围线的交点O 与小裆宽一样，大裆宽通常也不变，因此，O点变化量也是0.32cm。

臀围线与侧缝的交点N 后臀围的计算公式为臀围/4+1，则后臀围的变化量为臀围档差/4，即2.54/4=0.64（cm），由于O点变化了0.32cm，则N点变化量=0.64-0.32 =0.32（cm）。

分割线与侧缝的交点L 根据服装结构保持一致的原则，L点变化量=N点变化量=0.32cm。

分割线与后裆线的交点M 由于腰围档差是2.54cm，则后腰围的变化量就是0.64cm，为了保持后翘形状的稳定，分割线的变化也是0.64cm，则M点变化量=0.64-0.32=0.32（cm）。

裤口上的点T、U 后裤口的计算公式为裤口/2+1，则后裤口变化量就是裤口档差的一半，即0.32cm，后裤中线平分后裤口，则T、U点变化量=0.32/2=0.16（cm）。

中裆线上的点R、S 与前中裆H点和I点分析一样，变化量为0.16cm。

确定出各放码点，合理使用中间规格后片纸样绘制放大和缩小各一个规格纸样。

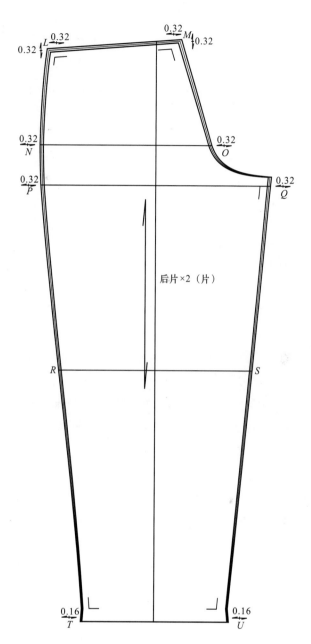

图4-50 后片裁剪纸样推板

（三）零部件的分析与推板

1. 后育克（图4-51）

由于后育克的宽度尺寸通常不变，而它的上口是后腰围，后腰围的变化量是0.64cm，因此，以分割线和后裆线作为基准线，把中间号纸样的侧缝线沿分割线向左平移0.64cm，即为放大规格，反之，沿分割线向右平移0.64cm，即为缩小规格。

图4-51　后育克裁剪纸样推板

2. 腰头和串带襻

腰围的档差是2.54cm，它的放缩比较简单，只要在一边进行放缩，如图4-52所示；串带襻的尺寸不变，故不用放缩。

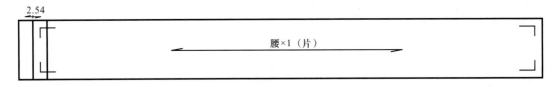

图4-52　腰头裁剪纸样推板

3. 门襟、里襟（图4-53）

门襟、里襟长度方向的放缩主要与拉链的尺寸有关，由于拉链长档差是1.27cm，则门襟、里襟在长度方向变化就是1.27cm；通常门襟、里襟的宽度不用变化。

4. 前袋布（图4-54）

由于前弯袋口的尺寸不变，与之对应，大袋布和小袋布的形状不作变化，只是袋布靠近前裆的一端随前裤片腰围的变化而变化，由于前腰围的变化量是0.64cm，则大、小袋布在该端放缩0.64cm即可。

5. 前袋垫布、表袋布和后贴袋布

在本款的推板中，由于口袋的宽度和深度都不变，所以与口袋相关的这三片纸样都可以不放缩，其纸样见图4-45～图4-47。

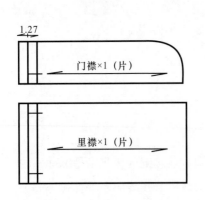

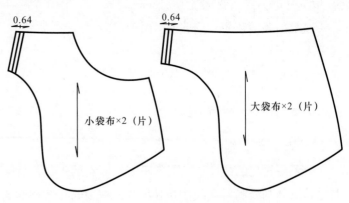

图4-53　门襟、里襟裁剪推板　　　　图4-54　前袋布裁剪纸样推板

五、部分工艺纸样

牛仔裤的工艺纸样通常有前袋垫布、后贴袋、腰头。

（1）前袋垫布　前袋垫布工艺纸样可参见图4-45。

（2）后贴袋　用图4-55所示的后贴袋的工艺纸样扣烫后贴袋裁片，可使所有的后贴袋能保持同样的形状，而缉花纸样保证后贴袋上的花型一致，只要把缉花纸样一正一反分别绘制即可得到两组对称线迹。

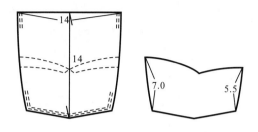

图4-55　后贴袋及后贴袋缉花工艺纸样

（3）腰头　图4-56表示的三个规格的净腰头纸样，在左右腰头上对应的各点在缝制完毕后，它们起着保证腰头保持对称、使同一规格的所有裤子整齐划一，不至于出现同一规格的两条裤子腰头尺寸不一样的情况。（a）图是小号规格腰头的净纸样，上面标有门襟、里襟、前弯袋、侧缝、后中及串带襻的位置，在腰头与腰口合缝时，以上各点均一一对合；（b）图是中间号规格腰头的净纸样；（c）图是大号规格腰头的净纸样。它们的区别只是由于腰围尺寸的变化，（a）图、（b）图和（c）图中相应点的位置有所变化，在腰头与腰口缝制时，一定要注意腰头的规格和腰口规格相对应。另外，三个规格的前弯袋宽都一样，靠近侧缝的串带襻把后中串带襻和袋口串带襻间的尺寸平分。

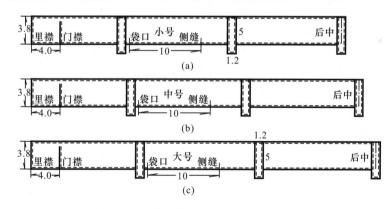

图4-56　三个规格的腰头工艺纸样

第五节　男衬衫

一、款式说明、示意图及规格尺寸

衬衫种类多样，本例中讲述的是典型款式的男衬衫，它主要由上领、领座、前衣片、过肩、后衣片、袖子和袖头等构成，其中，领座左前端锁1个横向平头扣眼，前衣片的左衣片门襟采用贴襟，并且左衣片压右衣片，贴襟的宽度是3.5cm，锁5个竖向平头扣眼，右衣片门襟采用折边工艺，折边的宽度是2.5cm，左前片有一胸袋，胸袋宽是11.5cm，胸袋靠近前中线的一边距离是12cm，靠近袖窿的一边距离是12.5cm，前衣片的下摆是圆下摆并采用三卷边的工艺；后衣片的中间有一活褶，宽度是3cm，后衣片的下摆也是圆下摆并采用卷边的工艺，后下摆比前下摆长4cm；过肩的后中线处长是6cm；每只袖子上有一衬衫袖开衩，大袖衩长15.5cm，宽2.5cm，小袖衩长12cm，宽是1.5cm，袖口上收两个活褶，大小都是2.0cm；每只袖头上锁1个横向平头扣眼，钉两粒扣。图4-57示出男衬衫的结构示意图，表4-9为男衬衫规格尺寸表。

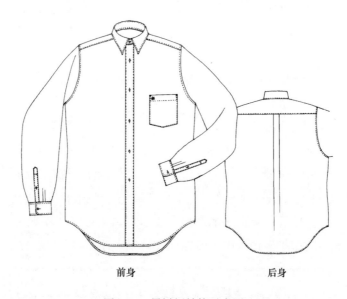

前身　　　　　　　　　　　后身

图4-57　男衬衫结构示意图

表4-9　男衬衫规格尺寸　　　　　　　　　　　单位：cm

部位＼规格	S	M	L	档差
领大	38	39	40	1.0
衣长	78	80	82	2.0
胸围	108	112	116	4.0
肩宽	44.8	46	47.2	1.2
袖长	56.5	58	59.5	1.5
袖口	24	25	26	1.0
袖肥	23	24	25	1.0

注　1. 中间规格 M 号对应国家标准中的 170/88A，背长尺寸是42cm。
　　2. 在设计制板尺寸时，不含其他任何影响成品规格的因素，如缩水率等。
　　3. 胸围尺寸不含褶的大小。
　　4. 袖肥档差的确定来自订单中的尺寸。

二、基本纸样的分析及绘制

（一）后衣片（图4-58）

$A \sim A_1$　后中基础线，长度为衣长，即 $AA_1 = 80cm$。在 AA_1 上取背长 $AF = 42cm$ 确定点 F，过 F 点画腰围线 FF_1，过 A_1 点画下摆基础线 A_1G_3。

$A \sim C_1$　过 A 点画 AC_1，由于表4-10中 M 规格的肩宽尺寸为46cm，则量取 $AC_1 =$ 肩宽/2 = 46/2 = 23（cm）。

后领口　表4-9中 M 规格的领大为39cm，而后领宽 = 领大/5 - 0.7，则 $AB_1 =$ 领大/5 - 0.7 = 39/5 - 0.7 = 7.1（cm），过 B_1 点作后领深线 BB_1 垂直于 AB_1，$BB_1 =$ 后领宽/3 = 7.1/3 ≈ 2.4（cm），画出后领弧线 AB。目前，在市场上常见的衬衫领大为38~43cm规格，后领深的取值范围为2.3~2.6cm。

$B \sim C$　过肩点 C_1 作 C_1C 垂直 AC_1，尺寸为2.1cm，则后落肩的尺寸为4.5cm，连接 BC 为后肩线。

$C \sim C_2$　过 C 点作 CC_2 平行于 AC_1，取冲肩量 $CC_2 = 1.5cm$。

后袖窿　过 C_2 点作 C_2E_2 平行于 AA_1，按照比例法，袖窿深 = 1.5 × 胸围/10 + （7~8），由于在表4-9中有袖肥尺寸，因此，可以用袖肥尺寸来估算袖窿深线的位置。取 C_2E_2 为24cm（参见图4-65中袖窿袖山对比图），过 E_2 点作胸围线 E_1E 垂直于 AA_1，$E_1E =$ 胸围/4 = 112/4 = 28（cm），画出后袖窿线。

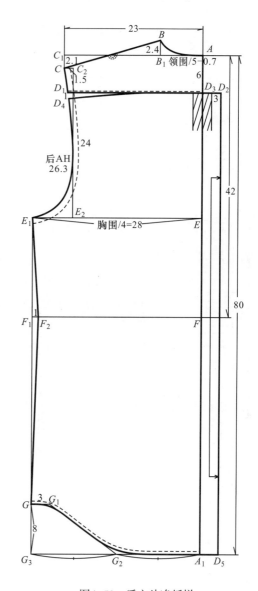

图4-58　后衣片净纸样

$A \sim D_3$　在 AA_1 上量取 $AD_3 = 6cm$，过 D_3 点作 D_1D_2 垂直于 AA_1，D_1 点在袖窿线上，取 $D_1D_4 = 1cm$，$D_2D_3 = 3cm$，画顺分割线 $D_4D_3D_2$。过 D_2 点作 D_2D_5 平行于 AA_1，画出褶裥及其位置。

侧缝线　过 E_1 点画侧缝基础线 E_1G_3，在腰线处取 $F_1F_2 = 1cm$，取 $GG_3 = 8cm$，画顺后侧缝线 E_1F_2G。

下摆　过G点取$GG_1=3$cm，并确定G_3A_1的中点G_2，连接G_1G_2，画顺后下摆弧线。

（二）前衣片（图4-59）

$A\sim A_1$　前中线$AA_1=80$（衣长）-4cm$=76$（cm），过A点作AC_4线垂直于AA_1。

前领口　取前领宽AB等于后领宽，前领深$AB_2=AB+1$cm，根据前领口的绘制方法，画出前领弧线BB_1B_2，量出后领弧线和前领弧线的长度，并与图4-60中ADC的尺寸进行比较，如果大于该尺寸，就调整图4-58中后领宽计算公式中的调节数，即减小后领宽的大小，进而缩小前领宽和前领深的尺寸，最后要保证后领弧线加前领弧线的长度等于图4-60中的ADC尺寸；反之，就加大后领宽的大小。当然，其他类似的情况（如袖山弧线与袖窿弧线的对合等）也按上面的方法处理。后面几节中涉及这方面的问题就不再赘述，请大家注意。

$B\sim C$　过C_4点作C_4C垂直于AC_4，取前落肩$C_4C=5$cm，连接BC为前肩线。

前袖窿　过C点作CC_2平行于AC_4，取$CC_2=2.5$cm，过C_2点作胸宽线C_2E_2，量取前片AE的尺寸与后片AE的尺寸相等；作胸围线EE_1，$EE_1=$胸围$/4=28$（cm），得到E、E_1点，画出前袖窿线。

绘制完前、后袖窿后，用软尺量出整个袖窿的弧长，在此，要强调它一定要与袖子的袖山弧长匹配，见图4-62的袖子制板。通常，袖山的弧长比袖窿的弧长大约长1cm，这是缝制时工艺的需要。如果袖窿弧长比袖山弧长长，可以使胸围线适当向上提高；反之，则适当向下降低，直至合适为止。

$B_1\sim C_1$　作B_1C_1平行于前肩线BC，间距是图4-58中AD_3的一半，为3cm。

下摆　过A_1作AA_1的垂直线，过E_1作AA_1的平行线，两线交于G_3，$G_3G_4=4$cm，这样G_4点就与图4-58中的G_3点在同一条水平线上。取$G_3G=4$cm，$GG_1=3$cm，取A_1G_3的中点G_2，画顺前下摆弧线。

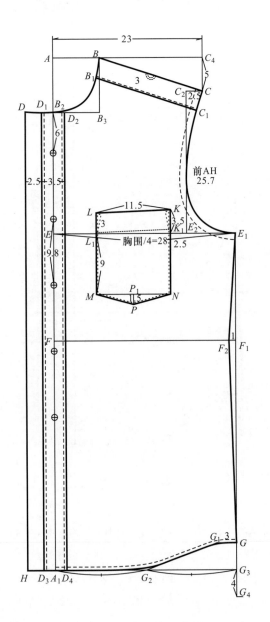

图4-59　前衣片净纸样

侧缝线　在前中线AA_1上量取AF等于背长，得到腰围线FF_1，并与E_1G相交，取$F_1F_2=1$cm，画顺前侧缝线E_1F_2G。

门襟　由于左前片的贴襟宽度是3.5cm，以前中线AA_1为中线，左右各取1.75cm作平行线，与前领口相交，得到D_1和D_2点，与下摆线相交，得到D_3、D_4点，其中D_1D_3是前片止口；而右前衣片采用折边工艺，折边宽度是2.5cm，见图中的DH线，通常右前衣片采用布边裁剪。

左胸袋　在胸围线EE_1上量取$E_2K_1=2.5$cm，$K_1L_1=11.5$cm，过K_1点和L_1点作胸袋两边，平行于前中线AA_1，取$LL_1=3.0$cm，$KK_1=3.5$cm，参看图中的定位方法画出胸袋。

过肩　将前衣片中的多边形BCC_1B_1与后衣片中的多边形$ABCD_1D_3$在肩线处拼接，连成一片纸样成为过肩。

前、后衣片纸样和过肩纸样的缝份分别各加1cm。胸袋的袋口边加3cm，其余各边加1cm的缝份。

（三）领子（图4-60、图4-61）

$A\sim B$　根据衬衫规格衬衫领大的测量方法是量取领子翻折线GH的长度尺寸（见图4-60），因此在绘制衬衫领子时，基础线AB的长度要比领大尺寸的一半大，通过实际绘制和比较，当领大尺寸为39cm时，$AB=20.2$cm，把AB平均分成三份，靠近前领的1/3处的点为D点，如图中所示。

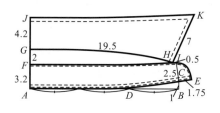

图4-60　领子净纸样

$B\sim C$　前领起翘，过B点作CB垂直于AB且$CB=1$cm。

$D\sim E$　连接DC并延长至E点，CE等于贴襟宽的一半，为1.75cm。

$C\sim I$　过C点作IC垂直于DE，$IC=2.5$cm。

$A\sim F$　过A点作AJ垂直于AB，取$AF=3.2$cm，AF即为领座的后中线，连接弧线FIE，完成领座纸样。

上领　取$GF=2$cm，$GJ=4.2$cm，在领座的上口，从I点向左移0.5cm为H点，连顺上领的下口弧线GH，$GH=$领大/2$=39/2=19.5$（cm）。取$HK=7.0$cm，连顺上领的上口弧线JK，注意上领尖角的形状依据HK的尺寸及时调整，使上领的领尖能跟上流行。

领子的缝份都加1cm，见图4-61领子的裁剪纸样（领衬及领角衬都没有画）。

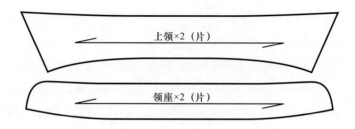

图4-61　领子裁剪纸样

（四）袖子（图4-62）

1. 袖片

$B \sim C$　袖肥基础线，长度等于两倍的袖肥尺寸，即$BC=24 \times 2=48$（cm）。

$D \sim E$　取BC的中点A，过A点作DE垂直BC，通常，男衬衫采用低袖山的结构，袖山高大致在$8 \sim 10$cm，图中$AD=9$cm，D为袖山顶点。

袖山弧线　连接BD和DC，按画袖山弧线的方法画好该曲线。正如前面所讲的，一定要注意袖窿弧长与袖山弧长的匹配关系。

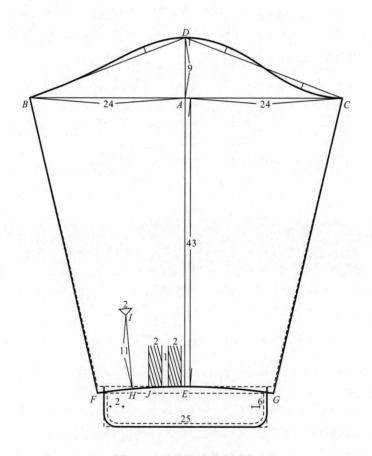

图4-62　袖片和袖头净纸样

F ~ G　根据表4–9袖长尺寸，结合款式，设计袖头宽度（6cm），得到*AE*=43cm，过 *E* 点作*DE*的垂线，由于袖头的围度是25cm，并且袖开衩采用图4–63的加工工艺，两个褶 的大小各为2.0cm，那么，袖口的实际净尺寸=袖头尺寸+两个褶的尺寸–大小袖衩纸样的实 际重叠量，即大袖衩纸样的宽度是2.5cm，它缝在袖开衩上的缝份是1.0cm，小袖衩纸样的 宽度是1.5cm，它缝在袖开衩上的缝份也是1.0cm，因此，袖头中包含2.0cm的重叠量，图 4–63大小袖衩的配合，袖口的制板尺寸*FG*=25+2.0×2–2=27（cm），画成弧线是考虑袖底 缝缝合后的袖口效果。

2. 袖头

袖头的绘制比较简单，长25cm，宽6cm，见图4–62中的袖头纸样，在纸样上标出扣眼 和扣位。

图4–62中所画袖片和袖头都是净纸样，缝份都加1cm。如果袖山和袖窿采用双包缝工 艺，而且通常是袖窿压袖山，这样袖山的缝份就是袖窿缝份的1.5倍。

3. 大、小袖衩

在图4–63中，袖开衩距袖底缝*F*点5.5cm，即*FH*=5.5cm，由于袖开衩的长度是12cm， 并考虑到工艺特点，*HI*=11cm，将图4–62中的各点与图4–63中的各点相对应，这样小袖衩 纸样的长度是12cm，宽度是1.5cm，多边形*VPQU*就是小袖衩纸样的形状，由于它采用双 折工艺，小袖衩净纸样如图4–63中所示。

扣位点*B*位于小袖衩纸样的中部，该点也是扣眼的标记，而大袖衩纸样的宽度是 2.5cm，从对称性的角度考虑，大袖衩纸样的两条边就是图中的*TM*和*SN*，其长度是 15.5cm，即*R*点到*FG*的距离是15.5cm，宝箭头的大小是0.8cm，依据*R*点计算并绘制出*S*

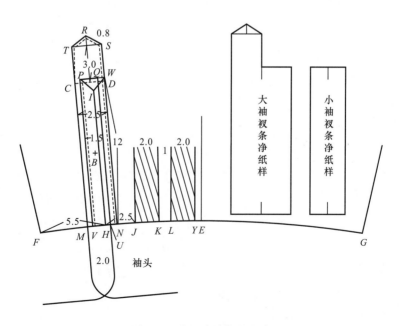

图4–63　大、小袖衩的配合

点和T点，宝箭头的缉明线宽度是0.1cm，其线迹即多边形$TRSDC$，R点到CD的距离为3.8cm，大袖衩纸样的缝制也采用双折工艺。袖片第一个褶位的J点距袖开衩HI 2.5cm，它的尺寸JK是2cm，第二个褶与第一个褶的间距KL是1cm，尺寸LY为2cm，画出第二个褶。另外，J点位置也可以根据与M点的距离来确定，常用的尺寸是4～5cm。

三、推板

（一）过肩的分析与推板（图4-64）

长度方向基准线约定为分割线$D_1D_3D_1$，围度方向基准线采用后中线AD_3。

1. 长度方向的变化分析

分割线上的点D_1、D_3　这两点都在基准线上，所以，它们的变化量都为0。

点A　在传统的裁剪制图中，AD_3所示的宽度一般尺寸较稳定，虽然有时小号规格窄一点，大号规格宽一点，但相差不多，因此，在进行推板时，可以采取AD_3的宽度不变，即A点变化量=0cm。

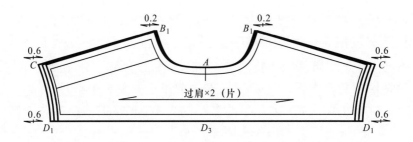

图4-64　过肩裁剪纸样推板

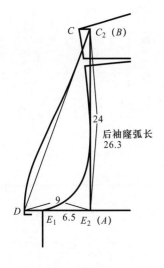

图4-65　袖窿袖山对比

点B_1、C　B_1点的变化量在实际操作时仍取0，在裁剪时通过剪在线外和线里的方式进行处理；同样，C点的变化量也与B_1点类似。

2. 围度方向

点D_3　由于这点在基准线上，因此D_3点变化量为0。

点B_1　该点在后领口的延长线上，而后领宽的计算公式为领大/5−0.7cm，则后领宽的变化量=领大档差/5=1/5=0.2（cm），即B_1点变化量=0.2cm。

点C、D_1　由于肩宽档差是1.2cm，一半的肩宽变化就是0.6cm，而C、D_1点与肩点相关，因此C、D_1点变化量=0.6cm。

（二）后片的分析与推板（图4-66）

长度方向基准线约定为胸围线，围度方向基准线采用后中线。

1. 长度方向的变化分析

胸围线上的点E、E_1 这两点都在基准线上，所以，它们的变化量都为0。

袖窿弧线与分割线的交点D_4 根据传统制图，袖山斜线长=袖窿弧长/2，而整个袖窿弧长的变化量通过计算近似等于2cm，这样，袖山斜线变化量1cm，而袖肥是直角三角形的一条直角边，因此，袖肥的档差小于1cm，经推导计算，袖肥近似等于成品胸围尺寸/5，则袖肥档差=4.0/5=0.8（cm）。但在此例中，表4-9中说明袖肥档差来自订单中常使用的数据，所以在进行推板时，袖肥档差就使用表中的数据1cm，根据图4-68中袖山高和袖肥的变化量，以及后袖窿宽的变化量，可以确定图4-65中肩点在长度方向变化近似是1cm，而过肩在长度方向保持一致，因此，D_4点的变化量也为1cm。

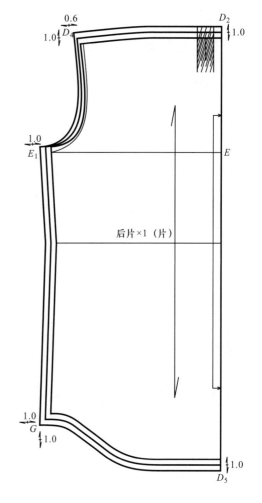

图4-66 后片裁剪纸样推板

后中线与分割线的交点D_2 该点是根据D_4点计算而得，则D_2点变化量=1.0cm。

下摆线与后中线的交点D_5 衣长档差是2cm，基准线以上变化了1cm，因此，D_5点变化量=2-1.0=1.0（cm）。

侧缝与下摆线的交点G 该点是根据D_5点计算而得，则G点变化量=D_5点变化量=1.0cm。

2. 围度方向的变化分析

后中线上的点D_2、D_5 这两点都在基准线上，所以，它们的变化量都为0。

袖窿弧线与分割线的交点D_4 该点与过肩的D_1点相关，D_1点变化了 0.6cm，所以，D_4点变化量=D_1点变化量=0.6cm。

袖窿弧线与侧缝的交点E_1 胸围档差是4cm，根据后片胸围的计算公式，E_1点变化量=胸围档差/4=4/4=1.0（cm）。

侧缝与下摆线的交点G G点由E_1点确定，所以G点变化量=E_1点变化量=1.0cm。

确定出各放码点后，使用中间规格纸样绘制放大规格或缩小规格的纸样。

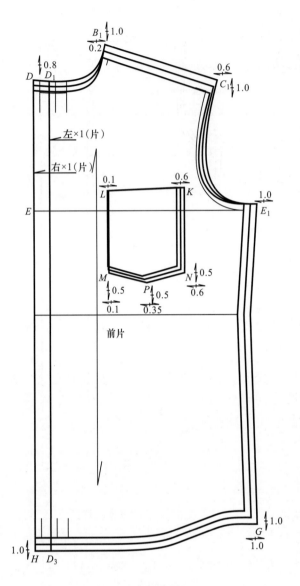

图4-67 前片裁剪纸样推板

（三）前片的分析与推板（图4-67）

长度方向基准线约定为胸围线，围度方向基准线采用前中线或前止口线。

1. 长度方向的变化分析

胸围线上的点E、E_1　这两点都在基准线上，所以，它们的变化量都为0。

袖窿弧线与肩线的交点C_1　与后片D_4点的分析相同，C_1点变化量=1.0cm。

领口线与肩线的交点B_1　根据肩线B_1C_1绘制的过程，B_1点的变化量应该与C_1点一致，所以，B_1点变化量=1.0cm。

领口线与前止口线的交点D_1　由于前领宽的变化量是0.2cm，则前领深也变化0.2cm，因此，D_1点变化量=1.0-0.2=0.8（cm）。

下摆线与前止口线的交点D_3　由于基准线以上变化了1cm，则D_3点变化量=2（衣长档差）-1=1.0（cm）。

侧缝线与下摆线的交点G　该点与后片的G点变化相同，G点变化量=1.0cm。

胸袋各点　由于L、K点距胸围基准线的尺寸不变，因此，这两点的变化量为0；而胸袋的长度变化是0.5cm，则M、P、N点变化量=0.5cm。

2. 围度方向的变化分析

前中线、止口线上的点D_1、D_3及D、H　这些点都在基准线上或与基准线的距离保持不变，所以，它们的变化量都为0。

袖窿弧线与肩线的交点C_1　由于肩宽的档差是1.2cm，所以，C_1点变化量=1.2/2=0.6（cm）。

领口线与肩线的交点B_1　后领宽的变化量是0.2cm，同样，前领宽也变化0.2cm，因此，B_1点变化量=0.2cm。

袖窿弧线与侧缝线的交点E_1　根据前胸围的计算公式，E_1点变化量=胸围档差/

4=4/4=1.0（cm）。

侧缝线与下摆线的交点G 该点由E_1点确定，所以，G点变化量与E_1点相同，为1.0cm。

胸袋的各点 K点相对于袖窿的距离不变，所以，K点变化量为0.6 cm；N点与K点处在同一袋边线上，则N点变化量也是0.6 cm；由于胸袋宽度变化0.5cm，因此，L、M点变化量=0.6-0.5=0.1（cm）；P点是胸袋的袋尖点，通过计算，P点变化量=（M+N）/2=（0.1+0.6）/2=0.35（cm）。

确定出各放码点后，使用中间规格纸样绘制放大规格或缩小规格的纸样。

（四）袖片的分析与推板（图4-68）

长度方向基准线约定为袖肥线，围度方向基准线采用袖中线。

1. 长度方向的变化分析

袖肥线上的点B、C 这两点都在基准线上，所以，它们的变化量都为0。

袖山顶点D 根据传统的裁剪方法，袖山高等于1/4的袖窿弧长，袖窿的档差近似等于胸围档差的一半，因此，D点在长度方向的变化量采用0.5cm。

袖口上的点F、H、J、L、E和G 袖长档差是1.5cm，袖山高变化了0.5cm，则袖口上

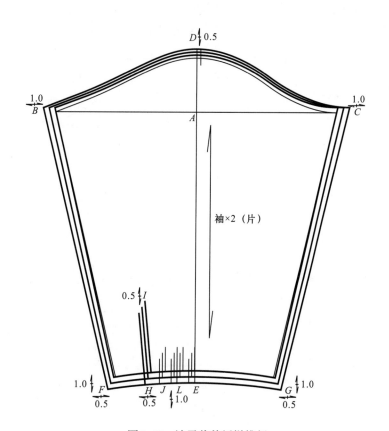

图4-68 袖子裁剪纸样推板

的各点都变化1.0cm。

袖衩上的点I　假设袖衩长度变化0.5cm，由于H点变化了1.0cm，因此，I点变化量=1.0-0.5=0.5（cm）。

2．围度方向的变化分析

袖中线上的点D、E　这两点都在基准线上，所以，它们的变化量都为0。

袖肥线上的点B、C　由于袖肥档差是1.0cm，这样，B、C点变化量=1.0cm。

袖口线上的点F、G　袖口档差是1.0cm，则F、G点变化量=1.0/2=0.5（cm）。

袖开衩及褶上的点H、I、J、L　假设袖开衩到袖底缝的尺寸不变，褶的确定相对于袖开衩的距离也不变，则H、I、J、L点变化量=0.5cm。

确定出各放码点后，使用中间规格纸样绘制放大规格或缩小规格的纸样。

（五）领子、贴襟及其他小部件的分析与推板

1．领子（图4-69）

领子的推板比较简单，对于领子的上领和领座而言，通常采用放缩后领中线的方法，

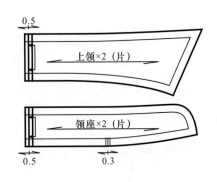

图4-69　领子裁剪纸样推板

由于领大的档差是1cm，一半的领子放缩0.5cm；在领座的下沿边上，有一与过肩对合的对位点，它的变化量是0.3cm。

2．贴襟（图4-70）

通常，贴襟的宽度在推板时不变，其长度的变化要根据前片纸样变化，从图4-67中可以得到前片的前襟长度变化是1.8cm，因此，贴襟的长度变化就是1.8cm。由于贴襟的领口弧线变化较小，我们可以以领口弧线作为长度的基准线，这样下摆的变化量就是1.8cm。

贴襟的扣位变化如下：扣位的间隔变化是0.3cm，具体的数值变化见图中所示。

3．袖头及大、小袖衩（图4-71）

袖口档差是1cm，因此，袖头围度变化量是1.0cm，通常，袖头的宽度不变。

袖开衩的变化量是0.5cm，见图中的大、小袖衩推板只在一端放缩0.5cm。

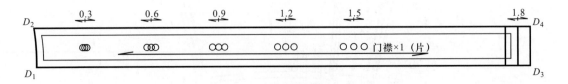

图4-70　贴襟裁剪纸样推板

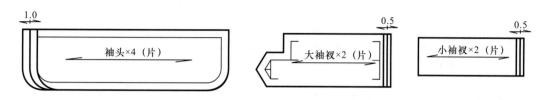

图4-71　袖头及大、小袖衩裁剪纸样推板

4. 胸袋（图4-72）

胸袋的长和宽都变化0.5cm，它的推板放缩也比较简单，如图所示。

四、部分工艺纸样

男衬衫的工艺纸样通常有贴襟、大袖衩、小袖衩、袖头、胸袋、上领和领座等，图4-73是中间规格男衬衫袖头的工艺纸样，用它缉袖头裁片，可使袖头规格一致；图4-74是中间规格男衬衫胸袋的工艺纸样，用它扣烫胸袋裁片，以便于车缝；图4-75是中间规格男衬衫领子工艺纸样。

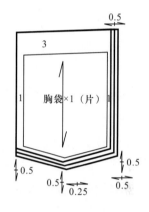

图4-72　胸袋裁剪纸样推板

图4-73　袖头工艺纸样

图4-74　胸袋工艺纸样

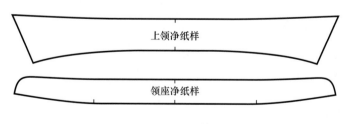

图4-75　领子工艺纸样

第六节　分割线夹克

一、款式说明、示意图及规格尺寸

　　分割线在夹克中使用非常普遍，因此，分割线夹克的推板就显得很有特点。本例的夹克不带里子，主要由前片、后片、领子、下围和袖子构成。其中，前片由前育克、前搭门、前中片、前侧片、过面、胸袋和斜插袋组成；后片由后育克、后中片和后侧片组成；袖子则分成大、小袖及袖头组成。由于前身采用左衣片压右衣片，这样，左前衣片上锁有6个横向圆头扣眼，大小为2.0cm，右衣片钉工字扣；左右各有一胸袋和斜插袋，胸袋的袋盖大12cm，斜插袋的长是12cm，宽是2cm；下围的宽度是5cm，左右侧缝处各有一个搭扣襻，长5cm，宽2cm，上锁一圆头扣眼，尺寸为2cm，各钉两个工字扣，它们的间距是2.5cm；领子采用一片领，领角尺寸为9cm，后领中宽为8cm；袖子的分割线与后育克的分割线在袖窿处对合，袖口上收两个褶，每个褶的尺寸是2cm，袖衩的长是10cm，第一个褶到开衩的距离是3cm，两个褶的间距是1cm，袖头宽是5cm，上有一圆头扣眼，尺寸是2cm，距边2cm钉一工字扣。各条接缝处采用双明线工艺。图4-76为分割线夹克的结构示意图，表4-10为其规格尺寸表。

表4-10　分割线夹克规格尺寸　　　　　　　　　　　单位：cm

规格 部位	S	M	L	档差
领围	46	47	48	1.0
衣长	58	60	62	2.0
胸围	116	120	124	4.0
下围	96	100	104	4.0
肩宽	48.8	50	51.2	1.2
袖长	54.5	56	57.5	1.5
袖口	27	28	29	1.0
袖肥	24	25	26	1.0

　　注　1. 中间规格 M 对应国家标准中的 170/88*A*，S 规格对应 165/84*A*，L 规格对应 175/92*A*。
　　　　2. 在设计制板尺寸时，不含任何影响成品规格的因素，如缩水率等。

二、基本纸样的分析及绘制

（一）后片（图4-77）

　　$A \sim F_1$　　后中基础线，$AF_1 = 60cm$。

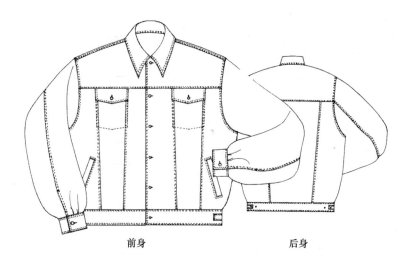

前身　　　　　　　　　　　　后身

图4-76　分割线夹克结构示意图

$A \sim C_1$　　过A点画AF_1的垂线AC_1，由于肩宽尺寸是50cm，则量取AC_1=肩宽/2=50/2=25（cm）。

后领口　　表4-10中M规格的领围是47cm，计算后领宽的公式为领围/5-0.7cm，即AB_1=47/5-0.7=9.4-0.7=8.7（cm），过B_1点作后领深BB_1垂直于C_1A，取BB_1=2.5cm，画顺后领弧线AB。

$B \sim C$　　过C_1点作CC_1垂直于AC_1，取CC_1=2cm，连接BC为后肩线。

后袖窿弧线　　过C点作CC_2平行于AC_1，取CC_2=1.5cm，过C_2点作C_2E_2平行于后中基础线AF_1，C_2E_2的确定与上节男衬衫确定袖窿深线的方法相似，为保证袖山弧长和袖窿弧长相匹配，通过计算和比较，C_2E_2=24.4cm，过E_2点作胸围线EE_1垂直于AF_1，EE_1=胸围/4=120/4=30（cm）。画顺后袖窿弧线。

$E_1 \sim G_1$　　过E_1点作E_1G_1平行于后中基础线AF_1，由于夹克下围的宽度是5cm，所以，后片的制板长度=60-5=55（cm），即图中的AF线，过F点作G_1F垂直于后中基础线AF_1。

下围　　夹克的下摆采用收腰的工艺，表4-10中下摆的围度是100cm，计算并分配得到后片的下摆围度=100/4=25（cm），图中多边形$FF_1F_2F_3$就是后片下围，由于FF_3=25cm，则后片的下摆尺寸也应该是25cm。

分割线　　由于夹克的后片分成后育克、后中片和后侧片三片，在后中基础线AF_1上取AD=14cm，过D点作DD_1垂直于AF_1，多边形ADD_1CB是后育克净纸样；在分割线DD_1上取DD_2=16cm，在下摆线FG_1上取FH=10cm，连接D_2H，多边形$DFHD_2$就是后中片净纸样，D_2H与胸围线的交点是H_1；过H点量取HK=2cm，KG=25-10=15（cm），连接H_1K，连顺侧缝线E_1G，多边形$D_2H_1KGE_1D_1$就是后侧片净纸样。

（二）前片（图4-78）

$B_1 \sim B_4$　　前中基础线，B_1B_4=60cm。

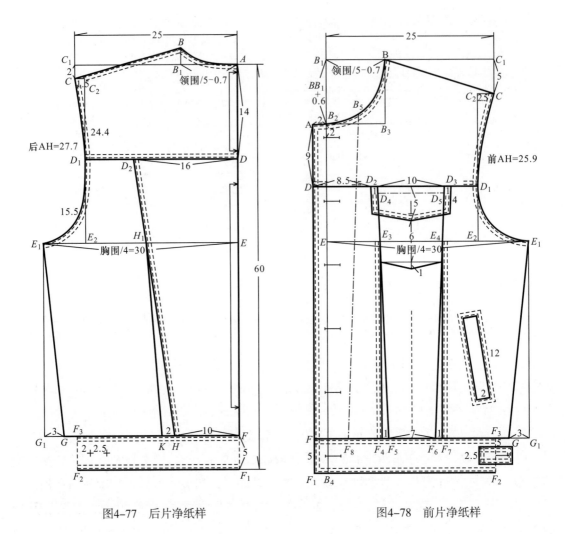

图4-77　后片净纸样　　　　　图4-78　前片净纸样

$B_1 \sim C_1$　过B_1点画B_1C_1垂直于B_1B_4，由于肩宽尺寸是50cm，则量取B_1C_1=肩宽/2=50/2=25（cm）。

前领口　在B_1C_1上取B_1B等于后领宽尺寸，在前中基础线上取B_1B_2=B_1B+0.6cm。通常，夹克的搭门尺寸是2.0cm，画前止口线AF_1。画前领弧线BB_2并延长至A点，量出后领弧线和前领弧线之和，并与表4-10中领围尺寸的一半进行比较，如不匹配，需及时调整。

$B \sim C$　过C_1点作CC_1垂直于B_1C_1，取前落肩CC_1=5cm，连接BC为前肩线。

前袖窿弧线　过C点画CC_2，取CC_2=2.5cm，过C_2点作胸宽线C_2E_2，E_2点在胸围线上，也就是说胸宽比背宽小1cm，注意使前片B_1C_1到EE_1的距离与后片AC_1到EE_1的距离相等，绘制出胸围线，根据前胸围=胸围/4，得到前胸围EE_1=30cm。画顺前袖窿弧线。

$E_1 \sim G_1$　过E_1点作前中基础线的平行线E_1G_1，下摆线FG的确定与后片相同。

下围　前片的下摆也采用收腰处理，下摆的围度也是25cm，图中的多边形$FF_1F_2F_3$就是前片下围，只是其中包含2.0cm的搭门量，即FF_3=25+2=27（cm）；以前下围F_2F_3为中线，左右各取2.5cm，在下围的正中画搭扣襻位置。

分割线 由于前片由前育克、前搭门、前中片和前侧片组成，因此，就要对前片进行分割，在前止口线AF_1上取AD=9cm，过D点作DD_1垂直于前止口线，在分割线DD_1上量取DD_2=8.5cm，D_4D_5=10cm，由于前中片通常是对称处理，所以，作D_4D_5的中线，即图中前中片上的虚线，然后在下摆线FF_3上，左右对称量取F_5F_6=7cm，多边形$D_4D_5F_6F_5$就是前中片净纸样；与后片类似的处理方法，量取F_4F_5=F_6F_7=1.0cm，连接E_3F_4和E_4F_7两线。

口袋 袋盖宽度D_2D_3=12cm，袋盖两侧边的长度是4cm，袋盖上侧边到袋尖的距离是5cm；胸袋两侧边的长度是11cm，上口边到胸袋尖长12cm；斜插袋的长是12cm，宽是2cm，它的位置应依据服装的胸围、衣长及分割线的情况而确定。

扣位 在前中基础线上距B_2点2cm为第一个扣位点，最后一个扣位点在下围的中间，然后，将两扣位的距离平均分成5等份，画出其余4个扣位点。

过面 通常，夹克门襟部位采用过面的缝制工艺，图中多边形AB_5F_8F就是过面的净纸样。

所有接缝采用包缝工艺，前、后片上各分割片的缝份均为1.3cm，图4-79所示为前、后各分割片裁剪纸样图。

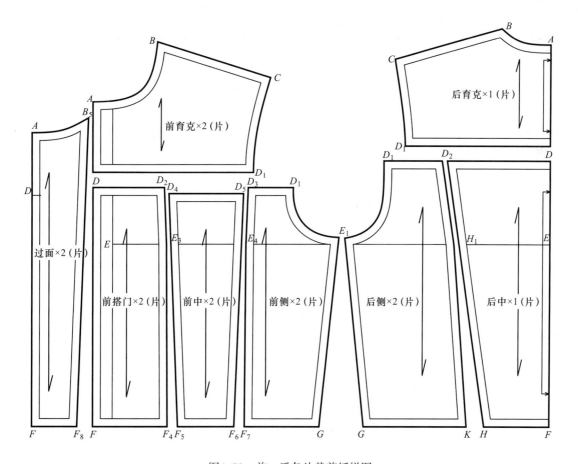

图4-79 前、后各片裁剪纸样图

（三）领子（图4-80）

表4-10中领围的尺寸是47cm，一半的领围为23.5cm。如图所示，画基础线OC，过O点作DO垂直于OC，量取$OA=4$cm，由于后领中高是8cm，取$AD=8$cm；过A点作AB垂直于OD，AB的大小是后领弧长的尺寸，过B点量到C点，$BC=23.5-$后领弧长即可。画顺领子下口弧线，确定出肩缝的对合点B_1，过C点量取$CE=9$cm，领尖根据具体情况而确定，连顺领子的上口弧线DE。领子的缝份是1.3cm。

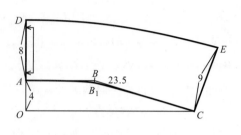

图4-80　领子净纸样

（四）袖子（图4-81）

$B\sim C$　袖肥基础线，长度等于两倍的袖肥尺寸，即$BC=25\times2=50$（cm），取BC的中点A。

$D\sim D_1$　过A点作BC的垂线DD_1，取袖山高$AD=10$cm，连接BD和DC，按画袖山弧线的方法，画顺袖山弧线，此时一定要注意前、后袖窿与袖山弧长的匹配关系（参见衬衫袖子与袖窿的调整绘制）。由于袖长的尺寸是56cm，袖头的宽度是5cm，因此，$DD_1=$袖长-袖

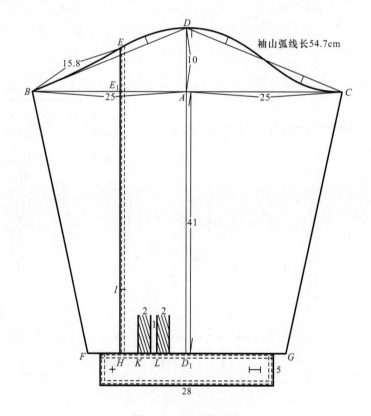

图4-81　袖子净纸样

头宽=56-5=51（cm）。

F ~ G　过D_1点画袖口线*FG*，由于袖头的围度是28cm，而且袖口收两个2cm的褶，则*FG*=袖头+2个褶量=28+2×2=32（cm），以D_1点为*FG*的中点连接*BF*和*CG*。

分割线　在款式描述中，袖子的分割线与后片的分割线在袖窿处对合，因此，图4-77中后袖窿弧线E_1D_1与袖山弧线上的*BE*弧线相匹配，过*E*点作*EH*垂直于袖肥基础线*BC*，袖开衩*HI*的尺寸是10cm。

褶　在*FG*上从*H*点向右量3cm到*K*点，向右移2cm为第一个褶的尺寸2cm，间隔1cm，从*L*点向右量2cm，画出第二个褶位。

袖片的缝份是1.3cm，袖衩采用三卷边的工艺，小袖的袖衩缝份是2.6cm，大袖的袖衩缝份是2.0cm。图4-82所示为大、小袖的裁剪纸样图。

袖头围度是28cm，宽5cm，画出袖头的纸样，同时画出扣眼和扣位，它们分别距袖头边2cm，袖头的缝份是1.3cm，见图4-83袖头裁剪纸样图。

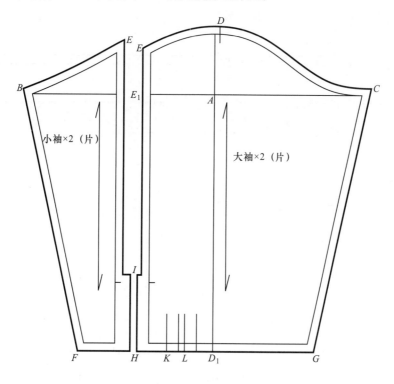

图4-82　大、小袖裁剪纸样

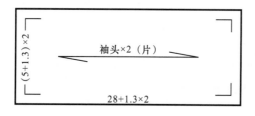

图4-83　袖头裁剪纸样

（五）下围及其他部件（图4-85）

下围的长度是100cm，宽度是5cm，因此，其裁剪纸样制板长度=100+两个缝份+两个搭门宽+1cm的操作电剪切割的误差量=100+2×1.3+2×2+1=107.6（cm），宽度=两个缝份+两个下围宽=2×1.3+2×5=12.6（cm），下围的裁剪纸样见图4-84。

如图4-85所示，搭扣襻的宽度是2.0cm，长度是5.0cm，它的裁剪纸样制板长度=两个1.3cm的缝份+两倍的搭扣襻布长=2×1.3+2×5=12.6（cm），宽度=两个1.3cm的缝份+搭扣襻布宽=2×1.3+2=4.6（cm）；前袋盖的制板尺寸是在净袋盖的每边加1.3cm的缝份；由于有胸袋就需要有胸袋布，根据缝制工艺，胸袋的制板尺寸是在缉胸袋明线（参见图4-78）的各边都加1.3cm的缝份；斜插袋的长度是12cm，宽度是2cm，因此，其嵌线布和垫布的裁剪纸样制板宽度=两个1.3cm的缝份+两倍的净宽=2×1.3+2×2=6.6（cm），长度=两个2cm的缝份+净长=2×2+12=16（cm），其中，斜插袋的嵌线有两片，斜插袋垫布也有两片，斜插袋的袋布中，大、小袋布各有两片。

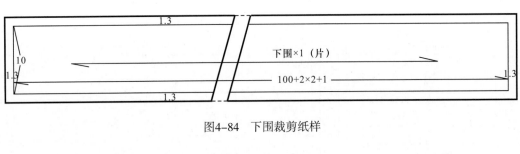

图4-84　下围裁剪纸样

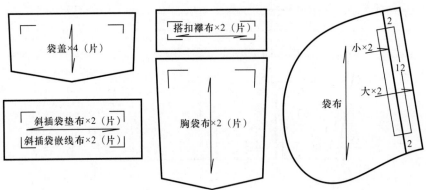

图4-85　夹克搭扣襻布、胸袋盖、胸袋布及斜插袋各片裁剪纸样

三、推板

（一）后育克的分析与推板（图4-86）

长度方向基准线约定为分割线DD_1，围度方向基准线采用后中线AD。

1. 长度方向的变化分析

分割线上的点 D、D_1　这两点都在基准线上，所以，它们的变化量都为0。

后领弧线与后中线的交点 A　由于 AD 近似等于 $AE/2$（参见图4-77），而 AE 变化1cm（其分析与前述图4-66中 D_4 点类似），因此，A 点变化量为0.5cm。

肩线与后领弧线的交点 B　B 点与 A 点有关，A 点的变化量可以作为 B 点的变化量，即 B 点变化量 $\approx$ 0.5cm，但是，在实际切割纸样时，放大规格采用剪在线外的方法，缩小规格采用剪在线里的方法（参见图3-13）。

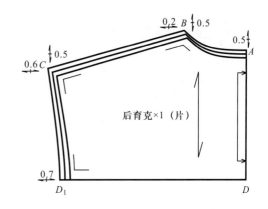

图4-86　后育克裁剪纸样推板

袖窿线与肩线的交点 C　该点也与 A 点有关，即 C 点变化量 $\approx$ A 点变化量=0.5cm，但在切割纸样时，操作过程与 B 点相反，即放大规格采用剪在线里的方法，缩小规格采用剪在线外的方法。

2. 围度方向的变化分析

后中线上的点 A、D　这两点都在基准线上，所以，它们的变化量都为0。

肩线与后领弧线的交点 B　由于领围的档差是1cm，根据后领宽的计算公式，B 点的变化量应该是领大档差/5，即 B 点变化量=1/5=0.2（cm）。

袖窿线与肩线的交点 C　肩宽的档差是1.2cm，一半的变化量就是0.6cm，即 C 点变化量=0.6cm。

袖窿线与分割线的交点 D_1　从绘图的过程看，D_1 点与 C 点相关，应该变化0.6cm，但在实际的绘制中，由于考虑人体结构的变化，D_1 点稍微比 C 点的变化量大些，在本例中，D_1 点变化量=0.7cm。

确定出各放码点后，使用中间规格后育克纸样绘制放大规格或缩小规格的纸样。

（二）后中片的分析与推板（图4-87）

长度方向基准线约定为胸围线 EH_1，围度方向基准线采用后中线 DF。

1. 长度方向的变化分析

胸围线上的点 E、H_1　这两点都在基准线上，所以，它们的变化量都为0。

分割线上的点 D、D_2　前述分析已知 A 点到胸围线的距离变化1cm，而后育克中 A 点在长度方向已经变化了0.5cm（参见图4-86），因此，D、D_2 点变化量=1-0.5=0.5（cm）。

下摆线上的点 F、H　衣长档差是2cm，后育克变化了0.5cm，后中片胸部以上也变化了0.5cm，因此，F、H 点变化量=2-0.5-0.5=1.0（cm）。

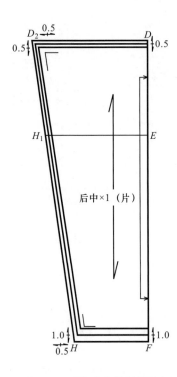

图4-87　后中片裁剪纸样推板

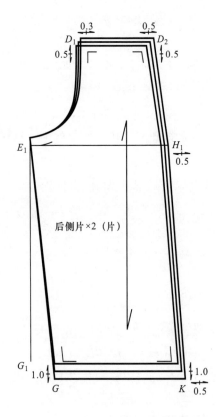

图4-88　后侧片裁剪纸样推板

2. 围度方向的变化分析

后中线上的点 D、F　这两点都在基准线上，所以，它们的变化量都为0。

胸围线与分割线 D_2H 的交点 H_1　胸围档差是4cm，则后胸围的变化量就是1.0cm，而后胸围被分成两份，为了计算方便，可以约定后中片胸围的变化量是0.5cm，这样，该交点的变化量就是0.5cm。

分割线 D_2H 与下摆线 FH 的交点 H　下围档差是4cm，那么，后片下围的变化量也是1.0cm，与后胸围一样，下围也分成两份，一份的变化量也按0.5cm处理，则 H 点变化量=0.5cm；根据已确定的各放码点，绘制分割线 DD_2 的放大和缩小两线、下摆线 FH 的放大和缩小两线、HH_1 的放大和缩小的两线，延长 HH_1 的放大和缩小的两线，分别与相应的分割线 DD_2 的放大和缩小两线相交，从而可以推算出 D_2 点在围度的变化量，近似等于0.5cm。完成后中片裁剪纸样的推板。

（三）后侧片的分析与推板（图4-88）

长度方向基准线约定为胸围线 E_1H_1，围度方向基准线采用侧缝基础线 E_1G_1。

1. 长度方向的变化分析

胸围线上的点 E_1、H_1　这两点都在基准线上，所以，它们的变化量都为0。

分割线上的点 D_1、D_2　已知后中片上的 D_2 点变化0.5cm（参见图4-87），所以，D_1、D_2 点也变化量0.5cm。

下摆线上的点 K、G　在后中片已经计算得到胸围线以下的变化量是1.0cm，这样，K、G 点变化量=1.0cm。

2. 围度方向的变化分析

侧缝线上的点 E_1、G　E_1 点在基准线上，因此，该点的变化量为0。在绘制纸样时，G 点到侧缝基础线 E_1G_1 的距离是定数，所以，该点的变化量也是0。

分割线与胸围线的交点H_1　后胸围变化1.0cm，而后中片胸围已变化了0.5cm，所以，H_1点变化量=1.0-0.5=0.5（cm）。

下摆线与分割线的交点K　后下摆的变化量是1.0cm，而后中片下摆变化了0.5cm，这样，K点变化量=1.0-0.5=0.5（cm）。

分割线上的点D_2　与后中片确定该交点的方法一样，使放大或缩小的D_1D_2线与放大或缩小的KH_1延长线相交，得到放大和缩小的D_2点，通过推算拟合D_2点围度的变化，也近似等于0.5cm。

袖窿线与分割线的交点D_1　后育克中DD_1的变化量是0.7cm（参见图4-86），而后中片中DD_2已经变化了0.5cm（参见图4-87），这样，后侧片中D_1D_2的变化量只能是0.2cm，由于D_2点已变化了0.5cm，那么，D_1点变化量= 0.5-0.2=0.3（cm）。

确定出各放码点，并连顺相应的点，完成后侧片裁剪纸样的推板。注意三个规格的侧缝线E_1G不重叠。

（四）前育克的分析与推板（图4-89）

长度方向基准线约定为分割线DD_1，围度方向基准线采用前止口线AD。

1. 长度方向的变化分析

分割线上的点D、D_1　这两点都在基准线上，所以，它们的变化量都为0。

前领弧线与肩线的交点B　为了与后育克相匹配，也采用0.5cm的变化量，即B点变化量=0.5cm。

肩线与袖窿线的交点C　C点的变化量近似B点的变化量，即C点变化量=0.5cm，但在切割纸样时，放大规格的B点剪在线上，C点剪在线里，缩小规格的肩线正好与放大规格相反。

前领弧线与前止口线的交点A　由于后领宽变化了0.2cm，因此，前领宽也变化0.2cm，而前领深是根据前领宽计算而得，则前领深也变化0.2cm。而分割线DD_1是基准线，因此，A点变化量=0.5-0.2=0.3（cm）。

2. 围度方向的变化分析

前止口线上的点A、D　这两点都在基准线上，所以，它们的变化量都为0。

前领弧线与肩线的交点B　已知前领宽的变化量是0.2cm，虽然前止口线AD是基准线，但因前止口线到前中线

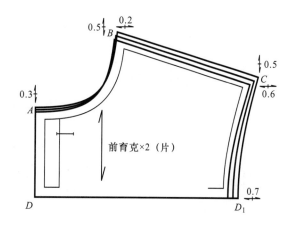

图4-89　前育克裁剪纸样推板

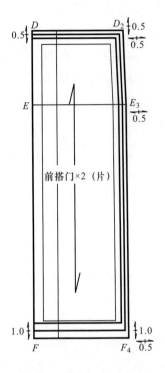

图4-90　前搭门裁剪纸样推板

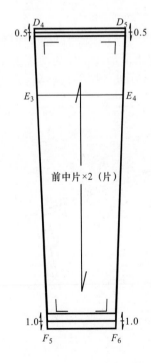

图4-91　前中片裁剪纸样推板

的距离是定数，所以，B点变化量=0.2cm。

肩线与袖窿线的交点C　肩宽档差是1.2cm，一半的变化量就是0.6cm，则C点变化量=1.2/2=0.6（cm）。

分割线与袖窿线的交点D_1　该点与图4-86中D_1相似，即该点变化量取0.7cm。

确定出各放码点后，使用中间规格前育克纸样绘制放大规格或缩小规格的纸样。

（五）前搭门的分析与推板（图4-90）

长度方向基准线约定为胸围线EE_1，围度方向基准线采用前止口线DF。

1. 长度方向的变化分析

胸围线上的点E、E_3　这两点都在基准线上，所以，它们的变化量都为0。

分割线上的点D、D_2　与图4-87中分割点的变化分析相似，因基准线（胸围线）以上需变化1cm，而前育克已变化了0.5cm，因此，D、D_2点变化量=1-0.5=0.5（cm）。

下摆线上的点F、F_4　衣长档差是2cm，而基准线以上变化了1cm，则F、F_4点变化量=2-1=1.0（cm）。

2. 围度方向的变化分析

前止口线上的点D、F　这两点都在基准线上，所以，它们的变化量都为0。

分割线上的点D_2　在该片的推板中选取围度变化是0.5cm，即D_2点变化量=0.5cm。

下摆线与分割线的交点F_4　与D_2点围度变化相同，即F_4点变化量=D_2点变化量=0.5cm。

确定出各放码点后，使用中间规格前搭门纸样绘制放大规格或缩小规格的纸样。

（六）前中片的分析与推板（图4-91）

1. 长度方向的变化分析

选取胸围线E_3E_4为长度方向基准线。

分割线上的点D_4、D_5　与前搭门相应点的分析相似，D_4、D_5点变化量=0.5cm。

下摆线上的点F_5、F_6　与前搭门相应点的分析相似，

F_5、F_6点变化量=2-1=1.0（cm）。

2. 围度方向的变化分析

选取前中片的中心对称线为围度方向基准线。

前中片的对称轴是该纸样的基础，所以，围度的变化都应围绕它进行。在本例推板中选取了该纸样D_4D_5和F_5F_6部位的尺寸不变，这样一来，前中片在围度的推板就不用考虑了。

（七）前侧片的分析与推板（图4-92）

长度方向基准线约定为胸围线E_1E_4，围度方向基准线采用侧缝基础线E_1G_1。

1. 长度方向的变化分析

胸围线上的点E_1、E_4　这两点都在基准线上，所以，它们的变化量都为0。

分割线上的点D_1、D_3　已知前中片上的D_5点变化0.5cm（参见图4-91），所以，D_1、D_3点也变化0.5cm。

下摆线上的点G、F_7　这两点变化量与前中片下摆线上的点变化量相同，即G、F_7点也变化1.0cm。

2. 围度方向的变化分析

侧缝线上的点E_1、G　E_1点在基准线上，因此，该点的变化量为0。在绘制纸样时，G点与侧缝基础线E_1G_1的距离是定数，所以，该点的变化量也是0。

分割线与胸围线的交点E_4　前片胸围变化量是1.0cm，而前搭门胸围变化了0.5cm，前中片胸围不变，则E_4点变化量=0.5cm。

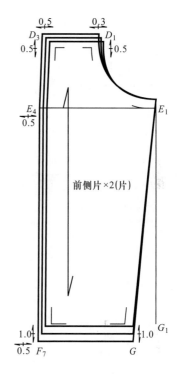

图4-92　前侧片裁剪纸样推板

下摆线与分割线的交点F_7　前下摆的变化量是1.0cm，而前搭门下摆变化了0.5cm，前中片下摆不变，则F_7点变化量=1.0-0.5=0.5（cm）。

分割线上的点D_3　与后侧片（参见图4-88）上D_2点的分析相似，D_3点也近似变化0.5cm。

袖窿线与分割线的交点D_1　前育克中分割线DD_1的变化量是0.7cm（参见图4-89），而前搭门中DD_2已经变化了0.5cm（见图4-90），前中片中D_4D_5不变，这样，前侧片中D_1D_3的变化量只能是0.2cm，由于D_3点已变化了0.5cm，那么，D_1点变化量=0.5-0.2=0.3（cm）。

确定出各放码点，并连顺相应的点，完成前侧片裁剪纸样的推板。注意三个规格的侧缝线E_1G不重叠。

斜插袋　为了计算方便，袋口可不作变化，当该片的放大、缩小规格绘制出后，使中间规格的侧缝和下摆线与放大、缩小规格的侧缝或下摆线对齐，即可得到推板后的斜插袋位置。

（八）大、小袖片的分析与推板（图4-93）

长度方向基准线约定为袖肥线，大袖围度方向的基准线是袖中线，小袖围度方向的基准线是分割线EIH。

1. 长度方向的变化分析

大袖袖山顶点D　在本例的推板中，袖山高变化0.5cm，即D点变化量=0.5cm。

大袖袖肥线上的点C　由于C点在基准线上，所以，C点变化量等于0。

大袖袖口线上的点G、H　袖长档差是1.5cm，袖山高变化了0.5cm，则袖口线上的各点均变化1.5-0.5=1.0（cm）。

大袖袖山弧线上的点E　该点介于D点和B点之间，为了计算方便，取E点变化量=0.4cm。

小袖袖山弧线上的点E　大小袖的分割线长度应相等，即E点变化量=0.4cm。

小袖袖肥线上的点B　由于B点在基准线上，所以，B点变化量等于0。

小袖袖口线上的点F、H　与大袖口的变化量一样，F、H点变化量=1.0cm。

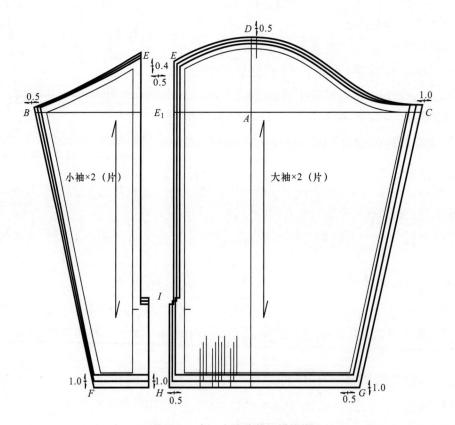

图4-93　大、小袖裁剪纸样推板

小袖袖衩处的点*I*　假设袖衩的长度变化0.5cm，由于*H*点变化了1.0cm，所以，*I*点变化量=1.0-0.5=0.5（cm）。

2. 围度方向的变化分析

大袖袖山顶点*D*　由于袖中线为基准线，所以，*D*点变化量等于0。

大袖袖肥线上的点*C*　袖肥的变化量是1.0cm，所以，*C*点变化量=1.0cm。

大袖袖口线上的点*G*　袖头档差是1.0cm，则*G*点变化量=0.5cm。

大袖袖山弧线上的点*E*　由于后育克的袖窿弧线变化了0.5cm，为了与袖山匹配，袖山弧线从*E*点到肩缝的对合点的长度应稍微大于0.5cm。当*E*点变化0.5cm时，袖山弧线与后育克袖窿弧线匹配，因此，*E*点变化量=0.5cm。

大袖袖口线上的点*H*　*E*点变化量是0.5cm，而分割线又与袖中线平行，所以，*H*点变化量=0.5cm。

大袖袖衩处的点*I*　该点与*H*点的变化相同，即*I*点变化量=0.5cm。

小袖分割线上的点*E*、*I*、*H*　这三个点在基准线上，所以，它们的变化量等于0。

小袖袖肥线上的点*B*　后袖肥的档差是1.0cm，由于在大袖上已经变化了0.5cm，则*B*点变化量=1.0-0.5=0.5（cm）。

小袖袖口线上的点*F*　袖头档差是1.0cm，而在大袖上已变化了1.0cm，因此，*F*点变化量等于0。

（九）领子、过面及其他部件的分析与推板

1. 领子（图4-94）

领围档差是1.0cm，而一般领子的推板比较简单，只要从后中线加减1.0cm即可。

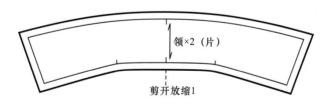

图4-94　领子裁剪纸样推板

2. 过面（图4-95）

在图4-78中的过面各边加出1.3cm的缝份就是过面的裁剪纸样（参见图4-79）。推板时，过面的宽度不变，通过计算，长度变化量应以领口弧线为基准，下摆位置加长或缩短1.8cm即可，如图4-95所示。另外，过面上还要标出锁扣眼和钉扣的位置，经计算，每个扣眼间的距离变化量=1.8/5=0.36（cm），因此各点的变化分别为0.36cm、0.72cm、1.08cm和1.44cm（参照衬衫图4-70贴襟的扣位分配）。

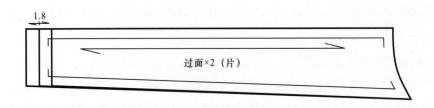

图4-95 过面裁剪纸样推板

3. **袖头**（图4-96）

袖头档差是1.0cm，它的推板比较简单，如图4-96所示。

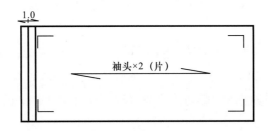

图4-96 袖头裁剪纸样推板

4. **下围**（图4-97）

下围档差是4cm，其推板与袖头一样。

其他部件，如：搭扣襻布、胸袋盖、胸袋布、斜插袋布、斜插袋嵌线及垫布在推板时尺寸都不变。

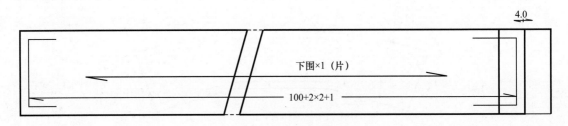

图4-97 下围裁剪纸样推板

第七节　插肩袖夹克

一、款式说明、示意图及规格尺寸

插肩袖是一种常见的袖型，主要用于夹克、大衣及风衣等，插肩袖既可以是一片袖，也可以是两片袖，一片插肩袖多用于宽松的服装，两片插肩袖则可以用于比较合体的服装。

　　本例插肩袖夹克前身由前中片、前侧片1、前侧片2、前里、腰袋拉链、袋布和侧缝拉链等组成；后身由后中片、后侧片1、后侧片2和后里等组成；袖子由前大袖、前小袖、后大袖、后小袖、袖里、袖袋拉链和袖头组成；帽子由帽侧片、帽中片和帽里等组成；另外还有领子等零部件。图4-98为插肩袖夹克的结构图，该款插肩袖夹克的规格尺寸见表4-11。

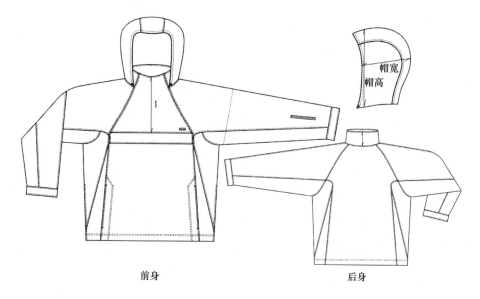

前身　　　　　　　　　　　　　后身

图4-98　插肩袖夹克的结构

表4-11　插肩袖夹克规格尺寸　　　　　　　　　　　　单位：cm

规格 部位	XS	S	M	L	XL
后中衣长	70	73	76	78	80
1/2胸围	62	64	66	68	70
1/2下摆	58	60	62	64	66
袖长（后中量）	87	90	93	96	99
袖肥（袖窿下2cm）	28	29	30	31	32
1/2袖口	15	15.5	16	16.5	17
后领宽	21.5	22	22.5	23	23.5
后领深	2	2	2	2	2
前领深	8.5	9	9.5	10	10.5
领 围	56	57.5	59	60.5	62
上领围	58	59.5	61	62.5	64
后中领高	10	10	11	11	11
前中领高	9	9	10	10	10
帽高	36	36.5	37	37.5	38

规格 部位	XS	S	M	L	XL
帽 宽	24.5	25	25.5	26	26.5
部位1	24	25	26	27	28
腰袋拉链长	19	19	20	20	21
侧缝拉链长	22	24	26	28	30
袖袋拉链长	11	11	12	12	13
肩 宽	51.6	52.8	54	55.2	56.4

注 1. 在设计制板尺寸时，不含其他任何影响成品规格的因素，如缩水率等。

2. 部位 1 所指见图 4-98 中前身结构图的前片 1 的长度。

3. 袖长的测量方法，从第七颈椎点经肩点量到袖口。

4. 袖肥的测量方法是从袖隆的最低点沿袖底线 2cm 处垂直量到袖中线。

5. 后领宽尺寸是指两个颈侧点之间的距离。

6. 帽子的宽和高尺寸见图 4-98 中帽子上的箭头线。

7. 表 4-11 中各规格间的档差不均匀，没有单独列档差一栏。

8. 基本板的规格是 M。

二、基本纸样的分析及绘制

（一）袖子基本形（图4-99）

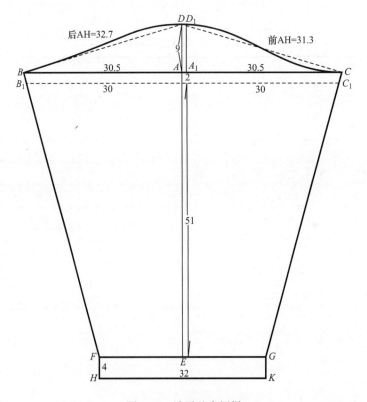

图4-99　袖子基本纸样

在绘制插肩袖的前后片纸样前，应根据规格尺寸表的一些数据，先分析并画出袖子的基本形。

$B_1 \sim C_1$　作袖肥基础线BC。距BC向下2cm处画平行线B_1C_1，该线为实际测量袖肥尺寸采用的位置，取B_1C_1的长度等于两倍的袖肥尺寸，即$B_1C_1=30 \times 2=60$（cm）。

$D \sim E$　取BC的中点A，过A点作DE垂直于BC，宽松服装可采用低袖山结构，袖山高大致为8~10cm，在图4-99中采用的数据是9cm，袖山顶点为D。

根据表4-11中袖长的测量方法、肩宽尺寸和款式设计的袖头宽度（4cm），计算得到$AE=53cm$。

$F \sim G$　过E点作DE的一条垂线，由于袖口大尺寸是32cm，左右平分得到F点和G点。

绘制袖头纸样$FGKH$。连接FB_1和GC_1并各自延长，与BC线相交，此时，AB和AC才是真正的袖肥尺寸，通过测量为30.5cm。

连接BD和DC，按画袖山弧线的方法绘制该曲线。结合图4-100和图4-101袖窿的分析，得到后袖肥为31.3cm，后袖山弧线为32.7cm，前袖肥为29.7cm，前袖山弧线为31.3cm，图4-99中D_1点是前后片肩点的对合点，D_1A_1是袖子真正的袖中线。

（二）后片（图4-100）

$A \sim A_1$　后中基础线，长度为76cm。

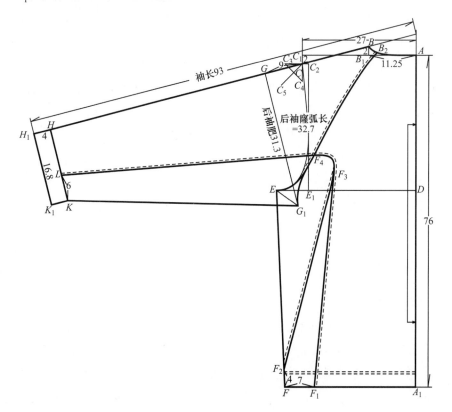

图4-100　后片净纸样

$A \sim C_1$ 过A点作AA_1的垂线AC_1。

在表4-11中肩宽的尺寸是54cm，通常在插肩袖的规格尺寸表中没有肩宽尺寸，需要根据款式结构并结合胸围等尺寸，设计出肩宽的尺寸，以便绘制基本纸样，本例的肩宽是综合考虑后给出的。取AC_1=肩宽/2=54/2=27（cm）。

后领口 由于整个后领宽的尺寸是22.5cm，则后片纸样上后领宽AB_1的尺寸为11.25cm，而不采用前几节中使用的后领宽计算公式（领大/5-0.7cm），过B_1点画后领深线BB_1，该部位尺寸在表4-11中为2cm，画顺后领弧线。

$C \sim B$ 过C_1点作垂线C_1C，尺寸为2cm，这样后落肩的尺寸就是4cm，连接CB成肩线。

后袖窿 过C点作CC_2平行于AC_1，取CC_2= 1.5cm，过C_2点作C_2E_1平行于AA_1。E_1点和胸围线ED的确定：

①后胸围ED的尺寸等于表4-11中半胸围尺寸的一半，为33cm；

②利用规格尺寸表中的袖肥尺寸，确定大致的位置，可参考本章第五节衬衫中胸围线的作法；

③绘制出前后袖窿弧线，测量它们的大小，并与图4-99中的袖山弧线尺寸进行比较，根据它们的数值调整好胸围线的适当位置。画出后袖窿线。

$A_1 \sim F$ 过A_1点作AA_1的垂线A_1F，由于表4-11中半下摆尺寸的尺寸是62cm，所以，A_1F= 31cm，连接EF侧缝线。

$B \sim H_1$ 由于该插肩袖夹克很宽松，在确定袖中线时可以由肩线BC直接延长得到，根据袖长尺寸和测量方法，得到袖口点H_1，袖头宽4cm，确定出H点。

$G \sim G_1$ 对于带里子的服装，不论是何种款式，里子纸样中的袖山高和袖肥必须与大身纸样中的袖山高和袖肥相匹配，也就是说，后片纸样中插肩袖的袖山仍是9cm，袖肥为31.3cm，确定G_1点，绘制大身的分割线B_2F_4E和插肩袖的分割线$B_2F_4G_1$。

袖口 由于前后袖肥相差1.6cm，所以前后袖口也相差1.6cm，计算得到后袖口尺寸为16.8cm，绘制出袖头纸样HKK_1H_1，连接袖底缝KG_1。

根据后身的结构示意图，确定各分割线的位置。各分割片纸样除下摆的缝份为4cm外，其他都是1cm。

（三）前片（图4-101）

$A \sim A_1$ 前中基础线，长度为76cm。

$A \sim C_1$ 过A点作AA_1的垂线AC_1，长度等于肩宽的一半，即$A C_1$=27cm。

$A_1 \sim F$ 过A_1点作AA_1的垂线A_1F，长度等于半下摆的一半，即A_1F=31cm。

前领口 在AC_1上取AB等于整个后领宽尺寸的一半为11.25cm，根据表4-11中前领深的大小为9.5cm，量AB_1=9.5cm，画出前领口弧线，测量出前后领弧线的长度，两者之和必须与表4-11中领围59cm的一半匹配，如有偏差，要调整领口弧线的形状。

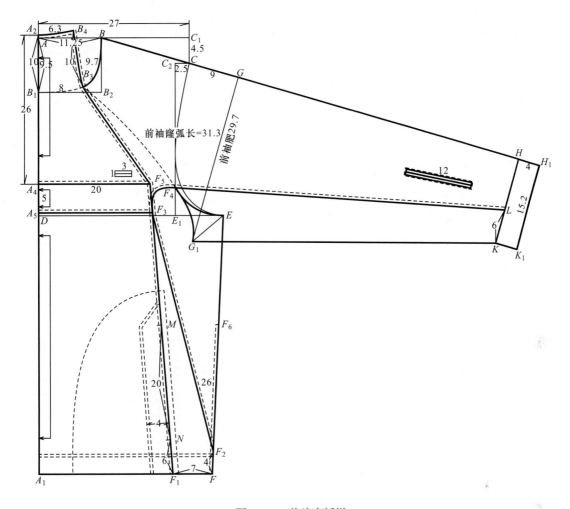

图4-101 前片净纸样

前袖窿 过C_1点作AC_1的垂线C_1C，取$C_1C=4.5cm$，该数值即为前片纸样的落肩量，过C点作CC_2平行于AC_1，取$CC_2=2.5cm$，过C_2点画胸宽线C_2E_1，前片纸样中胸围线DE的确定参看图4-100和后片纸样的文字说明，DE仍等于半胸的一半，为33cm。画顺前袖窿弧线，连接侧缝线EF。

前袖 与后片相同，前插肩袖的袖中线从肩线BC直接延长得到，根据袖长尺寸和测量方法，得到袖口点H_1，袖头宽4cm，确定出H点。

在绘制纸样时，必须注意前后插肩袖的袖山高相同。根据图4-99袖子基本纸样和相应的文字说明，得到前袖肥为29.7cm，确定G_1点，绘制大身的基本分割线B_3F_4E和插肩袖的分割线$B_3F_4G_1$。

由于袖口围尺寸为32cm（表4-11中，1/2袖口围为16cm），已知后袖口为16.8cm，那么前袖口就等于15.2cm，绘制出袖头纸样HKK_1H_1，连接袖底缝KG_1。

领　在图4-98前身的结构示意图中，领子的一部分与前片成一整体，根据表4-11，前中领高为10cm，取B_1A_2=10cm，图4-101中的B_1B_3、A_2B_4和B_3B_4的尺寸必须与图4-102领子纸样中EC、FD和EF的大小相匹配，两者统一分析，才能绘制出比较合理的纸样，在设定B_1B_3的尺寸时，要尽量保证前身结构图所示的形状，见图4-101中$B_4B_3F_5$线。

根据前身的结构示意图，确定各分割线、拉链和口袋的位置。各分割片纸样除下摆的缝份为4cm外，其他的缝份都是1cm。

（四）领子（图4-102）

表4-11中领围的尺寸是59cm，一半的领围为29.5cm。如图所示，画基础线OC，过O点作BO垂直于OC，量取OA=2cm，由于后领中高是11cm，取AB=11cm；过A点作AG垂直于OB，AG的尺寸是后领弧长的尺寸（11.8cm），过G点量到C点，GC=29.5-11.8=17.7（cm），画顺领子下口弧线。过C点量取CD=10cm（表4-11中的前中领高），在确定D点时，还要保证领子上口弧线长等于30.5cm（表4-11中上领围尺寸的一半）。

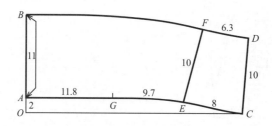

图4-102　领子净纸样

由于款式的特点，领子的一部分连在前片纸样上，见图4-101中$A_2B_1B_3B_4$部分。因此，需要对其进行合理分割，参看前片纸样的相关文字描述。夹克实际的领子是多边形$AGEFB$，领子各边的缝份均为1cm。

（五）帽子（图4-103、图4-104）

设计在服装上的帽子有多种形式：按纸样片数分两片帽（缝合后是平面型）和三片帽（缝合后是立体型）；按工艺分固定式（轻薄面料，春夏季多用）和脱卸式（秋冬季的服装多用，分有拉链式和系扣式）。本例采用三片帽结构，由2片帽侧和1片帽中组成。

画基础线AA_1，取A_1B=1.5cm，过A点作D_2A垂直于AA_1，由于帽高为37cm，结合帽子的特点和分割线的关系，取AD_2=30cm，根据帽宽取值的位置，D点距离D_2点为11cm，距离A点19cm。画出帽宽的测量线，因帽宽的尺寸是25.5cm，结合帽中纸样，D_1E=19.5cm。根据帽子缝合的位置及帽侧的特点，取CA=3cm，AB=16.8cm，帽中的GI=4.2cm，两数相加等于

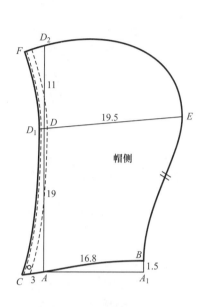

图4-103　帽侧净纸样

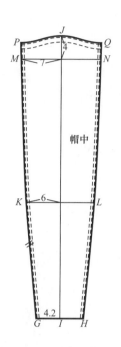

图4-104　帽中净纸样

21cm，而图4-100中的后领口弧线为11.8cm，图4-101中BB_3=9.7cm，两数相加为21.5cm，这样，帽子缝合后帽边距离前片分割线B_3点0.5cm。在绘制帽侧和帽中纸样时，注意BE和KG、FD_2E和PMK相互之间尺寸的匹配。帽侧和帽中的缝份都是1cm。

（六）袋布等（图4-105）

在规格尺寸表中，腰袋拉链长为20cm，缉明线的宽度在图4-101前片纸样中是4cm，以这两个数为设计元素，绘制出袋布纸样、袋垫布纸样和袋贴布纸样，见图4-105。缝份为1cm。

其他像袖头、袖头罗纹、袖拉链袋布及嵌线布等纸样，前里、后里及袖里等纸样就不用文字和图示的方式表达了，请读者根据上面提供的相关纸样进行处理。

三、推板

（一）袖里的分析与推板（图4-106）

长度方向基准线约定为袖肥线BC，围度方向基准

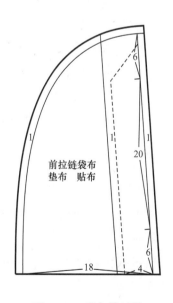

图4-105　袋布等纸样

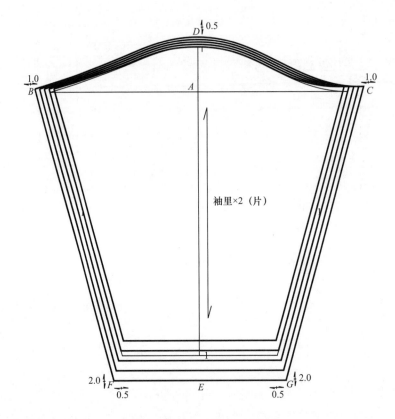

图4-106　袖里裁剪纸样推板

线采用袖中线DE。

1. 长度方向的变化分析

袖肥线上的点B、C　这两点都在基准线上，所以，它们的变化量都是0。

袖山顶点D　在规格尺寸表中半胸围档差是2cm，即胸围档差4cm，因此袖山高的变化量可采用与图4-68衬衫袖山高的变化分析一样，即D点变化量为0.5cm。

袖口上的点E、F和G　在规格尺寸表中袖长档差是3cm，肩宽档差是1.2cm，而袖山高变化了0.5cm，通过计算，袖口在长度方向近似变化2cm，即E、F、G点变化量=2.0（cm）。

2. 围度方向的变化分析

袖中线上的点A、D、E　这些点都在基准线上，因此，它们的变化量都是0。

袖肥线上的点B、C　在规格尺寸表中半袖肥的档差是1cm，所以，B、C点变化量=1.0cm。

袖口线上的点F、G　在规格尺寸表中袖口的档差是1cm，因此，F、G点变化量=0.5cm。

（二）后片的分析与推板（图4-107）

长度方向基准线约定为胸围线DE，围度方向基准线采用后中线AA_1。

1. 长度方向的变化分析

胸围线上的点D、E　这两点都在基准线上，所以，它们的变化量都是0。

肩点C　根据图4-106中袖山高和袖肥的变化量，以及后袖窿宽的变化量（参见本章男衬衫后片肩点的分析），可以确定图4-107中肩点在长度方向的变化量近似是1cm，即C点变化量=1.0cm。

颈侧点B　在宽松的服装款式中，落肩量在推板时可以考虑不变，这样，B点变化量=C点变化量=1.0cm。

后领口中点A　在规格尺寸表中，后领深是固定数值，所以A点变化量=B点变化量=1.0（cm），后领弧线上的B_2点的变化量也等于1.0cm。

下摆线上的点A_1、F_1、F　按中间规格放大推板的档差是2cm，按中间规格缩小推板的档差是3cm，由于胸围线以上变化了1cm，则XS和S规格的A_1、F_1和F点各变化2cm，L和XL

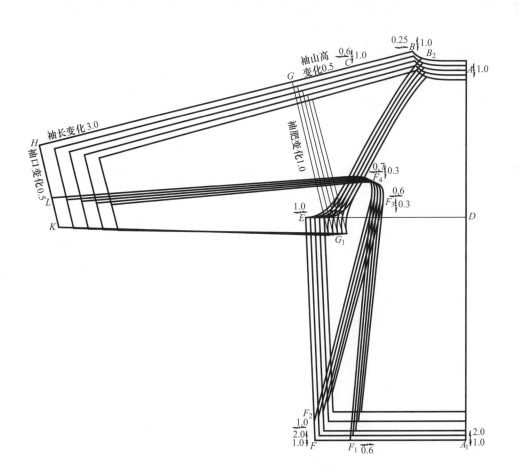

图4-107　后片净纸样推板

规格的这些点各变化1cm。

侧缝线上的点F_2　在推板时，FF_2的尺寸通常保持不变，所以F_2点变化量与F点一样。

分割线上的点F_3、F_4　这两点可以根据其从肩点到基准线（胸围线）的位置比例来确定，F_4点变化量约为0.3cm，F_3点的变化量比F_4小些，但$F_1F_3F_4$线和$F_2F_3F_4L$线实际上是两条装饰分割线，略有差异也是可以理解的，在本例中采用F_3点变化量与F_4点一样，为0.3cm，当然F_3点采用0.2cm或0.1cm，甚至是0也可以。

2. **围度方向的变化分析**

后中线上的点A、D、A_1　这些点都在基准线上，所以，它们的变化量都是0。

颈侧点B　后领宽两个颈侧点的档差是0.5cm，则B点变化量=0.5/2=0.25（cm），而B_2点也可以与B点的变化量相同。

肩点C　由于肩宽档差为1.2cm，因此C点变化量=1.2/2=0.6（cm）。

胸围线与侧缝线的交点E　半胸围档差是2cm，所以E点变化量=2/2=1.0（cm）。

侧缝线上的点F、F_2　半下摆档差是2cm，则F点变化量=2/2=1.0（cm）。F_2点变化量可采用与F点一样1cm。

下摆线上的点F_1　根据该点所处FA_1的分割位置确定，本例中F_1点采用了0.6cm。

分割线上的点F_3　为了尽量保持各规格的分割线结构一致，F_3点可以参照F_1点相同的变化量0.6cm。

分割线上的点F_4　根据图4-100中F_4点离背宽位置较近，当胸围档差是4cm时，根据胸宽、袖窿宽和背宽的变化量分配关系，背宽的变化量约为0.7cm，本例中F_4点采用的数据是0.7cm。

根据以上各点在长度和围度方向的变化数值，确定出各规格放码点的位置，绘制出各规格的后领弧线、肩线、侧缝线、下摆线、分割线F_1F_3、F_2F_3、F_3F_4和EF_4B_2线。

由于在净纸样绘制时（参见图4-100），G、G_1、K、L和H点的确定并不是通过胸围线或后中线绘制得到，因此，这些点的变化量就不能用胸围线和后中线作为基准线来计算，而应该通过下面的方法进行绘制：

（1）把中间规格M、放大规格L纸样的肩点及肩线重叠，沿M规格纸样的袖中线用笔画一条线，该线就是L规格纸样的袖中线，同时在该线上标出L规格的袖山高，保证L规格的袖山高比M规格的袖山高大0.5cm，得到L规格纸样的G点。

（2）移动M规格纸样，使其袖中线与L规格纸样的袖中线在G点处重叠，把M规格纸样的袖肥线复制到L规格纸样上，即为L规格纸样的袖肥线，延长1cm，得到L规格纸样的G_1点。

（3）由于袖长档差是3cm，根据袖长的测量方法，在推板时，使L规格纸样的后中线、肩线、袖中线与M规格纸样的对应线重叠，使L规格的袖长比M规格的袖长延长3.0cm，得到袖口点H。

（4）过H点作HK垂直袖中线HC，然后，使L规格纸样的袖中线、袖口线与M规格纸

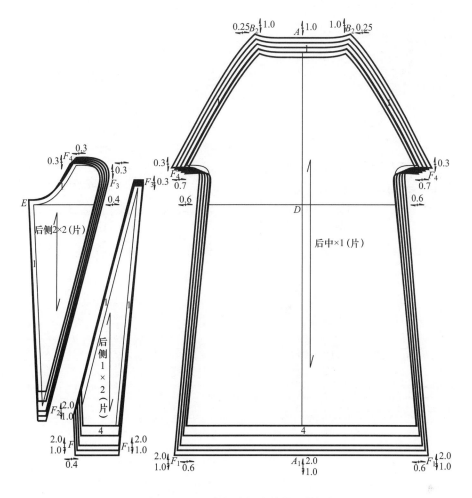

图4-108　后身各分割片裁剪纸样推板

样的对应线重叠，保证L规格的袖口HK比M规格的袖口大0.5cm，得到K点，并连接KG_1，KG_1就是L规格纸样的袖底缝线。

（5）根据图4-100中后袖口L点在HK的位置，保证HL的尺寸变化0.3cm，得到L规格纸样的L点，并与L规格纸样的F_4点相连，得到分割线LF_4。

同理，可绘制出其他规格的后袖纸样图，完成所有5个规格的净纸样推板。图4-108所示为后身各分割片裁剪纸样推板。

（三）前片的分析与推板（图4-109）

长度方向基准线约定为胸围线DE，围度方向基准线采用前中线AA_1。

1. 长度方向的变化分析

胸围线上的点D、E　这两点都在基准线上，所以，它们的变化量都是0。

肩点C　与后片肩点的分析一样，C点变化量=1.0cm。

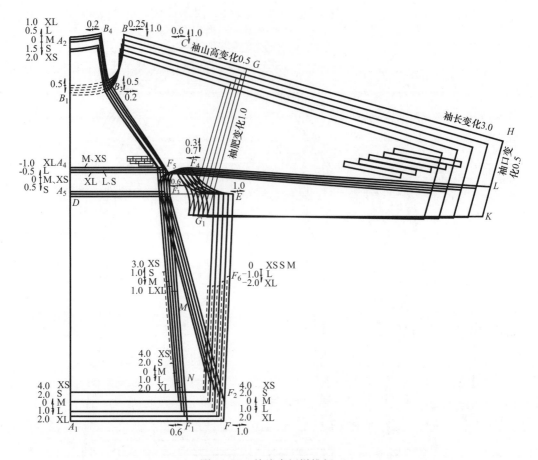

图4-109 前片净纸样推板

颈侧点B 与后片颈侧点的分析一样，B点变化量=1.0cm。

前领口中点B_1 由于前领深档差是0.5cm，而B点变化了1.0cm，因此，B_1点变化量=1.0−0.5=0.5（cm）。

前领口弧线上的点B_3 该点在长度方向更接近B_1点，同时还要考虑领子的尺寸变化，因此，本例采用的数值与B_1相同为0.5cm。

前中线与上领口的交点A_2 根据规格尺寸表提供各规格的前中领高（参见图4-101中A_2B_1的尺寸）：XS和S的前中领高是9.0cm，M、L、XL的前中领高是10.0cm，由于B_1点变化了0.5cm，则与M规格的A_2点相对应，L规格的A_2点变化0.5cm，XL规格的A_2点变化1.0cm，S规格的A_2点变化1.5cm，XS规格的A_2点变化2.0cm。B_4点的变化量与A_2点相一致。

分割线上的点A_4、F_5 在表4-11中部位1的档差是1.0cm（参见图4-101中A_2A_4的尺寸）。由于A_2点各规格的变化量已知，因此，与M规格的A_4点相对应，L规格的A_4点变化−0.5cm，XL规格的A_4点变化−1.0cm，S规格的A_4点变化0.5cm，XS规格的A_4点变化量为0。F_5点的变化量与A_4点相一致。

分割线上的点A_5、F_3 在推板时，A_4A_5和F_5F_3的尺寸通常保持不变，所以A_5点和F_3点变化量与A_4和F_5相同。

分割线上的点F_4 与后片F_4点的分析一样，F_4点变化量=0.3cm。

下摆线上的点A_1、F_1、F 与后片各点的分析一样，XS和S规格的A_1、F_1和F点各变化2cm，L和XL规格的这些点各变化1cm。

侧缝线上的点F_2 在推板时FF_2的尺寸保持不变，所以F_2点在长度方向的变化量与F点一样。

侧缝袋口点F_6 表4-13中侧缝拉链长度的档差是2cm，根据F点的变化量，相对于M规格的F_6点，XS和S规格的变化量都是0，L规格的变化量是-1.0cm，XL规格的变化量是-2.0cm。

分割线腰袋上的点M、N N点的变化量与F_1点相同。在表4-13中XS和S规格的尺寸是19cm，M和L规格的尺寸是20cm，XL规格的尺寸是21cm，这样，M点的变化量与中间规格对应点相比：XS规格变化3cm，S规格变化1cm，L、XL规格变化1cm。

2. 围度方向的变化分析

前中线上的点A_2、B_1、A_4、A_5、D、A_1 这些点都在基准线上，所以，它们的变化量都是0。

颈侧点B 与后片颈侧点一样，该点变化量为0.25cm。

前领口弧线上的点B_3和上领口弧线上的点B_4 B_3点介于B_1和B点之间，更靠近B点，而B点变化了0.25cm，因此，本例中B_3点变化量为0.2cm，B_4点变化量可与B_3点相同。

肩点C 该点与后片中的肩点对应，所以该点的变化量也是0.6cm。

胸围线与侧缝线的交点E 半胸围档差是2cm，所以E点变化量=2/2=1.0（cm）。

侧缝线上的点F 半下摆档差是2cm，则F点变化量=2/2=1.0（cm）。同样，侧缝线上F_2、F_6点的变化量与F一样。

下摆线上的点F_1 根据该点所处FA_1的分割位置确定，本例中F_1点采用0.6cm。

分割线上的点F_4 该点与后片对应点的分析过程一样，变化量为0.7cm。

分割线上的点F_3、F_5、M、N 为了尽量保持各规格的分割线结构一致，F_3点可以参照F_1点，即F_3、F_5点变化量都采用0.6cm。M、N点在分割线上，只要通过拉链尺寸就可以确定，M、N点的变化量约为0.6cm。

根据以上各点在长度和围度方向的变化数值，确定出各规格放码点的位置，绘制出各规格的前领弧线、上领弧线、肩线、侧缝线、下摆线、分割线$F_1F_3F_5$、F_2F_3、F_3F_4、EF_4、$F_5B_3B_4$、A_4F_5和A_5F_3线。

由于在净纸样绘制时（参见图4-101），G、G_1、K、L和H点的确定并不是通过胸围线或前中线绘制得到，因此，这些点的变化量就不能用胸围线和前中线作为基准线来计算，同于P154中（1）至（5）的方法。

图4-110所示为前身各分割片裁剪纸样推板，注意不同裁剪纸样基准线的变化以及各点的变化。如B_3点相对于基准线$F_3A_4F_3$在长度方向的变化量，与中间规格的对应点，XS规

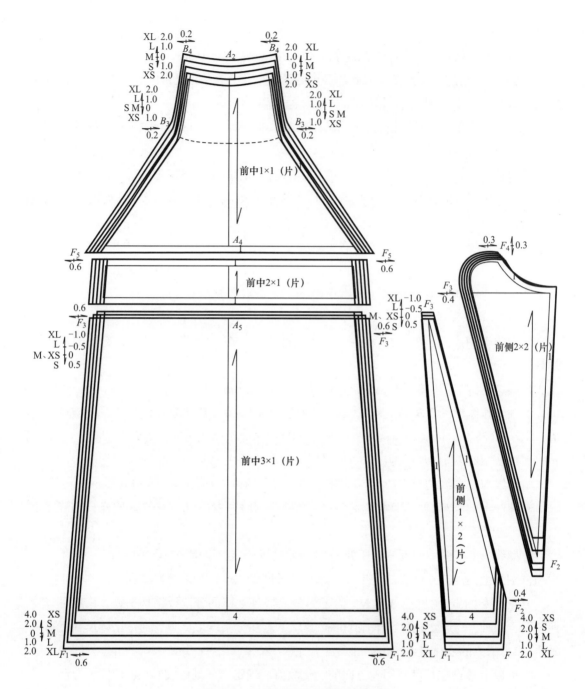

图4-110　前身各分割片裁剪纸样推板

格变化1cm，S规格变化为0，L规格变化1cm，XL规格变化2cm。

前、后衣片里子裁剪纸样推板见图4-111。

（四）袖片的分析与推板（图4-112）

根据该款式的特征，前后插肩袖应组合成一片纸样，为方便推板，以颈侧点B点为基

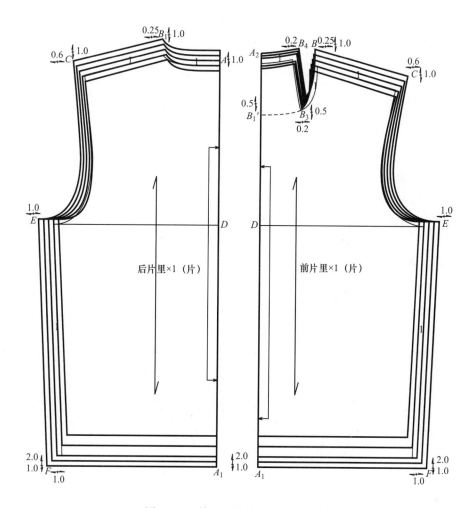

图4-111　前、后片里子裁剪纸样推板

准点，图中BB_4（该线与图4-109中的前中线平行）、BB_5（该线与图4-109中的胸围线平行）分别是前插肩袖中B_3、F_3、F_4、F_5点围度方向和长度方向的基准线；而BB_6（该线与图4-107中的后中线平行）、BB_7（该线与图4-107中的胸围线平行）分别是后插肩袖中F_4'点围度方向和长度方向的基准线；而袖中线$BCGH$是其他各点围度方向的基准线。

1. **前插肩袖中B_3、F_3、F_4、F_5点的变化分析**

根据前片净纸样推板（参见图4-109）中这些点长度方向和围度方向的变化量及颈侧点B点的变化量，可以计算出各点在前插肩袖中的变化量：B_3点（长度方向变化0.5cm，围度方向变化0.05cm）；F_3点和F_5点（长度方向：XS规格变化2.0cm，S规格变化0.5cm，L规格变化1.5cm，XL规格变化3.0cm，围度方向均变化0.35cm）；F_4点（长度方向变化0.7cm，围度方向变化0.45cm）。

2. **后插肩袖中F_4'点的变化分析**

根据后片净纸样推板（参见图4-107）中该点长度方向和围度方向的变化量及颈侧点B

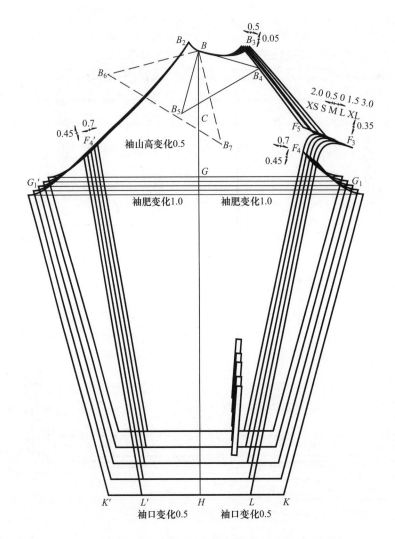

图4-112　前、后插肩袖组合后净纸样推板

点的变化量，可以计算出该点在后插肩袖中长度方向变化0.7cm，围度方向变化0.45cm。

3. 插肩袖中其他各点的变化分析

从图4-107和图4-109中可以得到插肩袖肩长的变化量，也就是说得到肩点C点的放大和缩小的位置，而袖山高变化了0.5cm，这样就得到G点放大和缩小的位置，绘制出XS、S、L和XL的袖肥线，由于袖肥的档差等于1cm，这样就可以绘制出前插肩袖的G_1点和后插肩袖的G_1'点。

从图4-107和图4-109中可以得到插肩袖袖长的变化量，即H点各规格的位置，由于袖口档差是1.0cm，这样就可以绘制出前插肩袖的K点和后插肩袖的K'点；L点和L'点根据纸样结构各变化0.3cm。

前插肩袖上的袖袋在推板时，在保证距离袖口一端的位置不变的情况下，根据袖袋的尺寸绘制出其余规格的袖袋位置即可。连接各放码点，绘制出袖片的推板净纸样。

（五）领子的分析与推板（图4-113）

通过对该服装款式和前后片纸样图的分析，可采取放缩后领中线的方法放缩领子。由于规格尺寸表中领大档差是1.5cm，一半的变化量就是0.75cm。根据前插肩袖中相应点的变化量得知，前领口弧线变化0.3m（图4-109中B_1B_3变化0.2cm）；根据后插肩袖中相应点的变化量得知，后领口弧线变化0.25cm，因此，后领中的变化量就是0.55cm，与肩点对合位置的变化量是0.3cm。注意：根据表4-13，XS、S规格的前中领高、后中领高比其他规格分别减小1.0cm。图4-114所示为各规格领子推板图。

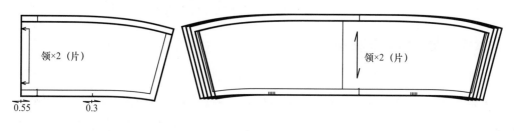

图4-113　领子推板数据　　　　　　　　图4-114　领子裁剪纸样推板

（六）帽子的分析与推板（图4-115）

在规格尺寸表和测量方法，帽高和帽宽的档差都是0.5cm，依据领子的推板过程，帽领圈一半的变化量就是0.55cm。

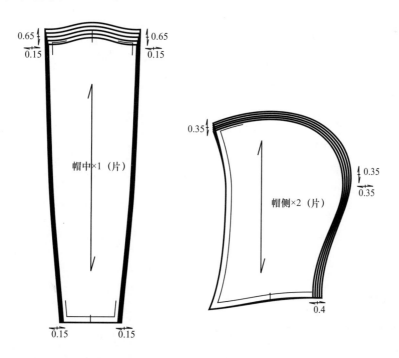

图4-115　帽中和帽侧纸样推板

（七）袋布及其他部分纸样的分析与推板

在表4-11中腰袋拉链XS和S规格的尺寸是19cm，M和L规格的尺寸是20cm，XL规格的尺寸是21cm，袋布、袋垫布、袋贴布的纸样推板按照拉链的长短进行放缩；而袖拉链XS和S规格的尺寸是11cm，M和L规格的尺寸是12cm，XL规格的尺寸是13cm，其袋布等纸样也按照拉链的长短进行放缩，请读者自行绘制。

第八节　女西装

一、款式说明、示意图及规格尺寸

单排三粒扣平驳领女西装，由前片、后片、领子、大袖片、小袖片、过面、前里、后里、大袖里及小袖里等组成。其中，前衣片有腋下省和腰省各一个，双嵌线有袋盖的口袋，袋盖长12.5cm，宽4.5cm。门襟右压左，右门襟上锁三个扣眼，扣距间隔是10.5cm，其中最下面的扣眼距离下摆15cm。驳领宽7.5cm，领子的领面宽4cm，领座高2.4cm。整个后片上有两个对称的腰省。袖子的开衩长是8.0cm，宽是2.0cm。图4-116为该女装的结构示意图，表4-12为其规格尺寸表。

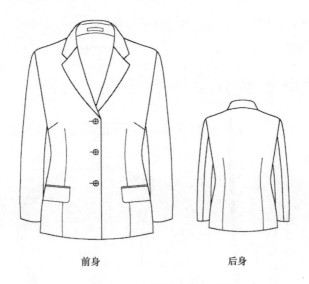

前身　　　　　　　　　后身

图4-116　女西装的结构示意图

表4-12　女装规格尺寸　　　　　　　单位：cm

部位＼规格	S	M	L	档差
领围	35.2	36	36.8	0.8
衣长	58	60	62	2.0

续表

规格 部位	S	M	L	档差
肩宽	38.5	39.5	40.5	1
胸围	92	96	100	4
腰围	76	80	84	4
臀围	94	98	102	4
背长	36.8	38	39.2	1.2
袖长	54.5	56	57.5	1.5
袖口	13	13.5	14	0.5

注 1. 中间规格 M 对应国家标准上的 160/84A，S 规格对应 155/80A，L 规格对应 165/88A。

2. 胸围的松量是 12cm，腰围的松量 15cm（可调整），臀围的松量是 11cm。

3. 在设计制板尺寸时，不含其他任何影响成品规格的因素，如热缩率等。

4. 表中领围尺寸是衬衫的领围尺寸，通常西服是穿在衬衫的外面，所以，该服装的领口最好根据衬衫的领围来进行设计。

二、基本纸样的分析及绘制

（一）后片（图4-117）

$A \sim J$　后中基础线，长度等于衣长60cm。

$A \sim D$　量取AD=净胸围/6+9= 84/6+9=23（cm），其中的9cm应根据袖窿的形状、整个袖窿的弧长和袖窿的宽深比进行调整（参见前片纸样袖窿绘制的分析），过D点作袖窿深线ED（也称胸围线）。

$A \sim F$　量取AF=背长=38cm，绘制腰围线GF。

$F \sim H$　表4-12中有臀围尺寸，因此必须确定臀围线的位置，可量取FH=17cm，绘制臀围线IH。

$J \sim K'$　过J点作下摆基础线JK'垂直于AJ。

$A \sim C'$　过A点作AC'垂直于AJ，长度为肩宽的一半，即AC'=19.75cm。

后领口　表4-12中领围尺寸是36cm，在AC'上量取AB'=领围/5+0.7=36/5+0.7 =7.9（cm），过B'点作BB'垂直于AC'，量取BB'= 2.5cm，画出后领弧线。

$B \sim C$　过C'点作CC'垂直于AC'，量取CC'=1.5cm，这样，后片纸样的落肩量就是4cm，连接后肩线BC。

$C \sim S$　过C点作CS平行于AC'，取CS= 2.0cm，过S点画出背宽线ST。

$D \sim E$　取后胸围DE=胸围/4=96/4=24（cm）。

$E \sim K'$　过E点绘制侧缝基础线EK'，这样FG'=24cm，由于腰围是80cm，则后腰围的尺寸=腰围/4，即20 cm，就是说，在腰部应收缩4.0cm的省量，把4.0cm分成两部分，从侧缝G'点向左移1.5cm为G点，其余的2.5cm放在腰省中，取FG的中点M'，在M'点的两侧各移

1.25cm，过M'点画辅助线LL'（省的中心线），L点距离胸围线可采用2cm，L'点在下摆线上，P'点在臀围线上。由于臀围是98cm，则后臀围的尺寸=臀围/4，即24.5cm，因缝制工艺的需要，即省缉完后应剪开，再劈缝，所以在P'点处必须加入一个量，图中采用0.8cm即可，为了保证后臀围的尺寸，在I'点应向右移1.3cm，得到I点。根据计算出的各点画出腰省线LMPX和LNQY，侧缝曲线EGIK，保证K点处成直角。

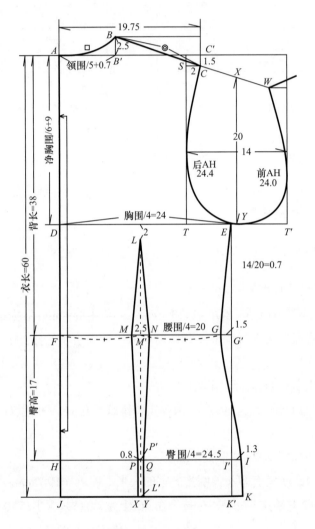

图4-117　后片净纸样

画顺后袖窿弧线，完成后片净纸样图。

缝份的加放量见图4-118，里子的裁剪纸样与面料（大身）裁剪纸样基本相同，只是在下摆处，缝份有所区别。

（二）前片（图4-119）

延长后颈侧点处的直线、后袖窿深线（胸围线）、后腰线、后臀围线和下摆线至前片

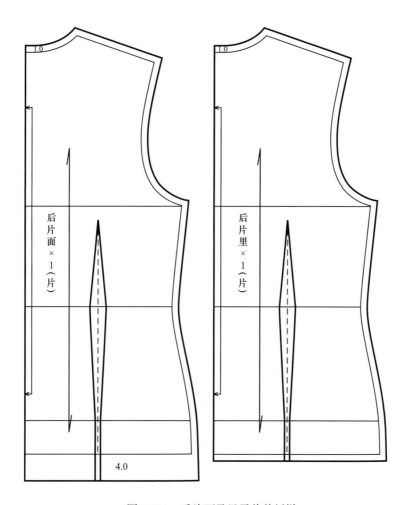

图4-118　后片面及里子裁剪纸样

的B点、D'点、F点、H点和J点。

$D \sim J$　前中基础线。

$D' \sim E'$　取前胸围$D'E'$=胸围/4= 96/4=24（cm）。

$E \sim K'$　过E'点画侧缝基础线EK'，交腰围线于G'点，臀围线于I'点。由于款式和人体结构的需要，在侧缝处有一腋下省，考虑女子A体型胸部的特点，通常腋下省的大小在2.5~3.5cm。为了兼顾前后片纸样的一致性，在侧缝基础线EK'上量取EE'=2.5cm，过E点作ED平行于$E'D'$，得到的ED线就是前片的袖窿深线。

$B' \sim E_1$　通常，女装的胸宽比背宽小1.5cm，从E点量取EE_1=7.75cm，过E_1点作$B'E_1$垂直ED。从点B'量取前片纸样的落肩量$B'C'$=4.5cm，这样前后落肩量一共是8.5cm，根据该服装款式、穿着的季节和垫肩的厚薄，这个数值是合理的。

$B \sim C$　过E_1D的中点D_1作垂线与延长后颈侧点处的直线相交后得到颈侧点B，前肩长BC=◎−1cm，其中◎是后肩的长度，然后画出前袖窿。

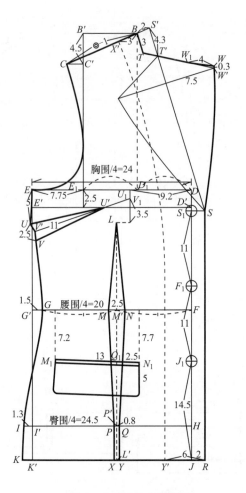

图4-119 前片净纸样

下面分析袖窿的形状、整个袖窿的弧长和袖窿的宽深比。把前、后袖窿弧线进行对合，得到图4-117中完整的袖窿曲线。

（1）袖窿的形状：西服袖窿曲线的凹凸应根据人体体型和运动的特点进行处理，即靠近前腋下点处较凹，后腋下点处则相对较缓，曲线呈现前凹后缓的特性。

（2）袖窿的弧长：通常，西服类服装袖窿的弧线长度约等于成品规格胸围尺寸的一半，比如表4-12中胸围的尺寸是96cm，可以采用袖窿弧长大约为48cm。由于年龄、穿着和审美的不同，袖窿的长度可以设计成45cm，也可以设计成51cm，本例的袖窿弧长等于48.4cm（后AH=24.4cm，前AH=24cm）。

（3）袖窿的宽深比：如图4-117所示，袖窿的宽度是指背宽线和胸宽线之间的实际距离（TT'=14cm），袖窿的深度是指前、后肩点到袖窿深线的平均距离（XY=20cm），这样，袖窿的宽深比=袖窿的宽度/袖窿的深度=14/20=0.7（cm），这个数值的大小受人体体型、穿着的舒适等因素影响。比如：Y体型的人该比值可以在0.65，而B体型的人该比值可以超过0.75，因此，这个比值因根据消费者的年龄段、款式的特点和企业对产品的认识进行调整。

（4）袖窿的综合设计：以同胸围不同体型为例进行讨论，如号型规格分别为160/84A和160/84B，由于是相同的净胸围，那么，产品的胸围规格也可以设计成同样的尺寸，在保证袖窿形状的同时，袖窿的弧长也可以处理成同样大小，此时，B体型人的肩宽、背宽和胸宽都比A体型的肩宽、背宽和胸宽小，但B体的胸腔厚度比A体要大，所以，B体型人的袖窿宽深比肯定比A体型人的袖窿宽深比大，因此在袖窿弧长不变的情况下，在缩小背宽和胸宽的同时，可适当把袖窿深线向上提高，即后片袖窿深的计算公式（净胸围/6+9cm）中的9cm要变小。可以根据这样的分析过程来进行实际的调整，然后做成样衣，找合适的人体去试穿，观察实际的效果，达到学以致用的目的。

前片腰部、臀围和下摆的处理过程可以参照后片纸样中相应部位的处理方法。

下面分析胸点、腋下省和腰省。

（1）胸点：首先了解原型中胸点的获得（参见图3-5），以净胸围84cm为例，袖窿深线距离后领中点的计算公式为：净胸围/6+7cm，大小等于21cm，那么前颈侧点距离袖窿深线（胸围线）等于20.5cm（21cm-0.5cm），而胸点又距离胸围线4cm，这样，颈侧点到胸点的距离就等于24.5cm；另外，在围度方向，胸点距离前中线的尺寸等于胸宽的一半再向右移动0.7cm，数值等于（84/6+3）/2+0.7=17/2+0.7=9.2（cm）。根据原型胸点的分析，再看图4-119中V_1点的确定，$V_1U_1=2.5/2=1.25$（cm），而颈侧点B距离ED等于23cm（净胸围/6+9+2.5-2.5），这样胸点V_1距离颈侧点B就等于24.25cm，胸点V_1距离前中线采用的尺寸为9.2cm，基本与原型的胸点确定相一致。在一些生产女装的企业中，中间规格胸点通常距离颈侧点25cm，距离前中线9cm的位置。

（2）腋下省：通常UE=5cm，由于省的大小等于2.5cm，绘制出省的中心线$V'V_1$，取$V'U'$等于11cm，通过折叠腋下省并画顺侧缝线，然后打开腋下省，最后得到曲线$EUV'V$。

（3）腰省：其中心线取FG的中点M'，过M'点画垂线，省尖点L距离V_1点3.5cm，省的大小与后片腰省的分析一致，为2.5cm。臀围处也与后片的分析一样，尺寸为0.8cm，连接$LMPX$和$LNQY$。

门襟　女西装上有三粒扣，每粒扣相隔的距离是11cm；画出前双嵌线袋及袋盖，尺寸见图4-119；作前中心线DJ的平行线SR，间隔为2cm，SR就是搭门线（前止口线），S点与第一个扣位在同一水平线上。

驳领　延长前肩线CB至S'点，BS'=2.0cm，连接$S'S$，$S'S$为女西装领的翻折线，在$S'S$上量取$S'T'$=4.3cm，过前颈侧点B作$S'S$的平行线BT，取BT=3cm，连接TT'并延长至W'点，TW'称为串口线，通过调整$S'T'$的长度和$\angle ST'W'$的角度，可设计出所需要的驳头，取驳头宽等于7.5cm，连接$W'S$并延长出0.3cm至W点，设计驳头的造型并画顺驳头止口边，量取WW_1=4.0cm。

过面　在下摆处取RY'=6.0cm，在肩线上取BX'=3.0cm，画西服的过面。

前片面、前片衬、前片里、过面和过面衬的裁剪纸样和缝份的加放量见图4-120，前里裁剪纸样与前片面裁剪纸样基本相同，只是在下摆处，缝份有所区别。前双嵌线袋的袋盖纸样、嵌线纸样、垫布纸样和袋布纸样见图4-121。

（三）领子（图4-122）

B~S′ 肩线的延长线，参见图4-119。

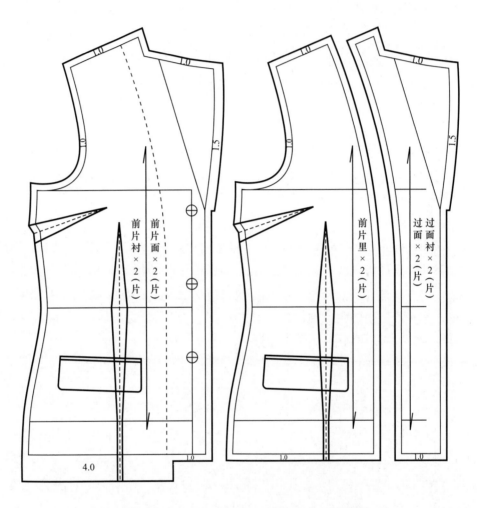

图4-120　前片面、前片衬、前里、过面和过面衬裁剪纸样

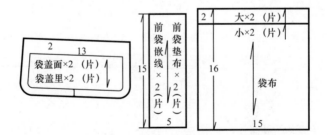

图4-121　袋盖、嵌线、垫布和袋布裁剪纸样

A~B　过*B*点延长*TB*至*A*点，*AB*等于后领弧长，以*B*点为圆心、*AB*长为半径画圆弧至*C*点，使*AC*=3.0cm，该数值就是通常所说的领座倒伏量，连接*BC*。

C~D　过*C*点作*CD*垂直于*BC*，*CD*=6.4cm，在*CD*上量取领面宽4.0cm，领座高2.4cm。

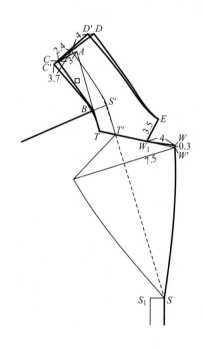

图4-122　领子净纸样

在W_1点处取W_1E=3.5cm，∠EW_1W的角度可以根据需要进行设计，通常该角度不要大于90°。画顺*CBT*线、翻折线和*DE*线，纸样CTW_1ED为领底纸样。

以*B*点为圆心、*AB*长为半径画圆弧至*C'*，使*AC'*=3.7cm，该数值就是领面的倒伏量，连接*BC'*，过*C'*点作*C'D'*垂直于*BC'*，*C'D'*的长度与*CD*相同，同样，*C'D'*中领面宽4.0cm，领座高2.4cm，画顺*C'BT*线和*D'E*线，纸样$C'TW_1ED'$为领面纸样。

领子缝份的加放见图4-123。

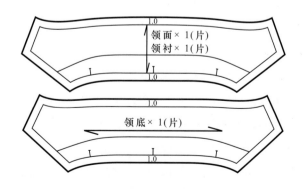

图4-123　领子裁剪纸样

（四）袖子（图4-124）

该袖子纸样类似女装原型袖的绘制。

A~D 袖中线，长度等于袖长56cm，并绘制袖口基础线*DI'*。

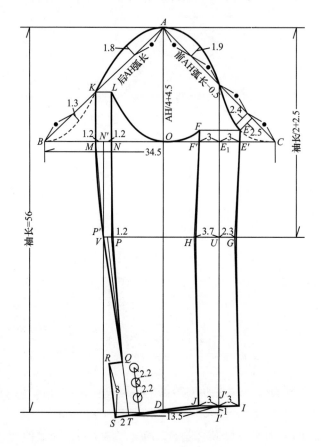

图4-124 袖子净纸样

在*AD*上取袖山高*AO*=袖窿弧长/4+4.5cm（其中的4.5cm可以稍作调整），过*O*点作袖中线*AD*的垂线，该线为袖肥基础线。

过*D*点条袖肥基础线的平行线，即袖口基础线。

袖肘线等于*AD*的一半再向下移2.5cm，即*UV*线。

袖山弧线 过*A*点量取*AB*等于后袖窿尺寸，量取*AC*等于前袖窿尺寸减去0.5cm，分别交袖肥基础线于*B*点和*C*点。把*AC*平均分成四份，每一等份用"●"表示。绘制袖山弧线，图中的辅助数据如1.3cm、1.8cm、1.9cm、2.4cm和2.5cm都可以根据曲线的形状和缩缝量进行调整，通常整个袖山弧线的缩缝在2.8cm左右，其中后袖山的缩缝量在1.2cm左右，前袖山的缩缝量在1.6cm左右。

内袖缝 *E_1*点是前袖肥*OC*的中点，过该点作垂线*E_1I'*，分别交袖肘线于*U*点，袖口基础线于*I'*点，取*I'J'*=1.0cm，过*J'*点作*JI*平行于袖口基础线。在*E_1*点的左右两侧各移3.0cm，为*F'*

点和E'点，在U点向左移3.7cm，向右移2.3cm，为H点和G点，在J'点左右两侧各移3cm，为J点和I点；连接GE'并延长与袖山弧线相交，交点是E点，过E点作袖肥线的平行线与HF'的延长线相交于F点，然后，再连接GI和HJ，画顺EGI和FHJ，这两条线是袖子的内袖缝。

袖口 量取TJ'=13.5cm，T点在袖口基础线DI'向下移0.5cm，延长JT至S点，TS=2.0cm，绘制大袖口IJTS和小袖口JTS。

外袖缝 取后袖肥BO的中点N'，过N'点作袖肥线的垂线交袖肘线于V点，在N'点左右两侧各移1.2cm，为M点和N点，从V点向右移1.2cm，为P点，取VP的中点P'并与T点相连，在连线上量取TQ=8cm，即袖衩长8cm，宽度是2.0cm，同时再确定出袖衩处三粒扣子的位置；连接VQ和PQ，MV和NP。过M点作垂线与袖山弧线相交为K点，过K点作袖肥线的平行线与过N点作的垂线相交为L点，画顺KMVQ和LNPQ，这两条线是袖子的外袖缝。

把袖山弧线中的BK弧线对称到LO，CE弧线对称到OF，画顺LOF，如图4-124中所示，使其中小袖上O点处附近的弧线形状与前、后片袖窿上对应部分的形状一致。

大、小袖的缝份除袖口外都是1.0cm，袖口采用折边的缝制工艺，因此，折边的宽度是4.0cm。

大、小袖袖里内外袖缝的缝份为1.5cm，袖山弧线的缝份为1.5cm，小袖袖里袖山弧线的缝份为2.0cm，大、小袖里袖口的缝份比袖口净缝线多加1.5cm，袖子面料裁剪纸样和袖里裁剪纸样见图4-125。

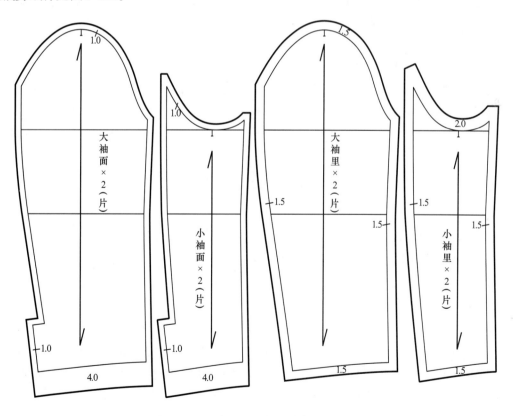

图4-125 袖子面和袖子里裁剪纸样

三、推板

表4-12中三个规格的体型都是A型，那么在推板时也要考虑这个问题。在前面分析袖窿时已了解Y、A和B体型的区别，为了保持推板时体型不发生变化，可以从袖窿宽深的比值着手，即保证袖窿宽深比不变。由于肩宽的档差是1cm，那么肩宽一半的变化量就是0.5cm，如果后片纸样背宽的变化量与后片的肩宽一样，即0.5cm，那么胸宽的变化量也等于0.5cm，则袖窿宽的变化量就是1cm（即胸围档差的一半，2-0.5-0.5），如果按照这样的数据来进行推板，结果体型就会发生变化，因此，这组数据是不合理的。对于5·4系列，如果后片纸样的肩宽变化0.5cm，背宽略微比肩宽大些，即变化0.6cm，胸宽变化0.6cm，结果袖窿宽就变化0.8cm，从人体的身体特征看，这组数据的变化还是比较合理，此时也能保证体型的相对稳定。为了保证在推板时纸样的结构合理和"形"的相对一致，且袖窿的变化量近似等于胸围档差的一半，通过比较和计算，袖窿深的变化量采用0.65cm，计算得到大号规格的袖窿宽深比为（14+0.8）/（20+0.65）=0.717，小号规格的袖窿宽深比为（14-0.8）/（20-0.65）=0.682，这两个数反映在推板时，大号趋向B体方向发展，小号趋向Y体方向发展，这种推板过程相对来说是比较合理的。以下各纸样的推板数据就是按照上面的分析过程进行处理。

（一）后片的分析与推板（图4-126）

长度方向基准线约定为胸围线DE，围度方向基准线采用后中线AJ。

1. 长度方向的变化分析

胸围线上的点D、E　这两点都在基准线上，所以，它们的变化量都为0。

肩点C　根据前面的分析，C点变化量=0.65（cm）。

颈侧点B　由于落肩量在推板时可以变化0.1cm，则B点变化量=C点变化量+0.1=0.65+0.1=0.75（cm）。

后中线与后领口弧线的交点A　考虑后领深在推板时有一定的变化，由于后领宽的变化量等于（0.8/5）cm，为方便起见，可以取领深变化0.05cm，所以，A点变化量=B点变化量-0.05=0.7（cm）。

背宽线上ST的中点与后袖窿的交点T'　由于肩点C变化了0.65cm，而T'点是S点到基准线距离的一半，因此，T'点变化量=0.65/2=0.325（cm）。

背省尖点L　根据该点的绘制方法，L点的变化量为0。

腰线上的点F、G　由于背长档差是1.2cm，而胸围以上已经变化了0.7cm，所以，F、G点变化量=1.2-0.7=0.5（cm），同样腰线上的点M、M'、N点也变化0.5cm。

臀围线上的点H、I　在前面的章节中已经说明了腰臀深的变化量为0.5cm（参见西服裙），这样，H、I点变化量=0.5+0.5=1.0（cm），同样点P、P'、Q也变化1.0cm。

下摆线上的点J、K　表4-12中衣长的档差是2.0cm，胸围线以上已经变化了0.7cm，则

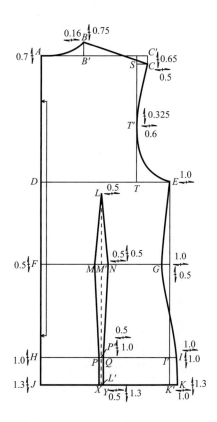

图4-126 后片各放码点的变化量

下摆线上点J、K点的变化量应该是1.3cm，同样点X、L'、Y也变化1.3cm。

2. 围度方向的变化分析

后中线上的点A、D、F、H、J 这些点都在基准线上，所以，它们的变化量都为0。

颈侧点B 由于领围档差是0.8cm，根据计算公式，B点变化量=领大档差/5=0.8/5=0.16（cm）。

肩点C 由于肩宽档差是1.0cm，因此，C点变化量=1.0/2=0.5（cm）。

背宽线上ST的中点与后袖窿的交点T' 背宽变化量在前面已经说明，该部位的变化量为0.6cm，因此，T'点变化量=0.6cm。

胸围线与侧缝线的交点E 由于胸围档差等于4.0cm，所以，E点变化量=4.0/4=1.0（cm）。

腰围线与侧缝线的交点G 由于腰围档差等于4.0cm，所以，G点变化量=4.0/4=1.0（cm）。

腰围线上的点M、N 根据后片纸样上背省的绘制方法，M'点是FG的中点，所以M'点变化量=1.0/2=0.5（cm），这样M、N点变化量=M'点变化量=0.5cm。

省尖点L L点变化量=M'点变化量=0.5cm。

臀围线与侧缝线的交点I 由于臀围档差等于4.0cm，所以，I点变化量=4.0/4=1.0

（cm）。

臀围线上的点P、Q　P、Q、P'点变化量=M'点变化量=0.5cm。

下摆线与侧缝线的交点K　该点的绘制与后片臀围尺寸相关，所以，K点变化量=I点变化量=1.0cm。

下摆线上的点X、Y　X、Y、L'点变化量=M'点变化量=0.5cm。

后片面和后片里裁剪纸样的推板见图4-127。

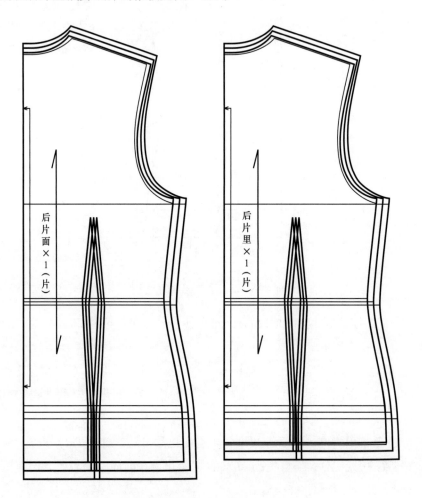

图4-127　后片面和后片里裁剪纸样推板

（二）前片（图4-128）、前里及过面

长度方向基准线约定为胸围线DE，围度方向基准线采用前中线DJ。

1. 长度方向的变化分析

胸围线上的点D、E　这两点都在基准线上，所以，它们的变化量都为0。

颈侧点B　对比后颈侧点在长度方向的变化，有B点变化量=0.75cm。

肩点C　该点与后片肩点C的变化相同，C点变化量=0.65cm。

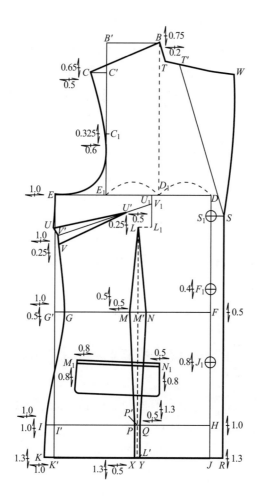

图4-128 前片各放码点变化量

前袖窿线上的点C_1 由于肩点C变化了0.65cm，而C_1点是C'点到基准线距离的一半，因此C_1点变化量=0.65/2=0.325（cm）。

腰线上的点F、G 由于背长档差是1.2cm，而胸围以上已经变化了0.7cm，那么，F、G点变化量=1.2-0.7=0.5（cm），同样腰线上的点M、M'、N点也变化0.5cm。

臀围线上的点H、I 在后片中已经说明了腰臀深的变化量是0.5cm，这样，H、I点变化量=0.5+0.5=1.0（cm），同样点P、P'、Q也变化1.0cm。

下摆线上的点R、J、K 由于衣长档差是2.0cm，胸围线以上已经变化了0.7cm，则下摆线上点R、J、K点的变化量应该是1.3cm，同样点X、L'、Y也变化1.3cm。

扣位 假设第一个扣位距离胸围线不变，则第一个扣位不变，根据推板时腰围线、臀围线和下摆的变化量，可以使扣距变化0.4cm，那么第二个扣位F_1的变化量是0.4cm，第三个扣位J_1的变化量就是0.8cm。

前袋位 前袋嵌线位置的变化量可以采用第三个扣位的变化量，即M_1、N_1点变化量=0.8cm。

胸省　根据国外相关资料的介绍和人体体型的特点，当胸围变化4cm时，颈侧点到胸点的变化量约为0.9cm，而身高变化5cm时，颈侧点到胸点的变化量约为0.1cm，通过综合分析，在本例的前片纸样中颈侧点到胸点的变化量采用1.0cm。由于B点变化了0.75cm，所以两个省尖点U'、L就变化0.25cm，同样，腋下省中的点U、V'、V也变化0.25cm。

2. 围度方向的变化分析

前中线上的点D、S_1、F、F_1、J_1、H、I　这些点都在基准线上，所以，它们的变化量都为0。

颈侧点B　根据图4-119该点的计算和绘制过程，它比后领款变化得稍大些，B点变化量=0.2cm。

肩点C　前肩点是由后肩长确定而得，如果仅从加减法来考虑，后肩线在围度方向变化了0.34cm，C点应该是0.54cm，但如果为了保持前、后肩变化的统一，C点变化量采用0.5cm。

前袖窿线上的点C_1　胸宽变化量在前面已经说明，该部位的变化量为0.6cm，因此，C_1点变化量=0.6cm。

胸围线与侧缝线的交点E　由于胸围档差等于4.0cm，所以，E点变化量=4.0/4=1.0（cm）。

腰围线与侧缝线的交点G　由于腰围档差等于4.0cm，所以，G点变化量=4.0/4=1.0（cm）。

腰围线上的点M、N　根据前片纸样胸省的绘制方法和位置，为了使这两点放缩得更合理，取FG的中点M'点，所以M'点变化量=1.0/2=0.5（cm），这样M、N点变化量=M'点变化量=0.5cm。

胸省尖点L　L点变化量=M'点变化量=0.5cm。

腋下省中的U'　U'点变化量=L点变化量=0.5cm。

腋下省中的点U、V'、V　根据这几点的绘制过程，U、V'、V点变化量=E点变化量=1.0cm。

口袋上的点M_1、N_1　N_1点可以与腰省中的N点一样变化，有N_1点变化量=N点变化量=0.5cm，由于考虑口袋的长度要有一定的变化，图中口袋宽变化0.3cm（可以根据实际情况进行处理），则M_1点变化量=N_1点变化量+0.3=0.8（cm）。

臀围线与侧缝线的交点I　由于臀围档差等于4.0cm，所以，I点变化量=4.0/4=1.0（cm）。

臀围线上的点P、Q　P、Q、P'点变化量=M'点变化量=0.5cm。

下摆线与侧缝线的交点K　该点的绘制与前片臀围尺寸相关，所以，K点变化量=I点变化量=1.0cm。

下摆线上的点X、Y　X、Y、L'点变化量=M'点变化量=0.5cm。

3. 驳头的推板步骤

（1）使中间规格与放大规格纸样在颈侧点B（点的位置请参见图4-128）处重合。

（2）延长中间规格翻折线与放大规格的S点在同一条直线上，把中间规格的前领口线BT复制到放大规格上。

（3）由于领围档差是0.8cm，一半则变化0.4cm，而后领口变化了大约0.16cm，依据西服领子的缝制工艺，放大规格的领口线BT应加长0.24cm，即延长复制的前领口线0.24cm。

（4）使中间规格与放大规格纸样在T点处重合，把中间规格的串口线TW复制到放大规格上。

（5）通常，在推板时驳头的宽度保持不变，参照图3-9介绍的方法绘制驳口线。

缩小规格驳头的推板过程与放大规格的过程类似。

前里和过面裁剪纸样中各放码点的变化量参见图4-129，具体各点的变化参照前片纸

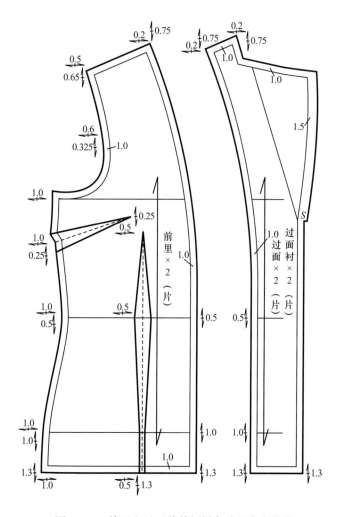

图4-129 前里和过面裁剪纸样各放码点变化量

样中相应点的变化量，在此不再赘述；图4-130所示为前片裁剪纸样中的驳头推板以及前片面、前里和过面裁剪纸样的推板图。

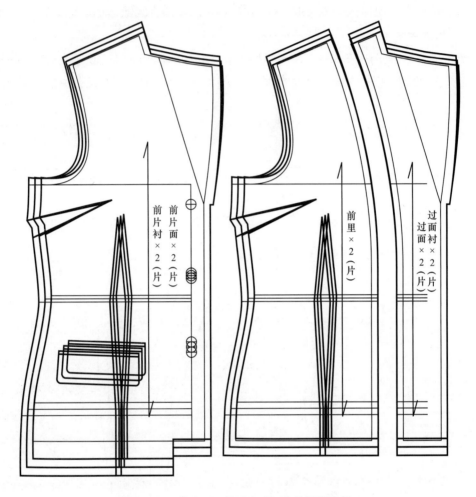

图4-130　前片面、前里和过面裁剪纸样推板

（三）袖子（图4-131）和袖里

根据绘制袖子的方法，大、小袖的长度基准线都约定为袖肥线，围度基准线采用袖中线。从图4-126和图4-128中得知后袖窿的变化量约等于1.0cm，前袖窿的变化量约等于1.0cm，则整个袖窿的变化量约为2.0cm。

1. 长度方向的变化分析

如图4-131所示：

大袖袖山顶点A　根据计算公式，A点变化量=袖窿变化量/4=2.0/4= 0.5（cm）。

大袖袖口上的点I、T、S　袖长档差是1.5cm，而袖肥线以上部分已经变化了0.5cm，所以I、T、S点变化量=1.5-0.5=1.0（cm）。

大袖袖肘线上的点V、G　袖长档差是1.5cm，一半的变化量就是0.75cm，同样，袖肥

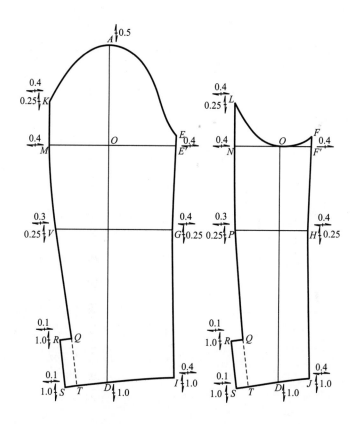

图4-131 大、小袖各放码点变化量

线以上部分已经变化了0.5cm，所以V、G点变化量=0.75-0.5=0.25（cm）。

大袖内袖缝与袖山线的交点E 根据制图过程得知该点的变化很小，为了计算方便，可以假设E点不变，即E点变化量=0。

大袖外袖缝与袖山线的交点K 根据制板方法，该点的确定基本在袖山高的一半处，则K点变化量=0.5/2=0.25（cm）。

大袖袖衩上的点R、Q 由于袖衩的长度保持不变，所以，R、Q点变化量=S点变化量=1.0cm。

小袖外袖缝与袖山弧线的交点L 与大袖片上的K点相对应，L点变化量=0.25cm。

小袖内袖缝与袖山弧线的交点F 与大袖片上的E点相对应，F点变化量=0。

小袖袖肘线上的点H、P 与大袖上的对应点变化量相同，H、P点变化量=0.25cm。

小袖袖口上的点J、T、S 与大袖口上的点变化相同，J、T、S点变化量=1.0cm。

小袖袖衩上的点R、Q 与大袖口上的点变化相同，R、Q点变化量=1.0cm。

大、小袖里的长度变化与大、小袖面的长度变化相同。

2. 围度方向的变化分析

根据制板过程，得知图4-132中在袖子的基本图上大号规格AB的斜线长度比中间规格

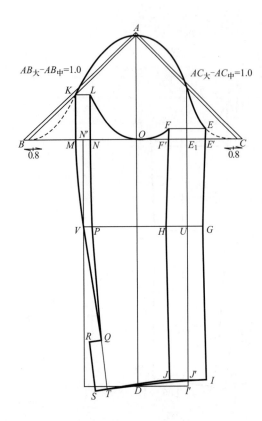

图4-132 袖肥变化量的确定

AB的斜线长度长1.0cm，同理，大号规格AC的斜线长度比中间规格AC的斜线长度长1.0cm；小号规格也是如此。通过测量，得到B点和C点在围度方向的变化量约为0.8cm。

如图4-131所示：

大袖袖山顶点A A点在基准线上，所以A点变化量=0。

大袖内袖缝上的点E、G、I 由于C点变化0.8cm；则E_1点就变化0.4cm，而E点由E_1点计算而得，所以E点变化量= 0.4cm。G、I点变化量与E点相同。

大袖外袖缝上的点K、M 由于B点变化0.8cm；则N'点就变化0.4cm，而M点由N'点计算而得，所以M点变化量=0.4cm。K点变化量与E点相同。

大袖袖口上的点S、T 袖口档差是0.5cm，而I点已经变化了0.4cm，所以S、T点变化量=0.5-0.4=0.1（cm）。

大袖袖衩上的点R、Q 由于S点和T点都变化了0.1cm，所以，R、Q点变化量=0.1cm。

大袖外袖缝上的点V 通过计算比较，V点的变化量约为0.3cm。

小袖内袖缝上的点F、H、J 与大袖上的对应点变化量相同，F、H、J点变化量=0.4cm。

小袖外袖缝上的点L、N 与大袖上的对应点变化量相同，L、N点变化量= 0.4cm。

小袖袖口上的点S、T 与大袖上的对应点变化量相同，S、T点变化量=0.1cm。

小袖袖衩上的点R、Q 与大袖上的对应点变化量相同，R、Q点变化量=0.1cm。

小袖外袖缝上的点P 与大袖上的对应点变化量相同，P点的变化量约为0.3cm。

大、小袖里的围度变化与大、小袖面的围度变化量相同。图4-133是袖面、袖里裁剪纸样推板图。

（四）领子及其他部件的分析与推板

西服领推板与夹克领的推板类似，图4-134所示为领面、领底和领衬裁剪纸样的推板，图中"剪开放缩0.8cm"的含义与"分割线夹克"一节中图4-94领子的放缩一样。

前双嵌线口袋的袋盖、嵌线、垫布和袋布裁剪纸样的推板见图4-135。

另外，企业中一些常见的推板问题分析参见附录F。

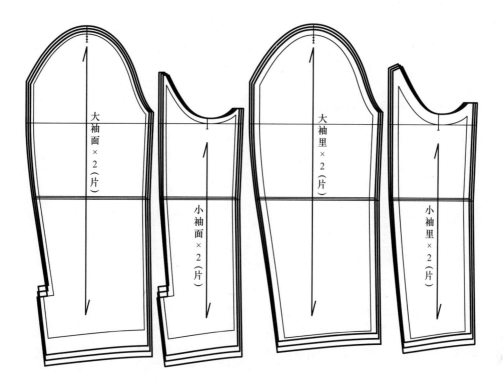

图4-133 袖面和袖里裁剪纸样推板

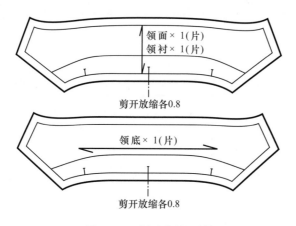

图4-134 领子裁剪纸样推板

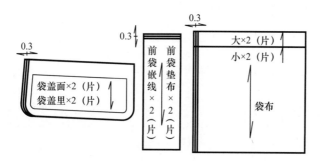

图4-135 前袋盖、嵌线、垫布和袋布裁剪纸样推板

第九节　男西服

一、款式说明、示意图及规格尺寸

双排四粒扣戗驳领男西服，三开身，由前片、腋下片、后片、领子、大袖片、小袖片、过面、前里、腋下里、后里、大袖里及小袖里等组成。图4-136是本款男西服的结构示意图，左前片胸部有一长10cm、宽2.5cm的手巾袋，左右前身各有一带袋盖的双嵌线口袋，袋盖长15cm，宽5cm；两排扣间隔10cm，驳领宽8.5cm，领子后中领座宽2.5cm，翻领宽3.5cm；后身两侧有开衩，长20cm，宽3cm；袖口开衩长10cm，宽3cm，袖衩处钉有4粒袖扣，扣间距为1.5cm。表4-13是男西服的规格尺寸表。

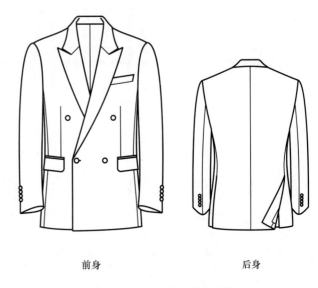

前身　　　　　　后身

图4-136　男西服结构示意图

表4-13　男西服的规格尺寸表　　　　　　　　单位：cm

部位 ＼ 规格	S	M	L	档差
领围	（35.8）	（36.8）	（37.8）	1.0
衣长	71	73	75	2
肩宽	（42.4）	（43.6）	（44.8）	1.2
胸围	104（84）	108（88）	112（92）	4.0
净腰围	（70）	（74）	（78）	4.0
臀围	98（86）	102（90）	106（94）	4.0
背长	41	42.5	44	1.2
袖长	58.5	60	61.5	1.5
袖口	14	14.5	15	0.5

注　1. 采用5·4系列，中间规格M号对应国家号型标准中的170/88A。
　　2. 表中数据为制板尺寸，包含影响成品规格的因素，如热缩率等，包括胸围的收缩量2~3cm，衣长、袖长收缩量1cm。
　　3. 依据人体的结构特点，身高每增加5cm，背长的变化大约在1.1~1.3cm，文中采用的背长档差是1.2cm。
　　4. 在国家号型标准中，臀围的档差是3.2cm，在本例中为了说明推板的过程而采用4cm。
　　5. 括号中的数据是基本尺寸（净尺寸），这些数据可查阅国家号型标准。

二、基本纸样的分析及绘制

图4-137所示为男西服基本纸样的绘制。

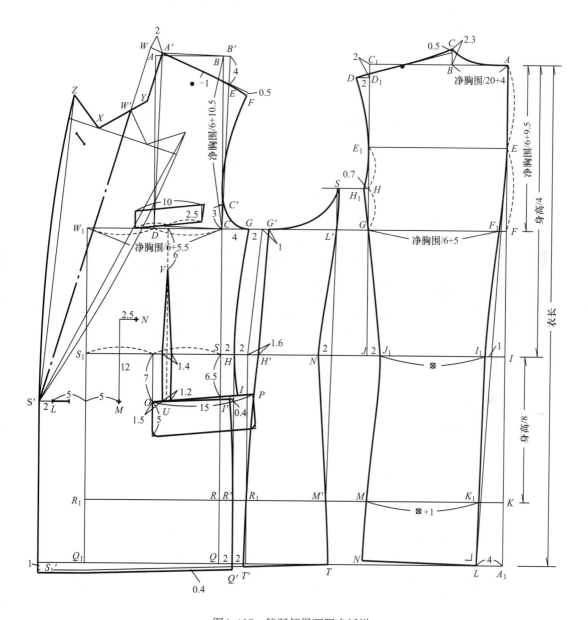

图4-137　戗驳领男西服净纸样

（一）后片

$A \sim A_1$　后中基础线，长度等于衣长73cm，或采用身高/2-（11~12cm）的公式计算衣长。

$A \sim F$　在AA_1上量取AF=净胸围/6+9.5=88/6+9.5=24.2（cm），过F点作后中基础线AA_1的垂线，即为胸围线。

$A \sim E$　取AF的中点E，过E点作后中基础线AA_1的垂线，即为背宽横线。

$A \sim I$　在后中基础线AA_1上量取背长AI=42.5cm，或采用身高/4的公式计算背长，过I点作后中基础线AA_1的垂线，即为腰围线。

$A \sim K$　为了能控制臀围的成品尺寸，须确定臀围线的位置，在后中基础线AA_1上量取IK=身高/8，过K点后中基础线AA_1的垂线，即为臀围线。

下摆线　过A_1点作后中基础线AA_1的垂线，即为下摆线。

$A_1 \sim L$　沿下摆水平线量取A_1L等于4cm，连接EL，在其与腰围线的交点处再收进1cm得到I_1点，连接I_1L，并用圆顺的曲线连接E点和I_1点，得到后背中缝AL，与胸围线相交于F_1；过L作I_1L的垂线。

$A \sim B$　过A点作AB垂直于后中基础线AA_1，后领宽AB=净胸围/20+4cm。

$B \sim C$　过B作BC垂直于AB，取后领深BC=2.4cm；曲线连接A点和C点，即为后领口弧线。

$F_1 \sim G$　在胸围线上量取F_1G=净胸围/6+5=19.7（cm），过G点作垂直线，分别与AB延长线、背宽横线、腰围线相交于C_1、E_1和J点。

$C \sim D$　从C_1点垂直向下取2cm至D_1点，再水平向外取2cm至D点，曲线连接C点和D点即为肩线，具体画法如图中所示。

后袖窿弧线　从E_1G的中点H水平向外0.7cm至H_1点，用圆顺的曲线连接D、E_1和H_1三点，即为后袖窿弧线。

$J \sim J_1$　从J点沿腰围线向右收进2cm至J_1点。

$K_1 \sim M$　在臀围线上量取K_1M=I_1J_1+1cm。

$H_1 \sim N$　用圆顺的曲线连接H_1、G、J_1和M点并延长，与I_1L的垂线相交于N点，曲线H_1GJ_1MN即为后侧缝线，LN为下摆线。

后片面、里缝份的加放方法如图4-138所示。

（二）前片和腋下片

如前述图4-137所示，延长后片中的胸围线、腰围线、臀围线和下摆线。

$W_1 \sim Q_1$　作前中心线（垂直线），分别与胸围线、腰围线、臀围线和下摆水平线相交于W_1、S_1、R_1和Q_1点。

$W_1 \sim C$　沿胸围线量取前胸宽W_1C=净胸围/6+5.5=20.2（cm）。

$C \sim B$　过C点作胸围线的垂线并向上、下延长，BC=净胸围/6+10.5=25.2（cm）。该线分别与腰围线、臀围线和下摆水平线相交于S、R和Q点；从S点向右2cm作SQ的平行线，分别与腰围线、臀围线和下摆水平线线相交于H、R'和Q'点。

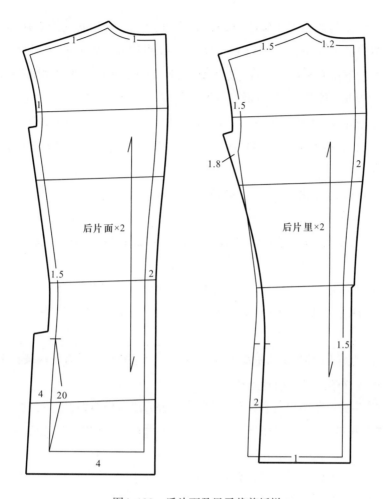

图4-138 后片面及里子裁剪纸样

$B \sim A$　过B点作胸围线的平行线AB，取$AB = W_1C/2 = 10.1$（cm），过A作AD垂直于W_1C。

$A' \sim B'$　将长方形$ABCD$以C点为圆心，沿逆时针方向旋转，使A点向外形成1cm撇势至A'点，B点至B'点。

$A' \sim F$　沿$B'C$量取$B'E = 4$cm，连接$A'E$并延长，肩点一端下移0.5cm至F点，并使圆顺曲线$A'EF = $后肩长$CD - 1$cm。

前袖窿弧线　在胸围线上量取$CG = 4$cm，曲线连接F点和G点，FG与垂直线BC相切，即为前袖窿弧线；在BC上取$CC' = 3$cm，C'点为袖子的对位点。

口袋　从S_1S的中点向下作垂直线，长度为7cm至O点，即为袋口的前端点，从S点垂直向下6.5cm与O点连线，并向侧缝方向延长至口袋的后端点P，$OP = 15$cm；袋盖宽5cm。

省道　从袋口前端O点向右移1.5cm作前身胸腰省，开口大1.2cm，省中点U向上作垂直线，即为省道中心线，腰围处省道宽1.4cm，省尖点V在胸围线下6cm处。

扣位、门襟　在与袋位基础线平齐的位置设置扣位，两扣的间距是10cm，以前中心线为基准，向两边各量取5cm，得到L点和M点，从L点向左移2cm的搭门量至S'点，过S'点作垂直线并延长至下摆水平线下1cm的S_1'点处，即为前门襟止口线；M点垂直向上12cm，再向右移2.5cm至N点，即为上排装饰纽扣的位置。

腋下片的前侧缝线　间隔2cm向右作GH和HQ'的平行线，与臀围线交于R_1点；胸围线处再右1cm至G'点，腰围线处再右移1.6cm至H'点，圆顺连接G'、H'和R_1点并延长，即为腋下片的前侧缝线。

$G'\sim L'$　在胸围线上量取腋下片的胸围$G'L'$，$G'L'=$胸围/2−后片胸围−前片胸围=10.1（cm）。

$R_1\sim M'$　在臀围线上量取腋下片的臀围R_1M'，$R_1M'=$臀围/2−后片臀围−前片臀围=12（cm）。

腋下片的后侧缝线　连接L'、M'点，与腰围线的交点处向左2cm至N点，曲线连接L'、N和M'点，向上延长，与后片HH_1的延长线相交于S点，向下延长至下摆线，交点为T点，即为后侧缝线。

下摆线　过T点作后侧缝线的垂线，与前侧缝线交于T'点，即为下摆线；将TT'延长并与前门襟S_1'点连接圆顺，即为前片下摆线。

前片的前侧缝线　在袋口处作0.4cm的肚省，从HR'与袋口线OP的交点分别向右、向左0.6cm（胸腰省开口大）至I点和I'点，作圆顺的曲线GHI和$I'R'Q'$并延长至下摆曲线，即为前侧缝线。

由于在缝制过程中要将肚省的0.4cm修剪掉，从而影响前片侧缝线长度，所以需要将前片的下摆线向下平移0.4cm得到前片的实际下摆线，前片衣长同时加长0.4cm。

$W\sim S'$　将前肩线向前中方向延长2cm至W点，连接WS'，即为驳领的翻折线。

驳领　以翻折线为基础，先在前衣身一侧设计领型，驳领的设计可根据实际情况进行设计，驳领宽8.5cm，扣孔的尺寸大小是2cm；将设计好的驳领翻转画到翻折线的另一侧，过A'点作翻折线的平行线，与驳领串口线的延长线相交于Y点，$A'Y$即为前领口线。

手巾袋　按图所示画出手巾袋位置，袋长10cm，袋板宽2.5cm。

前片面和过面缝份的加放量见图4-139。

前片里缝份的加放量见图4-140。

里袋　通常在左里有三个功能不同的里袋，上里袋可以装香烟，袋口长14cm，宽0.8cm；向下5cm是笔袋，袋口长5cm，宽0.8cm，具体位置见图4-140；下里袋可以装钥匙，袋口长10cm，宽0.8cm，位置如图4-140所示；右里只有一个上里袋，位置与左片相同。

腋下片面、里缝份的加放方法见图4-141。

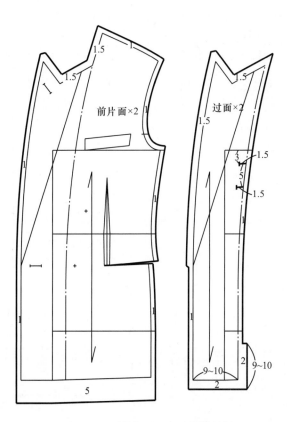

图4-139 前片面及过面裁剪纸样

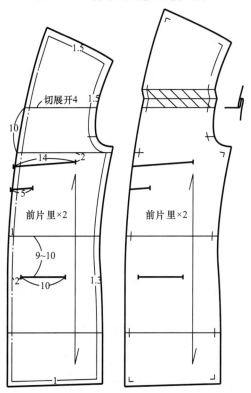

图4-140 前片里裁剪纸样

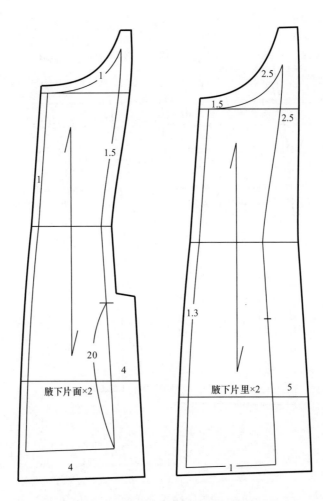

图4-141　腋下片面及腋下片里裁剪纸样

（三）领子（图4-142）

延长YA'至B点，使$A'B$等于后领弧长，以A'为圆心，$A'B$为半径画圆弧，使B点向右旋转偏移至B'，并使$BB'=2.5cm$，连接$A'B'$；过B'点作$B'D$垂直于$A'B'$，$B'D=6.0cm$，在$B'D$上取$B'C=2.5cm$，$B'C$为领座，过C点作$B'D$的垂线，并与驳领翻领折线$W'S'$画圆顺，曲线CW'即为领翻折线。

画圆顺$B'Y$曲线，即为领下口线，画顺领外口弧线DE，多边形$EDCB'YXE$就是西服领子净纸样。

男西服的领面和领底呢采用不同的纸样，图4-143中的领子净纸样也就是领底呢的裁剪纸样；将领净样

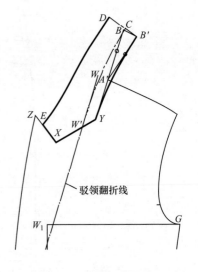

图4-142　男西服净领样图

的外口线在肩线延长线位置切展开0.5cm，即得到领面纸样，缝份的加放量如图4-143所示。

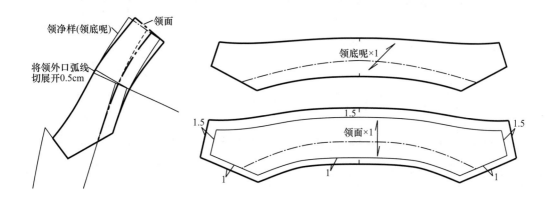

图4-143 领底呢和领面裁剪纸样图

（四）袖子（图4-144）

$A\sim B$ 作垂直线AB，长度等于袖长60cm，也为袖长基础线。

$A\sim C$ 在AB上量取$AC=$袖窿弧长/3，即为袖山高，袖窿弧长通过量取衣身上袖窿弧长得到。

$C\sim D$ 过A点作AB线的垂线，从C点向该线上作斜线CD，并使$CD=$袖窿弧长/2，确定D点。

$C\sim E$ 过C点作水平线，过D点作垂直线，两线相交于E点，CE即为袖肥线；将AD四等分，等分点分别为F、G和H，CE中点为G_1点。

$C\sim F_1$ 从C点垂直向上3cm至F_1点，取F_1和B点的中点I作水平线，即为袖肘线；连接F_1和F点并确定中点F_2，将中点F_2与G点相连接。

$D\sim G_1$ 从D点垂直向下量取$DG_1=$袖山高/4；连接GG_1和HG_1。

大袖的前袖缝线 从C点水平向左2.2cm

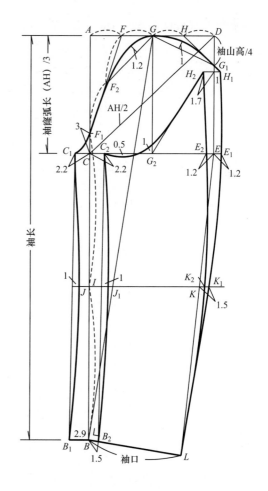

图4-144 袖子净纸样

至C_1点，从B点水平向左2.9cm至B_1点，连接C_1B_1与袖肘线的交点处向右1cm至J点，曲线连接C_1、J和B_1点，即为大袖的前袖缝。

大袖山弧线　画圆顺大袖山弧线$C_1F_1GG_1$，并延长至H_1点，H_1在DE线水平向右1cm得到的垂直线的延长线上。

$G \sim B$　连接GB，并作该线的垂线BL=袖口大=14.5cm；连接EL，与袖肘线相交于K点。

大袖的后袖缝线　E点向右平移1.2cm，K点向右平移1.5cm，用圆顺的曲线连接H_1、E_1、K_1和L点，即为大袖的后袖缝线。

小袖的前袖缝线　从C点水平向右2.2cm至C_2点，从B点沿袖口线BL量取BB_2=1.5cm，连接C_2和B_2，与袖肘线的交点向右1cm至J_1点，曲线连接C_2、J_1和B_2点，即为小袖的前袖缝线。

小袖的后袖缝线　H_1点水平向左平移2.7cm至H_2点，从E点水平向左1.2cm至E_2点，用圆顺的曲线连接H_2、E_2和L点，即为小袖的后袖缝线，与袖肘线相交于K_2点。

小袖窿弧线　连接H_2和G_2点，按照图中所示，画圆顺小袖窿弧线H_2C_2。

大、小袖面、里缝份的加放方法分别见图4-145和图4-146。

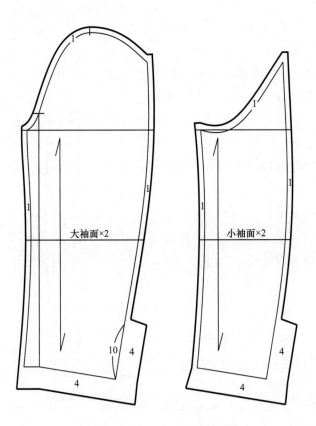

图4-145　大、小袖面裁剪纸样

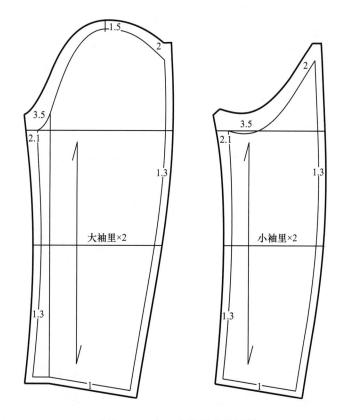

图4-146　大、小袖里裁剪纸样

三、推板

在附录F中已经分析了男子5·4系列背宽和胸宽的变化量约为0.7cm，袖窿宽的变化量就是0.6cm，从男子人体的身体特征看，这组数据的变化比较合理，同时也能保证体型的相对稳定。根据前面女西服的袖窿宽深及袖窿深的计算和确定方法（计算过程不赘述），为了计算方便和推板的合理性，袖窿深的变化量采用0.7cm，计算放大规格的袖窿宽深比（15.0+0.6）/（20.9+0.7）=0.722，缩小规格的袖窿宽深比（15.0−0.6）/（20.9−0.7）=0.713，而中间规格的袖窿宽深比15.0/20.9=0.718，通过这三个数相比较，反映在推板时，放大规格有向B体发展的趋势，而缩小规格则有向Y体发展的趋势，说明这样的推板数据较合理。以下各纸样的推板数据均在上述分析过程的基础上进行处理。

（一）后片面的分析与推板（图4-147）

长度方向基准线约定为胸围线（虽然经过纱向的确定胸围线已非水平线，但其偏差很小，可忽略），围度方向基准线采用后中线AL。

1. 长度方向的变化分析

胸围线上的点F_1、G　这两点都在基准线上，所以，它们的变化量都为0。

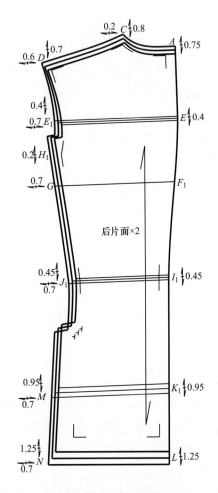

图4-147 后片面裁剪纸样推板

肩点 D　根据前面的分析，D 点变化量=0.7cm。

颈侧点 C　由于落肩量在推板时可以变化 0.1cm，则 C 点变化量=D 点变化量+0.1=0.8（cm）。

后领口中点 A　在绘制后片纸样时，后领深的变化量取 0.05cm，因此 A 点变化量=C 点变化量-0.05=0.75（cm）。

背宽横线上的点 E、E_1　根据图4-147后片纸样中背宽横线的绘制过程，E、E_1 点变化量=0.75/2≈0.4（cm）。

后袖窿弧线与后片侧缝线的交点 H_1　该点是背宽横线到胸围线距离的一半，因此，H 点变化量=0.75/4≈0.2（cm）。

腰线上的点 I_1、J_1　由于背长档差等于1.2cm，而胸围线以上已变化了0.75cm，所以 I_1、J_1 点变化量=1.2-0.75=0.45（cm）。

臀围线上的点 K_1、M　在前面的章节中已经说明了腰臀深的变化量约为0.5cm，这样，K_1、M 点变化量=0.45+0.5=0.95（cm）。

下摆线上的点 L、N　表4-16中衣长档差是2cm，胸围线以上已变化了0.75cm，因此 L、N 点变化量=2-0.75=1.25（cm）。

2. **围度方向的变化分析**

后中线上的点 A、E、F_1、I_1、K_1、L　这些点都在基准线上，所以，它们的变化量都为0。

肩点 D　由于肩宽档差是1.2cm，因此，D 点变化量=1.2/2=0.6（cm）。

背宽横线与后袖窿弧线的交点 E_1　根据前面的分析，背宽的变化量是0.7cm，所以 E_1 点变化量=0.7cm。

后袖窿弧线与后片侧缝线的交点 H_1　该点与背宽相关，因此 H_1 点变化量=0.7cm。

胸围线与后片侧缝线的交点 G　根据制图方法，G 点在背宽线上，则 G 点变化量=0.7cm。

后片侧缝上的点 J_1、M、N　这些点均与背宽相关，因此，J_1、M、N 点变化量=G 点变化量=0.7cm。

确定各放码点后，使用中间规格纸样绘制出放大规格和缩小规格的裁剪纸样。

（二）腋下片面的分析与推板（图4-148）

1. 长度方向的变化分析

选取胸围线为长度方向基准线，则胸围线上的点G'和L'长度方向保持不变，即G'、L'点变化量=0。

袖窿线与后侧缝线的交点S　该点与后片上的H_1点对应，则其长度方向变化量也是0.2cm。

腰围线上的点H'、N　与后片腰围线上的点J_1变化相同，即H'、N点变化量=1.2-0.75=0.45（cm）。

臀围线上的点R_1、M'　与后片臀围线上的M点变化相同，即R_1、M'点变化量=0.45+0.5=0.95（cm）。

下摆线上的点T'、T　与后片下摆线上的点N变化相同，即T'、T点变化量=2-0.75=1.25（cm）。

2. 围度方向的变化分析

在以前侧缝作为基准线时，需要用一条辅助基准线，它的使用方法与本章第六节分割线夹克前、后侧片以侧缝线作为基准线时，使用辅助基准线的方法相同，绘制得到的前侧缝

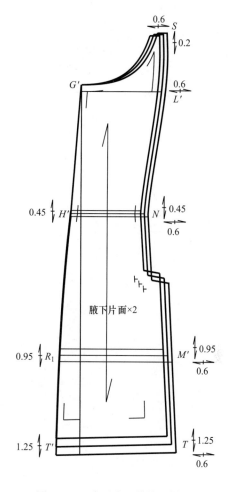

图4-148　腋下片面裁剪纸样推板

线，注意三个规格的侧缝线$G'T'$不重叠。然后就可以进行腋下片围度方向的推板。

胸围线与后侧缝线的交点L'　根据前面的分析，袖窿宽的变化量等于0.6cm，即L'点变化量=0.6cm。

袖窿线与后侧缝线的交点S　该点与胸围线和后侧缝线的交点L'相关，所以S点变化量=L'点变化量=0.6（cm）。

腰围线与后侧缝线的交点N　N点的变化量应采用与L'点相同的变化量，即N点变化量=L'点变化量=0.6cm。

臀围线与后侧缝线的交点M'、下摆线与后侧缝线的交点T　这两点与腰围线和后侧缝线的交点N相同，也变化0.6cm。

确定各放码点后，使用中间规格纸样绘制出放大规格和缩小规格的裁剪纸样。

（三）前片的分析与推板（图4-149）

长度方向基准线约定为胸围线，围度方向基准线采用门襟线$S'S_1$。

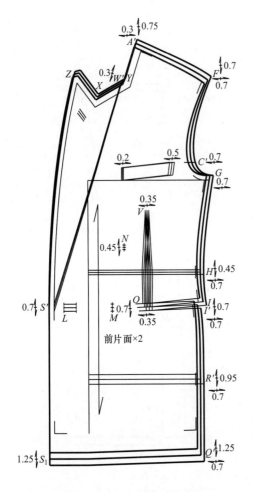

图4-149　前片面裁剪纸样推板

1. 长度方向的变化分析

胸围线上的点G　该G在基准线上，所以G点变化量为0。

颈侧点A'　该点与后片上A点相关，所以，A'点变化量=0.75cm。

肩点F　该点在长度方向由肩颈点A'和前落肩量确定，取前落肩的变化量为0.05cm，则F点变化量=0.75-0.05=0.7（cm）。

袖窿对合点C'　由于该点到胸围线的距离保持不变，变化量为0.

腰围线与侧缝线的交点H　与腋下片中腰围线上的H'点相同，即H点变化量=1.2-0.75=0.45（cm）。

臀围线与侧缝线的交点R'　与腋下片中臀围线的点上R_1变化相同，即R'点变化量=0.45+0.5=0.95（cm）。

侧缝线上"肚省"处的点I、I'　这两点介于腰围线和臀围线之间，可以采用以下的近似变化量，I、I'点变化量=0.7cm。

下摆线与侧缝线的交点Q'　采用腋下片和后片中下摆的变化量，则Q'点变化量=2-0.75=1.25（cm）。

下摆线与前门襟的交点S_1　该点与Q'的变化量相同，即S_1点变化量=Q'点变化量=1.25cm。

驳点（翻折点）S'　采用与"肚省"处的I点相同的变化量，即S'点变化量=I点变化量=0.7cm。

扣位点L、M和口袋处点O　这些点与S'基本处在同一位置，因此它们的变化量均为0.7cm。

装饰扣点N　该点的变化可以跟随腰围线的变化而变化，则N点变化量=0.45cm。

省尖点V　省尖点到胸围线的距离可以保持不变，则V点变化量=0。

手巾袋　由于手巾袋位置以胸围线为基础，而且2.5cm的宽度为定数，因此手巾袋的位置在长度方向保持不变。

2. 围度方向的变化分析

门襟线上的点S'、S_1　取这两点都在基准线上，所以，它们的变化量都为0；与门襟线相关的扣位L、M、N的变化量也变化0。

颈侧点A′ 从前面的分析知道胸宽的变化量是0.7cm，虽然该点是由胸宽的一半确定，但实际变化量略微比胸宽的一半小，因此，A′点变化量可以取0.3cm。

肩点F 为了保持前肩长与后肩长的变化相匹配，取F点变化量=0.3+1.2/2-0.2cm=0.7（cm）。

袖窿对合点C′ 该点随胸宽而变，即C′点变化量=0.7cm。

袖窿弧线与侧缝线的交点G 为了保持前片纸样的侧缝线与袖窿线的"形"一致，G点的变化量与胸宽相同，即G点变化量=0.7cm；同样，前片侧缝上的点H、I、I′、R′和Q在围度方向的变化量与G点相等，均为0.7cm。

省尖点V、口袋处点O 这两点均与胸宽的一半有关，因此，V、O点变化量=0.7/2=0.35（cm）；另外，胸省上的其他各点的变化量也为0.35cm。

手巾袋位 手巾袋两端的变化量根据省中心线位置以及袋口大小的变化来进行考虑，靠近袖窿一端的手巾袋变化量采用0.5cm，靠近前中线一端变化量等于0.5-0.3=0.2（cm），这样，手巾袋实际变化0.3cm。

确定出已经计算出的放码点，除西服的驳头外，把前片的肩线、袖窿、侧缝、下摆线和门襟线按照放缩后相应点进行绘制。

下面讲述放大规格驳头的推板：

（1）用中间规格的颈侧点A′与放大规格的肩颈点重合，并使延长的中间规格的翻折线与放大规格的对应点S′在同一条直线上。

（2）依中间规格的纸样形状，绘制前领口线A′Y和串口线XY。

（3）依照一般颈围的档差1cm，后领口变化大约0.2cm，放大规格的领口线沿中间规格的领口线A′Y加长0.3cm。

（4）再次移动中间规格纸样，使中间规格的领口点Y与已加长放大规格的对应领口点重合，依中间规格的串口线绘制出放大规格的串口线。

（5）通常在推板时，驳头的宽度保持不变，按第三章图3-9曲线的推画方法连顺驳头止口线。

缩小规格驳头的推板过程与放大规格的过程相同，注意三条领口线A′Y和驳头止口线ZS′都不重叠。

（四）过面的分析与推板（图4-150）

过面宽度不变，长度方向的基准线是胸围线。

串口线XY和驳角点Z 沿过面与前身里的分割线方向取Y点的变化0.3cm；将中间规格纸样中的串口线XY、XZ线及翻折点W′复制在放大和缩小规格上。

驳点S′ 长度方向的变化量与前片上该点的变化量相同，也为0.7cm，围度方向保持不变。

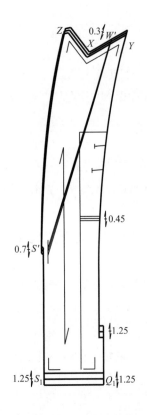

图4-150 过面裁剪纸样推板

下摆线上的点 S_1、Q_1 在长度方向的变化量依旧是 1.25cm，通常过面的宽度保持不变，所以围度的变化量是0。

绘制出各放码点，然后连接相应的线条。各规格过面驳头的推板过程与前片的推板过程相同。

（五）前片里、腋下片里和后片里的分析与推板（图4-151）

后片里裁剪纸样的推板与后片面裁剪纸样推板的过程相同。

腋下片里裁剪纸样的推板与腋下片面裁剪纸样推板的过程相同。

前片里裁剪纸样推板时，手巾袋长度方向不变，围度方向靠近侧缝的一端采用了0.5cm，另一端位置不变；手巾袋的长度和宽度均不变；下里嵌线袋处的长度和宽度也保持不变，但长度方向随前身面的口袋位而变化，数值为0.7cm。

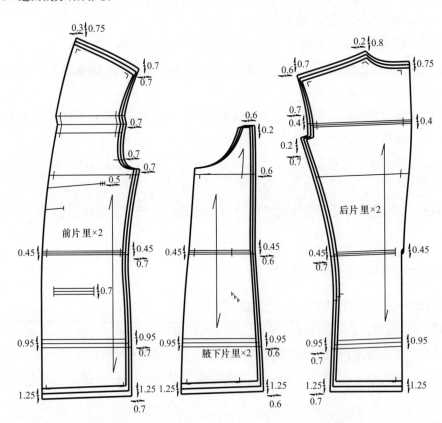

图4-151 前片里、腋下片里和后片里裁剪纸样推板

（六）大、小袖面的分析与推板（图4-152）

根据绘制袖子的方法，选取袖肥线为大、小袖的长度方向基准线，选取袖长基础线为围度方向基准线，但需要做两条辅助基准线，大袖的辅助基准线通常采用经过对合点作袖肥的基准线，小袖的辅助基准线在靠近前袖缝处作袖肥的垂线。根据纸样袖窿的变化量约为2cm。

1. 长度方向的变化分析

大袖袖山顶点 G　通常，当胸围档差等于4cm时，袖窿档差等于2cm，袖山高的变化量为0.5cm，则 G 点变化量=0.5cm。

大袖袖口上的点 B_1、L　袖长档差是1.5cm，袖肥线以上部分变化了0.5cm，所以 B_1、L 点变化量=1.5-0.5=1.0（cm）。

大袖袖肘线上的点 J、K_1　根据袖肘线的绘制过程，J、K_1 点变化量=（1.5-0.5）/2=0.5（cm）。

大袖前袖缝与袖山线的交点 C_1　根据制图过程，该点可以不变，即 C_1 点变化量=0。

大袖后袖缝与袖山线的交点 H_1　根据制板的方法，该点可近似取为0.4cm。

大袖袖衩上的点　由于袖衩的长度保持不变，所以袖衩上的点随 L 点变化1.0cm。

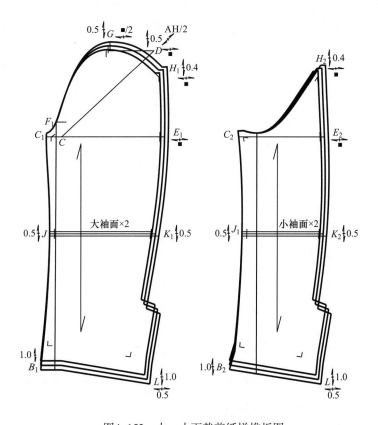

图4-152　大、小面裁剪纸样推板图

小袖前袖缝与小袖窿弧线的交点C_2　与大袖片上的C_1点相对应，C_2点变化量=C_1点变化量=0。

小袖后袖缝与小袖窿弧线的交点H_2　与大袖片相同，H_2点变化量=H_1点变化量=0.4cm。

小袖袖肘线上的点J_1、K_2　与大袖上的点J和K_1变化量相同，J_1、K_2点变化量=0.5cm。

小袖袖口上的点B_1、L　与大袖口上的点变化相同，B_1、L点变化量=1.5－0.5=1.0（cm）。

小袖袖衩上的点　由于袖衩的长度保持不变，所以袖衩上的点随L点变化1.0cm。

2. **围度方向的变化分析**

根据制图过程中袖肥的确定方法，袖肥的变化量也用实际作图得到：根据前面分析的袖山高变化量，分别从大、小号的袖山顶点作袖山顶点水平线，并从对合点C点向袖山顶点水平线上斜量出大、小号的袖山斜线长（袖窿变化量/2），从而确定袖肥的变化量，以符号"■"表示。

大袖袖肥线上点E_1　根据前面的分析，E_1点变化量=■。

大袖袖山顶点G　该点由袖肥的一半来定位，因此G点变化量=■/2。

大袖后袖缝与大袖山线的交点H_1　该点随袖肥变化，即H_1点变化量=■。

大袖对合点C、前袖缝上的点C_1、J、B_1　这些点与围度方向基准线距离保持不变，则C、C_1、J、B_1点变化量=0。

大袖袖口上的点L　由于表4-16中袖口档差是0.5cm，所以L点变化量=0.5cm。

大袖后袖缝与袖肘线的交点K_1　在绘制出放大和缩小规格的H_1点、E_1点和袖口线后，利用中间规格纸样的后袖缝线分别拟合出放大和缩小规格的后袖缝，进而得到K_1点在围度方向的变化量。

小袖前袖缝上的点C_2、J_1、B_2　这些点在围度方向的变化量均为0。

小袖袖口上的点L　由于表4-16中袖口档差是0.5cm，所以L点变化量=0.5cm。

小袖后袖缝上的点H_2、E_2　与大袖上的点H_1、E_1相对应，所以H_2、E_2点变化量=H_1点变化量=■。

小袖后袖缝与袖肘线的交点K_2　采用与大袖后袖缝线相同的推放方法，得到小袖的后袖缝，然后与中间规格的K_2点比较，计算出K_2点在围度方向的变化量。

确定各放码点后，使用中间规格纸样绘制出放大规格和缩小规格的裁剪纸样。本例的大、小袖里没有绘制，其推板数据分析与大、小袖面的变化相同。

（七）领子的分析与推板（图4-153）

根据领子的绘制过程和特点，可参照第八节女西装领的推板，图中"剪开放缩1.0cm"的操作过程与女西装中领的推放处理相同。

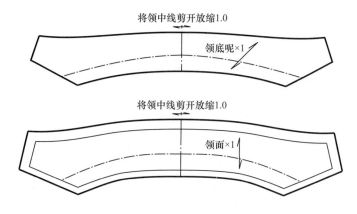

图4-153 领底呢、领面裁剪纸样推板图

思考题

第一节思考题

1. 省略符号能否用在基础（中间）纸样中？能否在推板中使用？

2. 在西服裙的推板图中，在前、后片的腰线侧缝处，围度方向的变化量是0.5cm，如果该变化量采用臀围围度的变化量0.4cm，那么，省道如何处理？

3. 试把图4-5和图4-6西服裙里子纸样从前裙片和后裙片纸样中分离出来。

4. 在绘制后裙片纸样的开衩时，如果其中的一片纸样开衩画成8cm宽，另一片纸样的开衩仍是4cm宽，那么，里子纸样如何处理？

5. 斜裙、多片裙如何放缩？

6. 圆裙如何放缩？

第二节思考题

1. 谈谈服装结构线的重要性。

2. 为什么后塔3不像后塔1和后塔2那样采用对折的工艺方式？

3. 在腰头中XY的尺寸是20.5cm，而在塔裙的第一节中XY的尺寸是22cm，差数是怎样产生的，为什么？在缝制过程中如何处理？

4. 是否可以使图4-12中第一节前后裙片纸样的围度尺寸相同？其他各节如何计算？

5. 试推算出后塔2和后塔3的档差。

6. 塔裙第二节围度的档差不是1cm，而是0.5cm，塔裙第三节围度的档差却是负数，也就是说放大规格在推板时反而变小，缩小规格在推板时反而变大，为什么？

7. 思考一下怎样绘制腰头的工艺纸样（车缝时能保证腰头对位各点的对称或准确）？

第三节思考题

1．在绘制裙子纸样和绘制裤子纸样时，通常，前片臀围的计算公式前者为H/4+1，后者为H/4-1，后片臀围的计算公式前者为H/4-1，后者为H/4+1，试分析这样做在服装中有何意义？

2．如果把斜插袋改为直插袋，纸样如何处理？

3．在进行后片纸样的推板时，为什么一开始计算推导得到的F_2=0.32（cm），E_1=0.272（cm），这样的推板数据是错误的，分析其产生的原因？

4．在后片纸样的推板中，腰线与后裆线的交点A在围度方向的变化量能否由0.1cm改为0.05cm？

5．用1：1的纸样粘贴，模拟左腰头与门襟，右腰头与里襟，门襟与里襟的配合。

6．用1：1的纸样操作后袋口及省的推板。

7．在车缝时要保证每条裤子上的门襟缉线宽窄都一样均匀，你将采用何种方法？

8．如果该男西裤长度方向的尺寸不变，只是围度方向的尺寸发生变化，应如何推板？

第四节思考题

1．为什么腰围的缩水率采用5%而不是2%？

2．为什么前、后裆采用弧线的测量方法，而不采用我们常用的立裆深这种方法？

3．为什么在计算后裆制板尺寸时，采用的缩水率是3%？

4．为什么在订单中使用内长而不是我们常使用的裤长（外裤长）？

5．如果前袋口的宽和深都变化0.5cm，那么，相应的纸样如何放缩？

6．附录A所示为一份全棉男装宽松牛仔长裤的外贸订单，它的纸样如何设计？如何推板？需要哪些工艺纸样？

7．表4-14所示为一份内销牛仔裤的规格尺寸表，成品裤子的腰口形状呈倒三角形，小裆宽度采用3.2cm，制板时的前、后片纸样的腰围、臀围尺寸相等，试绘制该牛仔裤的全套裁剪纸样。

表4-14　某企业内销牛仔裤的规格尺寸　　　　　　　　单位：cm

规格	25		26[④]		27		28		30	
腰围（4%[①]+2.0cm）	68	72.7	71	75.8	74	79	77	82.1	83	88.3
臀围[②]（2%）	92	93.8	94	95.9	96	97.9	98	100	102	104
前裆（不连腰头）（3%）	19.5	20.1	20	20.6	20	20.6	20.5	21.1	21	21.6
后裆（不连腰头）（2%）	29.5	30.1	30	30.6	30	30.6	30.5	31.1	31	31.6
横裆（2%）	57	58.1	58	59.1	59	60.2	60	61.2	62	63.2
中裆[③]（2%）	53	54.1	54	55.1	54	55.1	55	56.1	56	57.1

续表

规格	25		26④		27		28		30	
裤口（2%）	49	50	50	51	50	51	51	52	52	53
内裆长（4%）	81	84.2	81	84.2	81	84.2	84	87.4	84	87.4
拉链长	10.1	10.1	10.1	10.1	10.1	10.1	10.1	10.1	10.1	10.1

①面料的缩水率：长度方向4%，宽度方向2%。

②臀围线的确定，采用从裆点沿前裆线向上量7cm。

③中裆线的确定，采用内长的一半再向上量5cm。

④同一规格中前一列的数据是成品尺寸，后一列的数据是制板尺寸。

第五节思考题

1．在后片推板时为什么D_4点的变化量近似等于1cm？请结合袖山和袖肥的变化以及后片胸围和背宽的变化进行说明。

2．如果袖山的高度在推板时不变，前、后袖窿及袖片如何变化？

3．为什么袖子袖口的尺寸是27cm，重叠量2cm怎样处理？试用1：1的纸样进行操作。

4．为什么领座对位点的变化量是0.3cm？

5．缩小规格和放大规格的工艺纸样怎样处理？

6．贴襟上扣位的工艺纸样如何处理？

7．如果本例衬衫长度方向尺寸不变，只是围度方向尺寸发生变化，应如何放缩？

8．表4-15为某企业的衬衫规格尺寸表，请绘制A体型和B体型纸样并推板。

表4-15 某企业的男衬衫规格尺寸　　　　单位：cm

规格 部位	165/80	170/84	170/88	175/92	175/96
领围	37	38	39	40	41
衣长（平下摆）	70	72	72	74	74
衣长（圆下摆）	74	76	76	78	78
胸围（A体）	100	104	108	112	116
胸围（B体）	102	106	110	114	118
肩宽（A体）	44.2	45.4	46.6	47.8	49
肩宽（B体）	43.8	45	46.2	47.4	48.6
长袖长	57	58.5	58.5	60	60
短袖长	24	25	25	26	26
长袖口	24	24.5	25	25.5	26
袖肥	22	23	24	25	26

续表

部位 ＼ 规格	180/100	180/104	185/108	185/112	190/116
领围	42	43	44	45	46
衣长（平下摆）	76	76	78	78	80
衣长（圆下摆）	80	80	82	82	84
胸围（A体）	120	124	128	132	136
胸围（B体）	122	126	130	134	138
肩宽（A体）	50.2	51.4	52.6	53.8	55
肩宽（B体）	49.8	51	52.2	53.4	54.6
长袖长	61.5	61.5	63	63	64.5
短袖长	27	27	28	28	29
长袖口	26.5	27	27.5	28	28.5
袖肥	27	28	29	30	31

第六节思考题

1. 在后侧片的制板时（图4-77），能否直接量取$GH=15cm$，即多边形$D_2HGE_1D_1$就是后侧片？

2. 在后育克的推板中（图4-86），D_1点围度方向的变化量是0.7cm，能否使用肩点C在围度方向的变化量0.6cm？试从背宽、袖窿宽和胸宽在人体中的尺寸分配进行分析。

3. 在前育克的推板中（图4-89），它的长度方向变化量是否如图中所示的只能是0.5cm，如果改变各点的推板数据是多少？

4. 按照前搭门上（图4-90）D_2点和F_4点在长度方向和围度方向的变化量，该纸样的胸围在围度方向的变化一定是0.5cm吗，为什么？在实际工作中，能否这样操作？

5. 在前中片纸样推板时（图4-91），由于围度不变化，那么直接延长D_4F_5线和D_5F_7线是否可行？

6. 如果前中片纸样中D_4D_5和F_5F_6都要变化0.5cm，相关的各片纸样如何处理？

7. 你认为前片的分割线DD_1中DD_2、D_2D_3和D_3D_1的推板量怎样分配更合理，为什么？

8. 请在过面裁剪纸样上（图4-95）标出推板后的扣位。

9. 本例夹克中需要哪些工艺纸样？

10. 如果该夹克长度方向的尺寸不变，只是围度方向的尺寸发生变化，那么各部位应如何放缩？

第七节思考题

1. 为什么在用原型绘制插肩袖时辅助的等腰直角三角形通常从肩点向外平移1～2cm，而本例（图4-100）的辅助等腰直角三角形C_3CC_4却没有平移，而直接从肩点处开始绘制?

2．在绘制本例的插肩袖时，图4-100中的辅助等腰直角三角形基本没有使用，是否可以把插肩袖的袖中线确定在该三角形斜边中线CC_5以下，为什么?

3．能否使后袖肥和前袖肥的尺寸都是30cm，为什么?

4．思考一下哪些部位需要工艺纸样?

5．如果袖里的袖山高不进行放缩，那么哪些纸样要重新放缩，如何放缩? 它的放缩过程比书中的过程简单还是复杂?

6．如果该夹克长度方向的尺寸不变，只是围度方向的尺寸发生变化，应如何放缩?

7．在绘制基本纸样时，当前后领口弧线长度之和与领大尺寸的一半有偏差时，为什么只能调整领口弧线的形状? 能否调整领宽和领深的大小?

第八节思考题

1．简述前、后落肩量的大小对肩部造型的影响。

2．如果袖窿弧长由48.4cm调整为46cm，或其他合理范围内的数值，同时保证袖窿宽深比值不变，纸样如何绘制?

3．在推板时，如果使袖窿宽，袖窿宽深比都是0.7，则肩点的变化量是多少? 整个袖窿弧长将变化多少? 该数值是否可以在推板时使用?

4．在国家标准GB/T 1335.2-2008中，女子5·4系列A体型臀围档差是3.6cm，如果表4-14中其他部位的档差保持不变，纸样如何推板?

5．如何理解在放缩A体型纸样时，纸样有向B体型或Y体型方向变化的倾向?

6．如果采用从肩线上分割，且有后中缝，此时设计的公主线型女西服如何推板? 各部位的档差仍采用表4-14中的数据。

7．表4-16所示为某企业的女装5·3系列规格尺寸表，款式图仍为图4-116，纸样如何制板和推板? （答案请参见附录G）

表4-16　某企业女装规格尺寸

单位：cm

部位　　　规格	S	M	L	档差
领围	35.4	36	36.6	0.6
衣长	58	60	62	2
肩宽	38.7	39.5	40.3	0.8
胸围	93	96	99	3
腰围	79	78	81	3
臀围	95	98	101	3
背长	36.8	38	39.2	1.2
袖长	54.5	56	57.5	1.5
袖口	13	13.5	14	0.5

第九节思考题

1．如果手巾袋的大小变化0.5cm，而且它的相对位置要保持不变，推板数如何处理，还有哪些数必须改？

2．如果西服采用有条格的面料进行缝制，过面的纸样如何处理？布纹方向怎样？

3．如果要绘制B体型的纸样，各纸样如何处理？如何推放？

4．在男西服缝制过程中需要哪些工艺纸样？

5．图4-153中领子与肩点的对位点应怎样标注？

基础理论及应用提高——

计算机在服装工业制板中的应用

课题名称： 1. 服装 CAD 概述。

        2. 计算机辅助纸样设计系统。

        3. 计算机辅助推板。

上课时数： 8 课时

教学提示： 随着服装 CAD 技术在服装工业中使用的普及，学生必须了解服装 CAD 的发展历程和其组成重点，即计算机辅助纸样设计和辅助推板。要强调计算机只是起到辅助的作用，没有扎实的服装结构和推板实践知识，就无法发挥计算机高效、快捷的功能。

教学要求： 1. 使学生了解服装 CAD 的发展过程和系统构成。

        2. 使学生了解目前市场上不同制造商的服装 CAD 技术及设备的基本特点。

        3. 使学生了解计算机辅助纸样设计的方法和过程。

        4. 使学生了解计算机辅助推板的方法和基本操作环节。

课前准备： 针对不同制造商的服装 CAD，教师准备好一些基本纸样的电子文档，用于现场教学和指导。

第五章 计算机在服装工业制板中的应用

第一节 服装CAD概述

服装CAD（Computer Aided Design），即计算机辅助服装设计，是指通过使用计算机软硬件，进行面料设计、服装款式设计、纸样设计及相关工艺处理的技术。服装CAD技术是一项集计算机图形学、数据库及服装专业知识于一体的高新技术。随着服装CAD技术的发展，尤其是三维服装CAD技术的应用，必将进一步提高服装生产效率，提升服装品牌的科技含量。

一、服装CAD技术的发展历程

服装行业具有劳动密集型的特点，其信息化建设程度一直处于落后状态。然而，服装CAD技术历经40多年的发展，在服装企业中得到了广泛的应用。

20世纪70年代，美国的罗恩·马特尔（Ron Martell）提出了服装CAD的初始模型，即由输入设备读取手工样板，在计算机中进行排料，然后输出。美国的格柏（Gerber）公司在服装CAD技术市场化的过程中起到了巨大的推进作用，他们将罗恩·马特尔开发的服装排料系统推广到了很多企业，随后法国力克（Lectra）公司推出了服装CAD系统。其后又出现了另外几家服装CAD软件供应商，如西班牙的艾维斯（Investronica）公司和德国的艾斯特（Assyst）公司。进入20世纪90年代中期，我国也开始着手研发服装CAD系统，如深圳盈瑞恒科技有限公司、北京日升天辰电子有限公司等。这个阶段的服装CAD技术的应用主要集中在服装纸样设计、推板和排料方面，部分软件推出了款式设计功能。

到20世纪90年代末，国内外一些服装CAD软件公司和院校开始研究三维服装CAD技术。三维服装CAD 技术，是指在计算机上实现三维虚拟人体、三维服装设计、二维纸样的三维缝合及三维试衣效果的动态展示等全过程，其最终目的在于不经过实际样衣的制作和试穿，而是由虚拟模特试穿，从而达到节省时间和财力，提高服装生产率和设计质量的目的。显然，三维服装CAD比二维服装CAD更具有吸引力。三维服装CAD技术经过十多年的发展，目前已经有多款成型的产品，包括V-Stitcher、CLO3D和Optitex等。运动类服装企业是三维服装CAD最先应用的领域之一，如世界著名运动品牌阿迪达斯（Adidas）、耐克（Nike）等。

（一）服装款式设计系统（Designer System）

服装款式设计系统是利用计算机辅助服装设计师进行构思、创意和设计，一般分为用于绘制服装效果图和服装款式图两类。目前，这两类软件都有通用的图形图像处理软件和专业的服装款式设计软件。通用的图形图像软件，如Illustrator和CorelDRAW多用于绘制工业用服装款式图，Painter和Photoshop多用于绘制呈现设计效果的服装效果图。而专业的服装设计软件则提供了更加丰富的图形绘制工具，提高了工作效率，由于其价格较高，企业应用并不广泛。

通常服装款式设计系统具有的功能有：

1. 款式的创作与修改功能

一般有两种方法可以得到服装款式图：一种是在空白的工作区上进行创作，因此系统应提供与手工绘制对应的绘画工具（如铅笔、毛笔、喷笔等），绘出图形的颜色、线宽、线形可以由设计师随心所欲地选择，当然有些系统还提供了数位板和压感笔的输入接口，用户可以直接在数位板上用手绘的方式绘图；另一种是采用扫描仪或照相机将手绘图稿输入计算机，再对输入的图稿用画笔和填充等功能进行处理。如果还要对已有的图形进行再创造的话，还应具有添加、删除、改变、重叠、拼合、切割等修改功能及阴影、省褶效果处理等功能。这些功能可以使设计师快速灵活地画出效果图或创新的款式图。

2. 强大的色彩管理功能

系统有提供色彩管理功能，包括提供颜色库和颜色编辑功能，设计师既可以调用系统提供的调色板，也可以通过色彩调配功能得到与自己的设计相配的调色板，还可以通过工具在画面中选取任何一种颜色放在调色板中作为备用色。

3. 具有大量的图库功能

款式设计系统为了方便设计师的创意，在系统内建立了人体动态库、款式库、褶皱库、部件库等，并且随着不断的使用而日渐丰富，这就给服装设计师拓展了创作思路。

4. 具有款式设计外延功能

所谓的外延功能是指与款式设计相关的功能，如真实面料图样、图案花型等功能。这样设计师可以直接在计算机上设计出自己满意的面料、图案，使设计师的灵感再次得到激发。

5. 文件管理功能

为了能使设计师顺利地进行创作，款式设计系统还具有文件管理功能，设计师可以随时调入、保存、打开文件，还可以对不同的文件同时进行编辑。

（二）服装纸样系统（2D-CAD System）

服装CAD产生之初主要有推板（Grading）和排料（Marking）两大功能。后来，德国的艾斯特（Assyst）公司开发出了纸样设计系统，即PDS系统。自此，服装纸样系统一

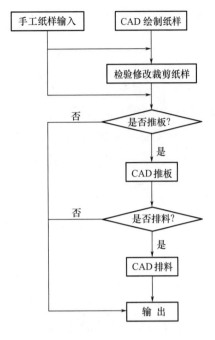

图5-1　服装纸样系统的基本流程

般包括纸样设计（Pattern Design）、推板（Pattern Grading）和排料（Marking）三个模块。同时，纸样设计模块中都会包含纸样输入功能。使用服装纸样系统的基本流程如图5-1所示。从中可看出，服装CAD软件中获得纸样一般有两种方式，一种是手工绘制纸样，然后输入进计算机；另一种是直接在服装CAD软件中绘制纸样。得到纸样后，可以将纸样进行检验和修改，然后可以进行放码和排料，最后输出。服装纸样系统一般包括两个独立模块，一个是服装纸样设计与放码模块，另一个是排料模块。

1. 纸样设计（Pattern Design）模块

纸样设计模块可以实现纸样输入、纸样绘制和纸样修改等功能，从其设计原理和思路上可分为三个类型：辅助设计、自动设计和三维立体设计。

辅助设计即辅助制板师完成纸样的设计，制板师可以通过纸样扫描仪或数字化仪（如图5-2和图5-3所示）将手工制作的纸样输入进系统，然后进行纸样的修改，也可以采用系统提供的笔、直尺等作图工具，按照手工制板的方法和顺序，设计出纸样，纸样完成后可以通过绘图机等输出设备绘制或切割出纸样。

图5-2　纸样扫描仪

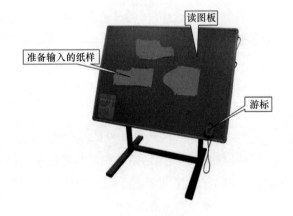

图5-3　数字化仪

自动设计，或者称为参数化自动设计，是按照专家经验将纸样的多数尺寸与胸围、身高等几个主要参数进行关联，然后通过一定的输入手段将这些经验公式输入系统中，用户在进行纸样设计时，就可以通过输入几个主要的参数实现某类纸样的自动设计，同时通过修改这几个主要参数也可以得到不同尺寸的纸样，还可以修改纸样的设计公式。这样就使纸样设计大大优于手工设计的过程。而且随着人工智能技术的迅速发展，使服装纸样设计进入一个崭新的时代。

　　三维立体设计，是纸样设计实现平面与立体结合的发展方向。依靠三维图形学技术的发展，把平面的服装样片和立体的人体模型结合起来，使纸样设计更科学、更合理。在三维数字化人体上，设计师可以直接设计服装款式，并对其进行修改，最后直接生成二维纸样。三维数字化设计的实现是非常困难的，目前的技术只是能够实现简单款式的设计或对已有设计进行简单修改。但三维技术的真实空间感和二维纸样的实时转换仍然能够对设计师提供很大的帮助，如在三维款式上画出的设计线可以通过旋转看到接近真实的效果，以帮助设计师判断设计线的位置和长度等是否合适。图5-4为使用日本DFL公司的Look Stailor X系统设计的简单款式及生成的二维纸样。

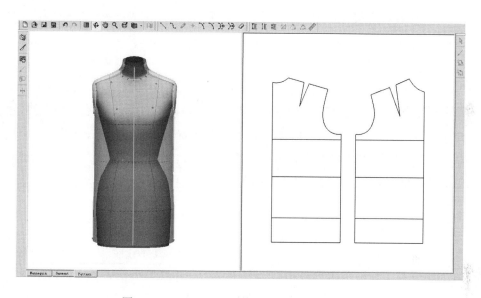

图5-4　Look Stailor X系统三维款式与二维纸样

　　2. 推板（Grading）模块

　　推板又称为放码，由于手工放码的步骤较多，包括移点、描板和检查等步骤，所以手工放码费时费力。但使用计算机进行放码则快速得多，推板师只需要在固定的放码点上输入放码规则，计算机就可以自动绘制出基础样板之外的其他样板。

　　放码模块中所使用的基础纸样可以通过立体裁剪或平面制板得到的手工样板，也可以是通过纸样设计模块设计出的基础纸样，这两种纸样都可以通过表格数字编辑、公式解释、切开线或网状图输入等方式，建立起纸样上各放码点的推板规格表，瞬间完成多个规格纸样的推板。

　　在服装纸样系统的推板模块中，一般常用两种推板方式：点放码法和切开线法。

　　点放码法：每个衣片都有一些关键点，这些点决定纸样的尺寸和形状，因此，这些点又叫放码点。在推板时，可根据前面章节中的方法或实际经验，给每个点以放大或缩小的变化量，即长度方向和围度方向的变化值，当给出这些必需的放码点变化量后，新产生的点就构成了放大或缩小纸样上的关键点，然后再绘制并连接成放大或缩小的纸样。

切开线法：它引用的原理就是第三章讲述的推板原理，在纸样应放大或缩小的位置引入恰当、合理的分割线，然后在其中输入切开量（根据档差计算得到的分配数），即可自动放缩。切开线的位置和切开量的大小是这种推板技术的关键，从理论上说，无论多么复杂的纸样，均可以很快地完成。而人工推板是无法使用这种方法的，从中能体会到计算机在这方面的优势。

3. 排料（Marking）模块

排料就是在给定布幅宽度的布料上根据规则摆放所要裁剪规格的纸样，其摆放应使耗料率最低。计算机排料是根据数学优化原理利用交互式图形学技术设计而成的。把传统的排料作业计算机化，把排料师丰富的经验与计算机特有的快捷、方便、灵活等特点结合起来。

服装CAD软件的排料系统，一般都提供了两种排料方式：自动排料和交互排料。自动排料是软件根据服装样片的形状和大小，按照一定的算法，自动排列在排料区中。交互排料是指用户可以使用鼠标手动将纸样在排料区中进行排列，用户可以反复尝试，直到满意为止。通常情况下，有经验的排料师会首先使用自动排料，然后使用交互排料方式进行调整，这样可以得到不错的利用率。随着软件公司在计算机自动排料算法方面的不断探索和积累，自动排料的利用率已经越来越高了，很多公司推出了超级排料工具，可以将自动排料的利用率提高到接近有一定经验的排料师手工排料的利用率。

（三）三维服装CAD系统（3D-CAD System）

三维服装CAD系统是指在三维平台上实现人体测量、人体建模、服装设计、裁剪缝合及服装虚拟展示等方面的技术。其目的在于不需要制作实际的服装，由三维数字化人体完成着装效果的模拟，同时能得到服装平面纸样的准确信息。进入21世纪，三维服装CAD开始引起了人们的广泛关注，很多公司和高校投入了大量精力对三维数字化技术进行了研究，产生了很多成果，并有了比较成熟的商业化软件。三维服装CAD系统的主要功能包括：三维数字化人体、三维数字化设计与缝制和三维数字化T台秀等。

三维数字化人体是三维服装数字化技术的基础，有了数字化人体后，才可以实现设计、试衣等其他虚拟化工作，通常建立数字化人体有三种方法：

（1）三维重建。即通过三维人体扫描技术，获得人体点的云数据，然后重建为精细的人体模型，一般扫描时，人体腋下、脚部等扫描不到的地方会存在缺陷与空洞，需要做一定的后处理工作。

（2）软件创建。借助于现有三维建模软件如Poser、Maya和3DMax等，交互构建虚拟人体模型。这种方法需要相当的专业知识，制作时间较长，且建模结果与实际人体有一定的差距，一般比较难用于服装数字化。

（3）基于样本的方法。通过插值或变形样本人体模型，得到符合个性特征的人体模型。该方法根据人体的恒定结构特征和外形特性，可直接由人体的关键特征信息，得到三维人台模型并可实现参数化。

三维数字化设计与缝制技术可以实现二维服装样片在三维状态下的缝合，展示出服装实际缝合后的虚拟效果，以帮助设计师和样板师对设计的服装进行评价和修改。三维数字化缝制技术可以实现二维服装CAD软件制作的样板的读取，二维样板的修改和三维效果的实时展示。这种技术是目前三维服装CAD系统中的主要模块，也是服装企业应用最广泛的三维数字化技术。图5-5为CLO3D系统导入的二维样板及缝制后的三维展示效果。

三维数字化T台秀即通过三维虚拟模特的T台走秀，实现三维虚拟服装的动态展示。三维T台秀的实现需要复杂的计算机技术，包括虚拟人体的行走、多层服装及服装与人体之间的碰撞检测等。图5-6为3D Show Player制作的T台秀图。

图5-5　CLO3D系统展示的三维缝制效果

图5-6　3D Show Player制作的T台秀

（四）试衣及量身定做（Testing & Tailoring System）系统

由于人们生活水平的提高，对着装的要求越来越趋向个性化、合体化，随着数码相机及图像采集卡等图像处理系统技术的不断发展，试衣系统成为顾客与商场之间交流的桥梁，一般试衣系统具有以下功能：

（1）摄像输入功能。

（2）丰富的图像库功能，库中保存有大量的服装款式图。

（3）试衣功能，当得到顾客的必要尺寸后，再从图库中选择服装款式，显示穿着效果。

（4）彩色图像输出功能，以彩色照片的方式输出试衣效果图。而量身定做系统既可以成为试衣系统的补充，又可以利用互联网使服装制造商得到客户的参考尺寸，完成纸样的修改处理，在缝制后交寄给客户。

由于服装CAD系统的功能模块较多，根据工业制板的特点在第二节和第三节中主要讲述纸样设计（Pattern Design）模块和推板（Grading）模块。

二、部分服装CAD/CAM系统简介

截至目前，我国服装加工企业和服装院校在使用着国内外来自三十多家制造厂商的服装CAD系统，每个系统各有特点。其中，影响较大的国外公司有美国的格柏（Gerber）科技有限公司、法国的力克（Lectra）公司、德国的艾斯特（Assyst）公司等；国内有深圳市盈瑞恒科技有限公司、北京日升天辰电子有限公司、深圳布易科技有限公司、杭州爱科电脑技术公司等。

（一）国外服装CAD/CAM系统

1. 美国格柏（Gerber）

格柏科技有限公司是世界著名的服装行业软硬件自动化系统供应商，他们的服装CAD/CAM产品涵盖了信息管理、产品设计与开发、预生产和生产过程的自动化，由产品生命周期管理系统（Yunique PLM）、款式设计系统（Artworks）、纸样及推板排料系统（Accumark）、全自动铺布机（Spread）、自动裁剪系统（Gerbercut）、吊挂线系统（Gerbermover）等组成，其中服装CAD系统的主要特点有：

（1）系统提供了多种绘图工具，扩大了设计师的创作空间。设计师利用光笔可按更接近于自身的习惯进行面料、款式、服饰配件的设计，操作简单、效率很高。

（2）系统实现了与服装CAM系统、产品生命周期管理系统的一体化，从服装款式图、纸样数据、排料图到三维试衣数据可以在一体化系统中自由读取，不会有信息的丢失。

（3）具有强大的自动排料功能，一定程度上可以代替手工排料，提高了生产效率，节约了面料成本。

2. 法国力克（Lectra）

力克（Lectra）系统总体水平较高，输入输出的质量、系统精度、可靠性及稳定性方面有很大的优势，是服装CAD/CAM系统的领导品牌之一。从20世纪70年代至今，系统分布于全球80多个国家和地区。力克公司的产品由设计系统（Kaledo）、纸样设计和推板系统（Modaris）、交互式和智能型排料系统（Diamino）、产品生命周期管理系统（Fashion PLM）、裁剪系统［拉布（Progress）、条格处理（Mosaic）、裁片识别（PostPrint）及裁剪（Vector）］等组成，该系统的特点有：

（1）产品具备智能化、开放性并支持多种操作平台，使用户有充分的选择范围。

（2）设计系统涵盖了纱线设计、机制面料设计、针织面料设计和款式设计模块，使设计师不仅可以自由设计，还可以立刻观看到从款式填充面料的效果，非常方便。

（3）与格柏系统一样，力克系统也能够提供从产品设计、信息管理、三维虚拟展示到自动化生产的一体化解决方案。

3. 德国艾斯特奔马（Assyst-Bullmer）

德国艾斯特奔马公司也是世界著名的服装CAD/CAM供应商，虽然它的产品进入中国市场的时间较晚，但它在欧美的服装企业界享有很高的声誉，其主要产品有：款式设计系统（Graph.assyst）、工艺制造单系统（Form.assyst）、制板、推板和款式管理系统（CAD.assyst）、成本管理（Cost.assyst）、自动排料系统（Nest.assyst）、裁剪系统（Cut.assyst）等。该系统的特点有：

（1）可以提供多种典型款式的工艺制造单。

（2）提供四百多种功能，使制板、推板和排料等更容易。

（3）与Human Solution三维扫描仪、Vidya三维试衣系统等无缝结合，为单量单裁或高级定制企业提供良好的解决方案。

4. 新加坡V-Stitcher

V-Stitcher系统是新加坡Browzwear公司（Browzwear Solutions Pte Ltd.）的三维服装CAD系统。V-Stitcher系统主要用于服装领域，世界上很多著名的体育用品公司是它的用户，如阿迪达斯等。该系统主要特点包括：

（1）提供了面料的物理属性的简单测试装置，使得虚拟面料的参数设置比较容易。

（2）功能全面，非常接近服装工业的实际使用。

（3）与二维服装CAD软件兼容性好。

5. 韩国CLO3D

CLO系统是韩国CLO虚拟服饰公司（CLO Virtual Fashion Inc.）的产品，有两个版本，分别是Marvelous Designer和CLO 3D。前者主要应用于CG动画领域，致力于更快更容易地创建逼真效果的3D服装。Marvelous Designer的客户很多，其中包括著名的美国艺电公司（Electronic Arts，简称EA）、贝勒医疗系统（Baylor Health System）等。CLO3D主要用于服装领域，世界上很多著名的高校和公司都在使用。该系统主要特点包括：

（1）操作简单，易于使用，虚拟效果逼真，非常适合服装设计师的使用。

（2）能够实现动态的虚拟T台秀展示，让使用者对自己设计的虚拟服装有更加真实的感觉。

（3）提供多种通用文件格式，能够直接与其他3D软件和二维服装CAD软件兼容。

其他的国外CAD系统还有加拿大的PAD，日本的东丽、优卡、旭化成，以色列的Optitex，美国的PGM等。

（二）国内服装CAD系统

1. 富怡服装CAD/CAM系统

深圳市盈瑞恒科技有限公司是国内著名的服装CAD/CAM系统供应商，是国内著名的较早开发CAD/CAM系统的公司之一，产品包括：富怡服装设计放码CAD系统、富怡服装排料CAD系统、富怡绣花CAD系统及多种CAM系统，其服装CAD系统的特点如下：

（1）纸样设计、放码界面合二为一，操作简单，工具使用人性化。

（2）纸样绘图位置拥有记忆功能。

（3）修改自动联动，对基础号的袖窿和领窝进行修改后，其他号的袖山和领子会随之自动跟着改动。

2. 日升CAD系统

北京日升天辰电子有限公司是专门从事服装行业计算机应用系统技术研究、开发和推广应用的高新技术公司，它的产品主要有：服装工艺CAD系统（原型制作、纸样设计、推板和排料）、量身定做系统和工艺信息生产管理系统。其服装工艺CAD系统的特点：

（1）制板推板一体化，尺寸表制板后自动放码并有多种放码方式供选择。

（2）多种打板工具，能准确而随意绘制各种线条，及时进行长度调整、相关的修正处理、拼合检查、省道处理。

（3）自动对格对条排料及全自动半自动手动排料相结合。

3. ET服装CAD系统

ET服装CAD系统是深圳市布易科技有限公司的主要产品，该公司成立较晚，但其产品被国内很多中小企业迅速接受，使用率较高，其产品的主要特点如下：

（1）处处尊重使用者的习惯，让用户能随心所欲地使用软件。

（2）强大的自由设计功能，配合智能化的设计工具，使ET系统具有空前的设计适应性，能伴随设计师完成最复杂最精密的设计。

4. 爱科服装CAD系统

爱科服装CAD系统是杭州爱科电脑技术公司的主要产品，该CAD系统由款式设计、纸样设计、推板、排料、试衣、三维设计等模块组成，各模块的功能基本与常见的服装CAD系统相似。该系统特点有：

（1）能自由对样板进行调整、分割、拼合、变形、圆顺、交接等处理。

（2）定义部位之间联动功能，可设置关联功能的启用或者关闭。

（3）各类省、褶处理功能；提供牙口和标志符号，标志符号可自由编辑。

（4）对已经设置的放码值可进行修改，添加处理，即时显示放码结果。

另外还有北京平安华艺科技发展有限公司的丝绸之路、深圳拓普顿科技有限公司的TOP-XP、北京六合生公司的至尊宝坊、北京金合海泰信息技术有限责任公司的GENIS3000-XP、上海德卡科技有限公司的DECO、深圳博克科技有限公司的博克、广州樵夫公司的樵夫等20多家服装CAD系统。

三、服装CAD的应用及展望

目前，发达国家绝大多数服装企业都已配备了服装CAD系统，企业与合作工厂之间的数据交换也都是服装CAD系统生成的文件。近十几年来，随着我国服装教育对服装CAD的重视，以及国内多家服装CAD供应商的出现，我国服装企业使用CAD的普及率也大为提高，其中近万家规模型服装企业使用CAD的普及率达到了95%以上，服装CAD在企业的使用，既提高了服装企业的社会形象，又使服装企业的经济效益有所提高。

（一）我国服装CAD的应用现状

与其他国家相比，我国服装CAD在使用、普及和认识上还存在一定的差距，特别是一些中小企业的技术人员还没有完全认识到其潜在的经济价值。这在一定程度上制约着我国的服装设计质量、生产周期，也跟不上多品种、小批量、短周期、高质量的新时期服装生产特点，这些问题可从以下几个方面来了解：

1. 引进高新技术的资金不足

许多服装企业的生产规模较小，生产效率较低，效益较差，缺乏技术改造、设备更新和高技术引进的能力，想从有限的流动资金中进行投资有些困难，而一套比较完整的中高档国产服装CAD软硬件系统约需资金10万元，这其中包括常规的服装CAD软件（纸样设计、推板和排料系统）、数字化仪（板）、扫描仪、计算机一套、打印机、绘图机等。目前，三维服装CAD系统主要是国外的几个品牌，每套基本需要十几万元，对中小企业来说，更是困难。

2. 缺乏既懂计算机又了解专业知识的人才

由于服装的高等教育和职业教育起步较晚，整个行业的技术力量很薄弱，企业中具有大专以上学历的技术人员很少，员工素质不高，对服装CAD的使用和消化吸收能力不强。另一方面，部分打板师手工制板已经很多年了，很难再习惯使用服装CAD制板，他们认为手工制作1：1的纸样比计算机屏幕上显示的缩小比例的纸样更加直观，更加准确。

3. 服装CAD制造商与服装企业用户之间的协调、配合及服务

服装CAD软件的研究和开发必须有服装领域的工程师参与，以防系统实用性的降低。市场的变化、新技术的革新要求CAD系统不断升级和完善，当系统出现疑问时能及时为企

业解决，提高售后服务的质量。

虽然上面的问题亟待解决，但我国二维服装CAD技术的研发已经走在了世界的前沿，开发出了很多适合我国服装业生产特点的CAD产品及发达国家垄断的配套硬件设备，大大降低了CAD系统的采购成本，为企业普及CAD系统提供了保障，随着CAD的推广和应用，高新技术在服装上得到发展和普及。

（二）服装CAD系统的发展

服装CAD的快速发展主要是信息技术和Internet加速推动的结果，从目前看，服装CAD系统的发展有以下一些特点：

1. 集成化

二维服装CAD系统、三维服装CAD系统及人体测量设备的集成，服装CAD系统与计算机集成制造（CIM）系统、企业信息管理系统（ERP）和产品生命周期系统（PLM）的结合，这种集成一体化趋势是服装CAD技术在服装企业中的应用趋势。

2. 虚拟化

随着三维服装CAD技术的成熟，三维服装CAD系统将应用于服装企业产品的开发和营销展示等多个方面，很大程度上实现产品的虚拟化，节省企业的样品开发等的费用。

3. 智能化

充分吸收优秀服装设计师、制板师、推板师、排料师的成功经验，建立和丰富专家知识库，使服装CAD系统达到智能化、自动化。

4. 标准化

各服装CAD系统的研究和开发应保证系统具有一定的开放性、规范化，使各系统的数据格式保持一致，能相互交流并传递信息。

5. 网络化

信息的及时获取、传送和快速反应，是企业生存和发展的基础。服装CAD系统的各种数据可通过Internet网络进行通讯，并与数据库技术相集成，以缩短产品开发周期、降低成本、提高质量、改进企业管理等。

第二节　计算机辅助纸样设计系统

传统纸样设计的方法大多采用比例法、原型法和其他裁剪法。计算机辅助纸样设计系统（Pattern Design System，简称PDS）产生于90年代初，它的出现不仅仅基于以上的原因，还有高科技更多地参与服装工业，在西方发达国家，劳动力的短缺、劳动力成本的提高等因素都是直接原因。由于计算机最大的优势在于运算速度快、运算量大、精确作图、对重复工作得心应手，而且PDS有非常友好的用户界面，并带有多种作图工具，如：画直线、曲线，甚至有屏幕模拟曲线板去拟合用户要求的曲线等，还有比较详细而又易学的操作过程，PDS呈迅速发展态势。

目前的PDS主要有三类：

（1）利用系统提供的作图工具，按照手工制板的方法和顺序，设计纸样，这就是人机交互方式的制板；

（2）利用通过数字化仪输入的纸样作为母板，在系统中显示该纸样并修改，使之符合所要求规格的新纸样；

（3）在制板的同时输入公式并保存，当要制作类似的服装时，只要输入该款服装的尺寸，就可以自动绘制出所需要的纸样，虽然它是自动打板的雏形，但目前的PDS还是受到用户的欢迎。

对于常规款式的纸样设计，制板师利用PDS系统可以较快地完成设计任务。根据资料介绍，使用PDS设计纸样可以提高效率的20%～40%。

纸样设计系统主要包括以下基本功能：

一、号型规格表

号型规格表可以国家服装号型标准为依据，设计服装的成品规格可根据订单提供的尺寸进行编辑。

图5-7是某CAD系统中纸样设计模块的尺寸表图。

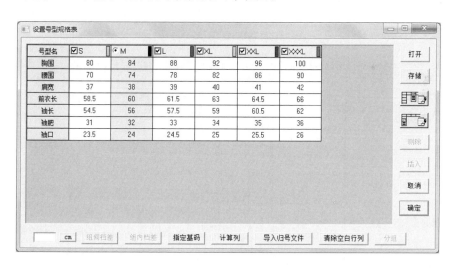

图5-7　纸样设计系统中的尺寸表

二、设计工具

通过使用设计工具，可以实现绘制和修改纸样的结构线。其中，绘制工具一般包括绘制点、直线、曲线、矩形和圆等常见元素的工具。还包括提高制图效率的辅助工具，如等份规等。修改工具主要包括用于调整线段形状、线段长度、纸样位置等方面的工具。检查工具主要包括用于检查线段长度、缝合线段的形状等方面的工具。如图5-9中最左一列为部分设计工具。

1. 绘制工具

用于实现纸样的点和线的绘制，不同的服装CAD系统在进行结构线设计时有不同的操作方式，但目前多数CAD系统倾向于多种绘制功能集成到一个工具上，这个工具就像手工绘图使用的铅笔，可以绘制出垂直线、水平线、平行线、45°斜线、任意角度直线及曲线等。这样可以大大提高纸样设计的效率，不需要频繁地切换工具。

2. 修改工具

用于调整线段形状、线段长度、纸样位置等。在纸样设计的过程中，经常需要修改，如袖窿曲线的形状很难一次绘制到位，可以通过修改工具将曲线调整圆顺。有时绘制线段的长度需要修改，甚至将纸样进行移动等，这些操作都可以通过修改工具进行。

3. 检查工具

用于检查线段长度、缝合线段的形状等。检查工具可以测量一段线的长度、多段线相加所得总长、比较多段线的差值等，如袖山曲线与袖窿曲线的缝合吃量的检查。

4. 辅助设计功能

如窗口放大设置功能可以使制板师以1∶1比例看到纸样的细节和曲线的真实形态，线型和颜色的变化使纸样轮廓线和辅助线更容易区分，纸样移动功能可以随心所欲地移动纸样使观察更直观等。

三、纸样工具

使用设计工具绘制的结构线（图5-8）还无法直接用于工业生产，还需要进一步

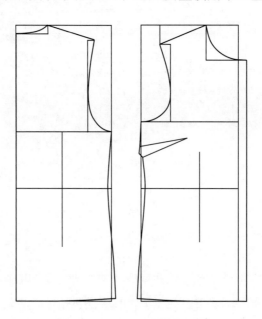

图5-8　设计工具绘制的结构图

的加工处理，每个纸样设计系统都提供了纸样的加工功能，如有
的已生成的纸样应该进行转省、加褶、分割等处理，以往用人工
的方法只能用纸样折叠、剪开、转移等方法实现，比较费工费
时，而且精确度不是很高，在使用计算机制板中只需几秒钟即能
迅速准确地完成；还有纸样上必需的对合点位置、布纹方向等；
加放缝份和折边后才能成为工业中的裁剪纸样，然后通过绘图
机绘制出来，交付生产使用，或以文件方式传送给推板和排料
系统。

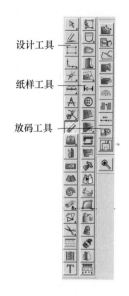

设计工具

纸样工具

放码工具

图5-9　部分工具

　　有的在同一张结构图上，要把不同的但相关的纸样分离出来，
使用加工功能，将大大减少重复性的设计和绘制工作，节约时间，
提高制板效率。

　　纸样工具，如图5-9中第二列。经过纸样工具处理后，即可以生
成用于工业生产的纸样，如图5-10所示。

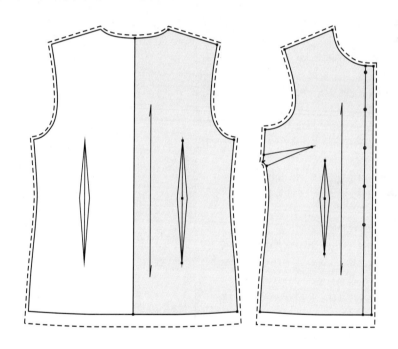

图5-10　纸样工具处理过的工业纸样

四、纸样的输出

　　设计完成的纸样通过绘图机或打印机按1∶1的比例或缩小比例进行绘制，这样能更直
观地了解设计的纸样与实际手工绘制的纸样是否有区别，进而再修改并确认。

　　随着纸样设计系统的充分利用，纸样库中的信息量也会随之增加，这些信息为制板师
提供了很大的参考价值，从而最大限度地发挥计算机纸样设计系统的效率。

五、衬衫纸样设计实例

以第四章第五节的男衬衫为例，由于本例只是简单介绍使用CAD软件进行纸样设计的过程，所以只选择了前两个部分（后片和前片）进行简单制作，规格尺寸采用表4-10中的尺寸（单位：cm），读者可以参考相应软件的操作手册自行完成其他部分，具体步骤见表5-1。

表5-1 衬衫纸样设计步骤

功能名称及说明	图示
1. 后片结构线绘制 ［矩形］：输入宽28（胸围/4）、高80cm（衣长），绘制出后片基础矩形 ［智能笔］：使用平行线功能，由上平线向下42cm，绘制出腰围线 ［智能笔］：使用垂直线功能，距离 A 点 7.1cm（领宽），向上绘制出 2.4cm（领深）的垂线 ［智能笔］：绘制出后肩线 ［智能笔］：使用水平线功能，从肩点作出长度1.5cm（冲肩量）的水平线 ［智能笔］：使用垂直线功能，从 B 向下绘制出长度为24cm 的垂直线	
［智能笔］：使用平行线功能，经过 C 点，绘制出胸围线 ［智能笔］：使用曲线功能，绘制出袖窿线 ［智能笔］：使用水平线功能，A 点向下6cm 处，绘制出水平线 ［智能笔］：使用曲线功能，绘制出后片分割线 ［智能笔］：使用延长功能，将分割线向右延长3cm，并绘制出后中线右侧部分 ［智能笔］：绘制出褶裥位置 ［智能笔］：使用曲线功能，绘制出侧缝线和下摆线	
2. 前片结构线绘制 ［移动］：使用移动复制功能，复制出后片辅助线，作为前片辅助线 ［智能笔］：使用平行线功能，前片下摆基础线向上4cm绘制出新的基础线 ［比较长度］：测量出后片领宽为7.1cm ［矩形］：绘制出前领口辅助矩形，宽7.1cm，高8.1cm ［智能笔］：绘制出前领弧线 ［智能笔］：使用垂直线功能，距离 A 点23cm（肩宽/2），向下绘制出5cm（落肩量）的垂线	

续表

功能名称及说明	图 示
［智能笔］：使用水平线功能，从前肩点向左绘制长度为 2.5cm 的水平线 ［智能笔］：绘制出前袖窿弧线 ［智能笔］：使用平行线功能，由前中线向左右各 1.75cm 复制出贴襟宽度线。并绘制出右前片的折边线 ［智能笔］：使用平行线功能，复制出前片过肩分割线 ［智能笔］：使用曲线功能，绘制出侧缝线和下摆线	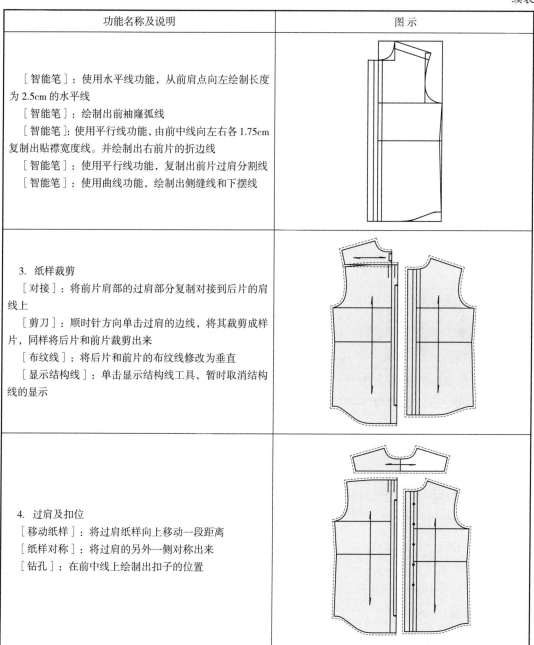
3. 纸样裁剪 ［对接］：将前片肩部的过肩部分复制对接到后片的肩线上 ［剪刀］：顺时针方向单击过肩的边线，将其裁剪成样片，同样将后片和前片裁剪出来 ［布纹线］：将后片和前片的布纹线修改为垂直 ［显示结构线］：单击显示结构线工具，暂时取消结构线的显示	
4. 过肩及扣位 ［移动纸样］：将过肩纸样向上移动一段距离 ［纸样对称］：将过肩的另外一侧对称出来 ［钻孔］：在前中线上绘制出扣子的位置	

第三节　计算机辅助推板

　　推板系统是服装CAD系统中最为普及且最受欢迎的模块之一。所谓计算机推板，就是把手工推板过程中建立起的推板规则用计算机程序来实现。利用计算机的准确、快速的运算能力，可使推板的效率提高几倍至几十倍，特别是号型或规格越多，提高的效果也越高；使用计算机推板精确可靠，避免了人为因素造成的误差；使用绘图机绘制的纸样曲线光滑、圆顺，点、线的定位准确、规范；推板出的纸样用数据文件的格式加以保存，非常便于查询，不像手工绘制出的纸样既占空间又会变形。

首先，计算机推板要有基本纸样（中间标准纸样），通常有两种方式：①制板师把手工绘制好的基本纸样通过大幅面的数字化仪，用16键的定位鼠标采用系统约定的方式输入到计算机中，建立起用点、线等图形元素描述的纸样数字化模型；②通过计算机辅助纸样设计模块按要求设计出所需的基础纸样。

其次，利用国家标准建立的或订单上提供的规格尺寸表，通过表格尺寸编辑、公式处理、切开线等方式，建立起纸样上各放码点的推板规格。

最后，计算机根据推板规则，在推板软件中进行计算后，得到各放大和缩小规格的纸样。

纸样推板系统的主要功能：

一、纸样输入功能

通过数字化仪把手工绘制的标准基本纸样按1∶1的比例，用16键的定位鼠标输入进计算机。16键由0～9十个数字键和A～F六个字母键组成，这些键的功能根据纸样上的元素信息而定义，如：纸样输入的开始和结束、端点、曲线点、记号、布纹符号、文字等，有了这些键的设置，才能使输入到计算机中的纸样与基本纸样完全一致。另外，对已输入的纸样还可进行点和线的修改、增删等编辑操作。

二、推板功能

推板功能是计算机辅助推板系统中最主要的功能，我们知道，推板的方法通常有放码点推板法、切开线法等。

放码点推板法是最典型的一种推板法，在所有的服装CAD系统中都有该方法，也是服装企业中最常用的方法。放码点是纸样上的关键点，而这些点的变化直接影响整个纸样的结构。该方法是对放码点逐点给出长度方向和围度方向的推板规则，最终实现各规格的推板。有的推板系统把长度方向的变化作为第一级，围度方向的变化作为第二级，体型的变化作为第三级，从而实现更多规格的推板，所以这种方式又称多级推板法。

我们继续以第四章第五节的男衬衫为例，在服装CAD系统中，使用放码点推板法将第二节中制作的三个纸样进行推板。各放码点规则见图5-11，推板结果见图5-12。

1点：使用［x相等］输入x方向0.2；

2点：使用［x相等］输入x方向0.6；

3点：使用［复制放码量］复制2点放码量到3点；

4点：使用［y相等］输入y方向-1；

5点：使用［y相等］输入y方向1；

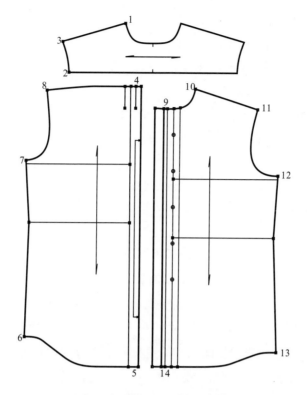

图5-11　男衬衫纸样上的放码点

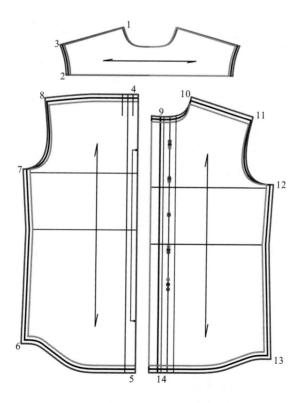

图5-12　推板系统中男衬衫纸样推板

6点：使用［xy相等］输入x方向1，y方向1；

7点：使用［x相等］输入x方向1；

8点：使用［xy相等］输入x方向0.6，y方向–1；

9点：使用［y相等］输入y方向–0.8；

10点：使用［xy相等］输入x方向–0.2，y方向–1；

11点：使用［xy相等］输入x方向–0.6，y方向–1；

12点：使用［x相等］输入x方向–1；

13点：使用［xy相等］输入x方向–1，y方向1；

14点：使用［y相等］y方向1。

三、纸样检查功能

由于计算机上显示的纸样与实际的裁剪纸样在比例上相差很大，对于推板结果的正确性难以直接观察，所以推板系统中检查功能必不可少，大多数CAD系统主要包括有：

号型检查功能：主要检查各规格间尺寸的变化量，以此检验推板结果的正确性。

比较长度功能：主要检查规格间尺寸的变化差数，以此检查推板后变化差数是否满意，如：前、后袖窿与袖山的拼合检查等。

保形检查功能：推板后，尤其是曲线的保形非常重要，因此，该功能可以检查纸样的形状保持相对的结构不变。

自动分号及标注功能：能把推板后得到的多规格重叠纸样自动分开，并及时给每片纸样标注规格尺码。

四、纸样输出功能

推板完成的各规格纸样通过绘图机或打印机按1：1的比例或缩小比例进行绘制，这样能更直观地比较同一规格纸样之间的关系，不同规格同一部位纸样间的档差与实际手工推板后的纸样是否有区别，进而再修改并确认。

像服装纸样系统中的排料等模块，虽然也非常重要，但纸样设计系统和推板系统是起关键作用的，因此，只对这两个系统模块进行了说明。

随着服装工业化生产的规范和发展，服装CAD也在规范和完善，也必将带动与之相关的计算机辅助工艺设计（CAPP）、计算机辅助制造（CAM）、柔性制造系统（FMS）等技术的快速发展。

思考题

1. 服装CAD系统由哪些部分组成？

2. 服装纸样系统由哪些模块组成？

3．三维服装CAD软件中的人体数字化一般有哪几种方法？

4．计算机辅助纸样设计软件中主要的功能有哪些？

5．计算机辅助推板系统与传统的手工推板相比，有哪些优势？

6．你曾使用过哪些服装CAD系统？它们的特点如何？

参考文献

［1］张文斌. 服装结构设计［M］. 北京：中国纺织出版社，2006.

［2］刘瑞璞. 服装纸样设计原理与技术——女装篇［M］. 北京：中国纺织出版社，2005.

［3］刘瑞璞. 服装纸样设计原理与技术——男装篇［M］. 北京：中国纺织出版社，2005.

［4］王海亮，周邦桢. 服装制图与推板技术［M］. 3版. 北京：中国纺织出版社，1999.

［5］魏雪晶，魏丽. 服装结构原理与制板推板技术［M］. 3版. 北京：中国纺织出版社，2005.

［6］周邦桢. 服装工业制板推板原理与技术［M］. 北京：中国纺织出版社，2004.

［7］丁锡强. 缝型分类及应用［J］. 服装科技，1996(1)：23-26.

［8］王金变. 推放量是服装推板的关键——也谈服装推板［J］. 服装科技，1996(1)：34-36.

［9］郭瑞良，张辉，金宁. 服装CAD［M］. 上海：上海交通大学出版社，2012.

［10］张玲，张辉，郭瑞良. 服装CAD板型设计［M］. 北京：中国纺织出版社，2008.

［11］张鸿志，赵锴平，谢朝. 服装纸样计算机辅助设计［M］. 北京：中国纺织出版社，2002.

［12］张兆璞，黄宗文. 电脑服装款式设计［M］. 北京：清华大学出版社，1996.

［13］王建萍，王红. 服装CAD基础知识讲座［J］. 中外缝制设备，1998(2)-(5).

［14］潘波. 外贸订单裤装纸样剖析［J］. 服装科技，1998(1)：45-47.

［15］潘波. 智能化服装纸样设计的开发和研究［D］. 天津：天津纺织工学院，1996.

［16］打版讲座——实用洋裁手册⑩［M］. 台北：双大出版图书公司，1993.

［17］中华人民共和国国家标准，服装号型，男子：GB/T 1335.1—2008［S］. 北京：中国标准出版社，2009.

［18］中华人民共和国国家标准，服装号型，女子：GB/T 1335.2—2008［S］. 北京：中国标准出版社，2009.

［19］中华人民共和国国家标准，服装号型，儿童：GB/T 1335.3—2009［S］. 北京：中国标准出版社，2010.

［20］中华人民共和国国家标准，服装号型：GB/T 1335—2007［S］. 北京：中国

标准出版社，1998.

　　［21］中华人民共和国国家标准，服装号型，男子：GB 1335.1—1991［S］. 北京：中国标准出版社，1992.

　　［22］中华人民共和国国家标准，服装号型，女子：GB 1335.2—1991 ［S］. 北京：中国标准出版社，1992.

　　［23］中华人民共和国国家标准，服装号型系列：GB 1335—1981 ［S］. 北京：中国标准出版社，1982.

　　［24］中华人民共和国纺织行业标准，毛织物缩水率的测定，静态浸水法：FZ/T 20010—1993 ［S］. 北京：中国标准出版社，1994.

　　［25］中华人民共和国纺织行业标准，毛织物干热熨烫收缩试验方法：FZ/T 20014—1997 ［S］. 北京：中国标准出版社，1998.

　　［26］珍妮·普赖斯，伯纳德·赞克夫. 美国经典服装推板技术［M］. 潘波，译. 北京：中国纺织出版社，2003.

　　［27］The Complete Book of Sewing［M］. London：Dorling Kindersley Ltd..

　　［28］Patrick J. Taylor, Martin M. Shoben. Grading for the Fashion Industry ［M］. London： Hutchinson & Co. (Publishers) Ltd..

附录A 某牛仔裤外贸订单样例

公司名称和地址

COMPANY NAME & ADD.

制造单

PRODUCTION ORDER

制造商 　　　　　　　　　　　　　款　式

MANUFACTURER：_____　STYLE：全棉男装宽松牛仔长裤

客　商 　　　　　　　　　　　　　款式号

CUSTOMER：_____　　　STYLE NO.：　523-8650

数　量 　　　　　　　　　　　　　面　料

QUANTITY：47,988件　　　　　　 FABRIC：全棉10oz（284g/m²）牛仔布

合同号 　　　　　制造单号 　　　　　　　交货日期

CONTRACT NO.：_____ LOT NO：_____ P.O.NO：_____ DELIVERY：_____

制造工艺

CONSTRUCTION：_____

前　片

FRONT：左、右各有三个活褶（倒向侧缝），褶缉长1英寸，左、右各有一个侧缝直
插袋，缉双线，袋口套结加固；前中门襟缉一条4YG拉链，缉双线，门襟尾
打两个套结加固

后　片

BACK：后片左、右各一个省，左后片有一个单嵌线口袋，缉双线，袋口套结，右后
片有一个三尖袋盖，单嵌线缉边线，袋盖缉双线，锁一个圆头扣眼，袋口套
结，右后袋上缉一个主唛

腰　头

WAISTBAND：宽1.5英寸，环腰口缉边线，左搭右，左锁一圆头扣眼，右钉一扣，八
个1/2×2英寸串带襻（四前四后），串带襻上下套结，右前片靠近门
襟的串带襻上缉一只1/2英寸宽的串带襻唛头

后　浪（BACK RISE）：左压右五线包缝，缉双线

续表

侧　　缝（SIDE SEAM）：后压前五线包缝，缉双线；前裆包缝并缉双线

内　　裆（INSEAM）：五线包缝

裤　　口（BOTTOM）：环口车缝1/2英寸

熨　烫 IRONING：按西裤熨烫法处理	水　洗 WASHING：蓝牛石洗	INDIGO色 蓝牛漂洗	BLEACHED色 蓝牛漂洗	WHITE色 白牛普洗

套　　结　　　　　　　　　　　　　针　数

BAR TACKS：袋口、裆底及串带襻　　STITCHES PER INCH：每英寸8~9针

其　　他

OTHERS：水洗必须按照客户提供的水洗样品进行

备注

REMARKS：

　①底线、面线及套结用P.P.604缝线锁边用P.P.603（所有线由工厂提供，除锁眼线），线色分配如下：

　INDIGO（蓝牛石洗）缉深蓝色线

　BLEACHED（蓝牛漂洗）缉浅蓝色线

　WHITE（白牛普洗）缉配色线

　②拉链颜色分配如下：

　INDIGO色用YKK560深蓝色

　BLEACHED色用YKK546浅蓝色

　WHITE色YKK501白色

示意图

SKETCH：

全棉男装宽松牛仔长裤结构示意

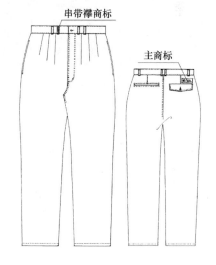

规格比例

SIZE RATIO：SIZE	28	29	30	31	32	33	34	36	38			
内裆长												条
INSEAM　30″ —	0	0	1	0	2	0	1	1	0	=	5	PCS
32″ —	1	1	1	1	2	1	1	1	1	=	10	PCS
34″ —	0	0	1	0	1	0	1	0	0	=	3	PCS
	1	1	3	1	5	1	3	2	1	=	18	PCS

规格/颜色分配

SIZE/COLOR BREAKDOWN：

颜色 COLOR	标号 LINE	内裆长/规格 INSEAM/SIZE	28	29	30	31	32	33	34	36	38	总计 TOTAL
INDIGO	2505	30″	—	—	1333	—	2666	—	1333	1333	—	= 6665
		32″	1333	1333	1333	1333	2666	1333	1333	1333	1333	= 13330

颜色 COLOR	标号 LINE	内裆长/规格 INSEAM/SIZE	28	29	30	31	32	33	34	36	38	总计 TOTAL
		34″	—	—	1333	—	1333	—	1333	—	—	= 3999
												23994 PCS
BLEACHED	2307	30″	—	—	933	—	1866	—	933	933	—	= 4665
		32″	933	933	933	933	1866	933	933	933	933	= 9330
		34″	—	—	933	—	933	—	933	—	—	= 2799
												16794 PCS
WHITE	8007	30″	—	—	400	—	800	—	400	400	—	= 2000
		32″	400	400	400	400	800	400	400	400	400	= 4000
		34″	—	400	—	400	—	400	—	—		= 1200
												7200 PCS

包装法

PACKING：一条裤子入一个胶袋，18条裤子单色混码，依照以上规格比例放入一个纸箱。详细包装资料见附页（省略）

箱唛 **SHIPPING MARK**：	侧唛 **SIDE MARK**：P.O.NO.	STYLE NO.
	SIZE	QUANTITY
附页（省略）	COLOR	MEASUREMENT
	G.W.	N.W.

规格尺寸表
STYLE NO. 523–8650 SIZE SPECIFICATION

单位：英寸

规格（SIZE） 部位	28	29	30	31	32	33	34	36	38
腰围WAIST	28	29	30	31	32	33	34	36	38
臀围HIP/SEAT	41.5	42.5	43.5	44.5	45.5	46.5	47.5	49.5	51.5
横裆THIGH	27	27.5	28	28.5	29	29.5	30	31	32

续表

规格（SIZE） 部位	28	29	30	31	32	33	34	36	38
中档KNEE	21.5	21.75	22	22.25	22.5	22.75	23	23.5	24
裤口BOTTOM	13.75	14	14.25	14.5	14.75	15	15.25	15.75	16.25
前档（浪）FRONT RISE	11.825	12	12.125	12.25	12.375	12.5	12.625	12.875	13.125
后档（浪）BACK RISE	17.25	17.375	17.5	17.625	17.75	17.725	18	18.25	18.5
拉链ZIPPER	6.5	6.5	6.5	7	7	7	7.5	7.5	7.5
侧袋长FRONT POCKET OPENING	6	6	6	6.375	6.375	6.375	6.75	6.75	6.75
后袋宽BACK POCKET OPENING	5.5	5.5	5.5	5.875	5.875	5.875	6.25	6.25	6.25
内档长INSEAM	— 32 —	— 32 —	30 32 34	— 32 —	30 32 34	— 32 —	30 32 34	30 32 —	— 32 —

备注

REMARKS：

（1）臀围的测量方法：横档线向上直量7.6cm（3英寸）；

（2）横档的测量方法：从档底测量；

（3）中档的测量方法：内档长的一半再向上5.1cm（2英寸）；

（4）前档的测量方法：从前档弯点沿弧线一直测量到腰头（含腰头）；

（5）后档的测量方法：从后档弯点沿弧线一直测量到腰头（含腰头）；

（6）以上表格的尺寸单位是英寸；

（7）制板的缩水率，长度方向：4%，围度方向：2%。

主商标（主唛）、洗水标牌及吊牌位置

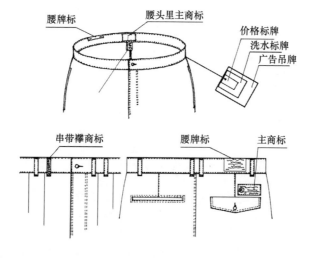

（1）主商标车缝在后中腰头的里面，沿四周缉缝。

（2）洗水标牌吊缉在主商标腰头下，位于主商标的中位。

（3）用65mm胶钉把广告吊牌、洗水标牌和价格标牌打在一起，串在腰头左外侧缝上。注意：价格标牌放在最上面，其次是洗水标牌，最下面的是广告吊牌。

（4）腰牌在后右腰头套结加固。

（5）后腰口的商标在距离右后裤片的省及袋止口边各0.64cm（1/4英寸）。

附录B 关于某牛仔裤封样品的确认意见

（1）此"全棉男装宽松牛仔长裤"封样品在规格尺寸上不太理想，详细要求尺寸请参阅规格对照表。主要不理想的尺寸有：前、后裆（浪）尺寸超公差，在1英寸左右，内裆长超长2英寸，拉链规格偏短1/2英寸。此确认规格为34/32，即34规格的32内裆长，其他规格不知怎样，总之，切切注意，请正确核对纸样，查清问题。

（2）前片的褶位应该缉缝1英寸，而确认样品褶位缉线偏长1/4英寸，大货生产必须统一。

（3）后一字袋，袋口成喇叭形，而且车缝的止口间距不均等。

（4）车缝线不符合规格，锁（拷）边线稀疏不匀，车缝针脚过密，门襟止口反吐，大货生产时应注意。

（5）圆头眼开口不整齐，腰头上使用的纽扣不对，定位偏里。

（6）里袋的车缝线底线应改用双线，使牢度大些。

（7）水洗颜色不好，大货水洗颜色请参照客户提供的水洗样品进行。

（8）此订单在面、辅料到齐后，重新缝制样品，并交公司再次确认。

（9）商标及其他唛头和串带襻尺寸还未正式确定，在大货裁剪之前我公司会及时提供。

附录B表-1　34/32规格封样品的规格尺寸对照表　　　　单位：英寸

部位	订单规格	封样品规格	误差
腰围	34	34	√
臀围	47.5	47.5	√
横裆	30	30.5	+0.5
中裆	23	23.5	+0.5
裤口	15.25	15.25	√
前裆（浪）	12.625	13.5	+0.875
后裆（浪）	18	19	+1
拉链	7.5	7	−0.5
侧袋长	6.75	6.75	√
后袋宽	6.25	6.25	√
内裆长	32	34	+2

附录C 人体各部位的测量

附录C表-1 人体各部位的测量方法

序号	部位	被测者姿势	测量方法	备注
1	身高	赤足取立姿放松	用测高仪测量从头顶至地面的垂距	同GB3975第3.2.1条、GB5703第3.1条
2	颈椎点高	赤足取立姿放松	用测高仪测量从颈椎点至地面的垂距	同GB3975第3.2.8条、GB5703第3.8条
3	坐姿颈椎点高	取坐姿放松	用测高仪测量从颈椎点至凳面的垂距	同GB3975第3.3.6条、GB5703第4.6条
4	全臂长	取立姿放松	用圆杆直角规测量从肩峰点至桡骨茎突点的直线距离	同GB3975第3.2.36条、GB5703第3.36条
5	腰围高	赤足取立姿放松	用测高仪测量从腰围点至地面的垂距	同GB3975第A.2.2.4条、GB5703第3.36条
6	胸围	取立姿正常呼吸	用软尺测量经乳头点的水平围长	同GB3975第3.2.31条、GB5703第3.31条
7	颈围	取立姿正常呼吸	用软尺测量从喉结下2cm经第七颈椎点的围长	—
8	总肩宽（后背横弧）	取立姿放松	用软尺测量左右肩峰点间的水平弧长	—
9	腰围（最小腰围）	取立姿正常呼吸	用软尺测量在肋弓与髂嵴之间最细部的水平围长	同GB3975第3.2.32条、GB5703第3.32条
10	臀围	取立姿放松	用软尺测量臀部向后最突出部位的水平围长	同GB3975第3.2.34条、GB5703第3.34条

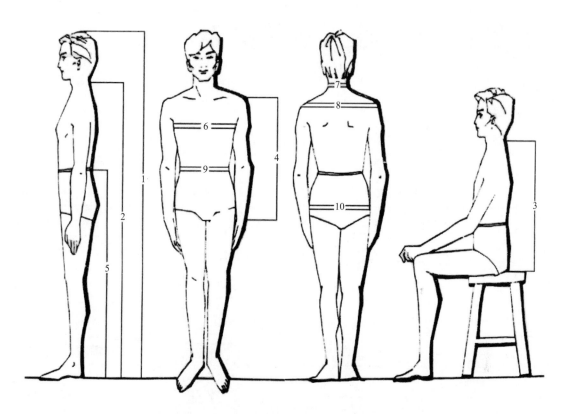

附录C图-1 人体各部位测量示意图

1—身高 2—颈椎点高 3—坐姿颈椎点高 4—全臂长 5—腰围高 6—胸围

7—颈围 8—总肩宽（后肩横弧） 9—腰围（最小腰围） 10—臀围

附录D 男西服A型规格表

附录D表-1 5·4系列男西服上装A型规格表 单位：cm

型 部位		72	76	80	84	88	92	96	100	104
						成品规格				
胸围		90	94	98	102	106	110	114	118	122
总肩宽		39.8	41	42.2	43.4	44.6	45.8	47.0	48.2	49.4
155	后衣长		66	66	66	66				
	袖长		54.5	54.5	54.5	54.5				
160	后衣长	68	68	68	68	68	68			
	袖长	56	56	56	56	56	56			
165	后衣长	70	70	70	70	70	70	70		
	袖长	57.5	57.5	57.5	57.5	57.5	57.5	57.5		
170	后衣长		72	72	72	72	72	72	72	
	袖长		59	59	59	59	59	59	59	
175	后衣长			74	74	74	74	74	74	74
	袖长			60.5	60.5	60.5	60.5	60.5	60.5	60.5
180	后衣长				76	76	76	76	76	76
	袖长				62	62	62	62	62	62
185	后衣长					78	78	78	78	78
	袖长					63.5	63.5	63.5	63.5	63.5
190	后衣长						80	80	80	80
	袖长						65	65	65	65

附录D表-2 5·4系列男西服下装A型规格表

单位：cm

部位		腰围	臀围	号							
				裤 长							
				155	160	165	170	175	180	185	190
型				成品规格							
72	56	58	85.6								
	58	60	87.2		96.5	99.5					
	60	62	88.8								
76	60	62	88.8								
	62	64	90.4	93.5	96.5	99.5	102.5				
	64	66	92.0								
80	64	66	92.0								
	66	68	93.6	93.5	96.5	99.5	102.5	105.5			
	68	70	95.2								
84	68	70	95.2								
	70	72	96.8	93.5	96.5	99.5	102.5	105.5	108.5		
	72	74	98.4								
88	72	74	98.4								
	74	76	100	93.5	96.5	99.5	102.5	105.5	108.5	111.5	
	76	78	101.6								
92	76	78	101.6								
	78	80	103.2		96.5	99.5	102.5	105.5	108.5	111.5	114.5
	80	82	104.8								
96	80	82	104.8								
	82	84	106.4			99.5	102.5	105.5	108.5	111.5	114.5
	84	86	108.0								
100	84	86	108.0								
	86	88	109.6				102.5	105.5	108.5	111.5	114.5
	88	90	111.2								
104	88	90	111.2								
	90	92	112.8					105.5	108.5	111.5	114.5
	92	94	114.4								

附录E　女上装原型5·3系列推板

附录E表-1　女上装原型的尺寸　　　　　　　　　　单位：cm

部位	规格	档差
胸围	94 (净胸围=84)	3
背长	38	1
腰围	70(净腰围=64)	3
袖长	54	1.5

注　依据人体的结构特点，身高每增加5cm，背长的变化大约在1.1～1.3cm，文中只为了说明问题而采用的背长档差是1cm。

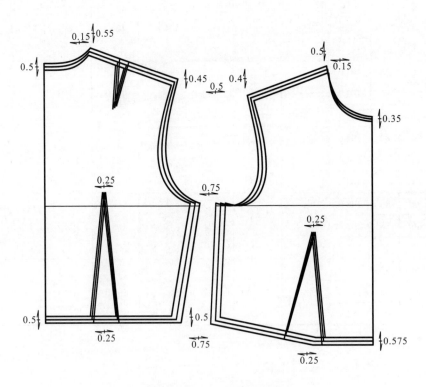

附录E图-1　女上装原型推板

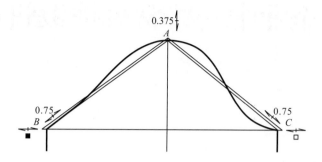

附录E图-2 女原型袖肥变化分析

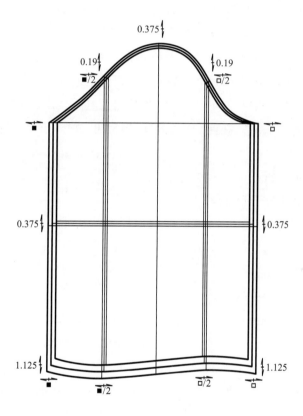

附录E图-3 女原型袖推板

附录F 企业中一些常见推板问题分析

一、同一体型，5·4系列与5·3系列的比较

在推板实践中，常常遇到这样的情况，经过推板的纸样（尤其是推放两个规格以上），在裁剪、缝制成服装后，发现A体型的人在穿着该服装时产生不少问题（用中间规格纸样，经裁剪、缝制成的服装在穿着时没有任何问题），而换一体型，如B体型的人，穿着时也出现很多问题，也就是说，该服装既不适合A体型人穿，又不适合B体型人穿。那么，造成这种尴尬的问题出现在哪个环节呢？可以肯定地说：它是因为在推板过程中进行各部位数据分析时出现了偏差。在5·4系列推板时尤其明显，如果数据处理稍有偏差，很难做到服的结构保持一致。在此利用表4–14与第四章第八节思考题7中的数据进行比较分析。

5·4系列推板数据分析：

中间规格的袖窿宽深比：14/20=0.7。

放大一规格的袖窿宽深比：（14+0.8）/（20+0.65）=0.717。

缩小一规格的袖窿宽深比：（14–0.8）/（20 –0.65）=0.682。

5·3系列推板数据分析：

中间规格的袖窿宽深比：14/20=0.7。

放大一规格的袖窿宽深比：（14+0.5）/（20+0.65）=0.702。

缩小一规格的袖窿宽深比：（14–0.5）/（20–0.65）=0.698。

通过上面5·4系列和5·3系列袖窿宽深比数据的比较可知，5·4系列在推板时服装的结构容易发生改变，而5·3系列则相对稳定些。所以，采用5·4系列推板，只要数据分析稍有偏差（如胸宽和背宽的变化量与肩点的变化量一致，即0.5cm），其结果就是，A体型的人穿着时会感觉胸宽和背宽的尺寸不够；而B体型的人穿着时，可能会出现胸宽和背宽合适，但肩宽又偏大等一些问题。因此，目前一些企业仍然在合体的女装、男装中通常选用5·3系列来作为服装规格的制订依据，用一句话概括：在推板时5·3系列的保型比5·4系列好。

另外，在男子5·4系列中，肩宽的档差是1.2cm，那么肩宽一半的变化量就是0.6cm，根据以上的分析，背宽和胸宽的变化量约0.7cm，这样袖窿宽的变化量就是0.6cm，从人体的身体特征看，这组数据的变化是比较合理，同时也能保证体型的相对稳定。为了保证在推板时纸样的结构合理和"形"的相对一致，袖窿深的平均变化量采用0.7cm，袖山高的

变化量为0.5cm，袖肥变化0.8cm，具体的计算过程见第四章第九节"男西服"中的推板分析。总之，男子5·4系列比女子5·4系列在推板时容易保证服装"形"的相对一致。

二、5·3系列不同体型之间推板数据的分析和处理

有时推板后，经裁剪、缝制的服装，可能A体型的人穿着不合适，B体型的人在穿着时也不合适，那么，A和B体型之间有何区别？能否从A体型的纸样推放出B体型的纸样？

以肩宽为例，对于A体型，当胸围从84cm增到87cm，根据国家标准，肩宽变化0.75cm；而当胸围不变时，体型从A到B时，肩宽反而变小0.55cm，所以当胸围从84cm增到87cm，体型从A到B时，肩宽变化了0.2cm，见下面的示意。

$$84(A) \xrightarrow{+0.75} 87(A)$$
$$\begin{array}{c} {+0.2} \searrow \quad \downarrow {-0.55} \\ 87(B) \end{array}$$

再以颈围为例，对于A体型，当胸围从84cm增到87cm，根据国家标准，颈围变化0.6cm；而当胸围不变时，体型从A到B时，颈围又增大0.2cm，所以当胸围从84cm增到87cm，体型从A到B时，颈围共计变化0.8cm，见下面的示意。

$$84(A) \xrightarrow{+0.6} 87(A)$$
$$\begin{array}{c} {+0.8} \searrow \quad \downarrow {+0.2} \\ 87(B) \end{array}$$

在因胸围发生变化导致体型发生变化的情况中，对于像颈侧点到胸点的距离、两胸点间的大小等这些部位的尺寸，我国的服装国家标准则根本没有涉及，这只能期待在今后标准的制定中进行进一步完善，因为这些数据对服装推板有着非常重要的指导意义。

当胸围的档差采用3cm，体型发生变化（A体型到B体型）时，袖窿相关部位的变化数值见附录F表-1。

附录F表-1　袖窿相关部位的变化

袖窿深的变化量	胸围档差（3cm）	肩点的变化量	背宽的变化量	袖窿宽的变化量	胸宽的变化量
0.65cm	A→A	0.4cm	0.5cm	0.5cm	0.5cm
0.35cm	A→B	0.1cm	0.2cm	1.1cm	0.2cm
0.6cm	B→B	0.4cm	0.45cm	0.6cm	0.45cm

表中第二行数据是同体型（A体型）不同胸围（3cm变化）时，各部位的相应变化量；第三行数据是不同体型（从A到B）不同胸围（3cm变化），结合1991年国家标准，各部位的相应变化量，以图4-117中的袖窿宽和深的数据为例，计算推板后B体型的比值：（14+1.1）/（20+0.35）=0.742。其他不同规格的胸围，计算得到的比值见附录F表-2，

其中96规格对应的净胸围是84cm，93规格对应的净胸围是81cm，99规格对应的净胸围是87cm，102规格对应的净胸围是90cm。

附录F表-2　不同胸围袖窿宽深比值

规格（cm）	A体型			B体型		
	袖窿宽（cm）	袖窿深（cm）	比值	袖窿宽（cm）	袖窿深（cm）	比值
93	13.5	19.35	0.698	13.9	19.15	0.726
96	14.0	20.0	0.700	14.5	19.75	0.734
99	14.5	20.65	0.702	15.1	20.35	0.742
102	15.0	21.3	0.704	15.7	20.95	0.749

注　附录F图-1中袖山高的变化量为 -0.2cm，袖肥的变化量为 1.0cm。

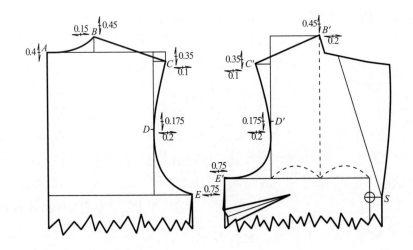

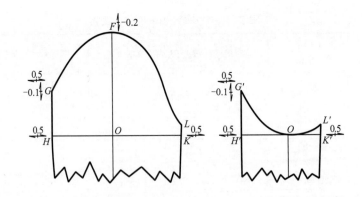

附录F图-1　不同体型推板时部分前、后片和袖子纸样关键点变化量

　　从附录F表–2中可以看出同一规格不同体型之间的区别，B体型的比值明显比A体型大；不同规格同一体型在推板时略有变化，即放大和缩小规格有向另一体型缓慢过渡的趋势；不同规格不同体型的变化见附录F图–1。该图是1992年国家标准中5·3系列以84A体型为基础放大到87B体型和缩小到81Y体型部分前、后片和关键点的变化量。如果要缩84B体型的纸样，以87B体型为基础纸样。强烈建议：最好不要做不同体型的推板工作。

三、身高不变胸围变化3cm时，推板数据的分析和处理

　　在实际工作中，有时会遇到服装的长度不需要变化，而只是围度需要发生变化，这种情况总的说使推板确实简单了，但千万不要以一概全地认为凡与长度方向有关的数据都为"0"。下面以图4–116款为例，经过修改的部分服装尺寸见附录F表–3，其中为了说明问题长度只取到背长尺寸。

附录F表–3　仅围度发生变化的女装的规格尺寸　　　　　　　　单位：cm

部位 ＼ 规格	S	M	L	档 差
领围	35.4	36	36.6	0.6
肩宽	39.9	40.5	41.1	0.6
胸围	93	96	99	3.0
腰围	77	80	83	3.0
背长	38	38	38	0
袖长	56	56	56	0

　　附录F表–4是根据英国Patrick J. Taylor和Martin M. Shoben所著的*Grading for the Fashion Industy*（*the theory and practice*）中相关的数据计算而得的，这些涉及合体女装推板部位的测量方法见附录F图–2。表中列出了仅胸围变化3cm，或仅身高变化5cm时，各主要部位的相应变化数以及当身高和胸围都变化时人体总的变化量。表中的总计与推5·3系列纸样时采用的数据基本一致，只是袖长的变化稍有区别。

附录F表–4　女子主要部位的变化　　　　　　　　单位：cm

序号	部位（Area）	胸围变化3cm	身高变化5cm	总计
1	胸宽（X–chest）	0.6	0.4	1.0
2	背宽（X–back）	0.6	0.4	1.0
3	袖窿宽（Scye Width）	0.5	—	0.5
4	胸点间距（Bust Width）	0.7	—	0.7
5	颈椎点到袖窿深线（Scye Depth）	0.3	0.2	0.5
6	颈侧点到胸点（S.N.P. to Bust）	0.7	0.1	0.8
7	颈侧点经胸点到腰线（S.N.P. to Waist over Bust）	0.2	1.2	1.4

续表

序号	部位（Area）	胸围变化3cm	身高变化5cm	总计
8	肩长（Shoulder Length）	0.1	0.2	0.3
9	背长（Nape to Waist Centre Back）	—	1.2	1.2
10	后袖缝［Sleeve Length(Outer)］	—	1.8	1.8
11	前袖缝［Sleeve Length(Inner)］	−0.2	1.6	1.4
12	袖窿（Bicep）	1.1	—	1.1

从表中发现，人体的背长和后袖缝不受围度的变化影响；受胸围变化影响最大的是肩点到腋下点一圈的围度尺寸（袖窿尺寸）。

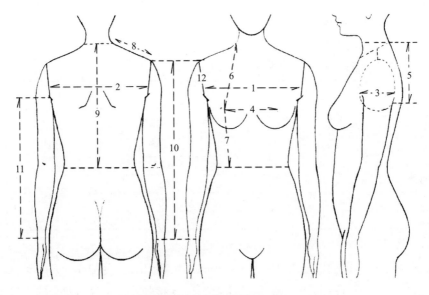

附录F图-2　各部位测量示意

下面讨论仅胸围变化3cm时，纸样的数据分配和处理。

附录F表-4中的胸宽、背宽和袖窿宽变化尺寸是当胸围变化3cm时，人体的实际净变化量。考虑到服装与人体的配比情况，在纸样中，结合肩宽和肩长的变化，前片纸样的胸宽应变化0.4cm，后片纸样的背宽应变化0.4cm，袖窿宽的变化量就等于0.7cm（胸围档差的一半1.5cm-胸宽和背宽的变化量0.8cm）。

由于人体袖窿深的实际变化量是0.3cm，考虑服装的袖窿底与人体腋下点的松量情况，纸样中袖窿深的变化量可以采用0.5cm。以图4-116款为例，放大一号的袖窿宽深比：（14+0.7）/（20+0.5）=0.717，再大一号的宽深比：（14+0.7+0.7）/（20+0.5+0.5）=0.733。从这两个数值就知道，虽然只有胸围发生变化，但是服装的结构仍然发生了较大的变化，所谓的"服装结构一致"也只能是相对的。

各主要放码点的变化量见附录F图-3，由于仅围度改变3cm，肩长的变化量很小

（0.1cm），而且肩斜角的变化量又不大，所以图中肩点C、颈侧点B和后领窝点A在长度方向的变化量可以采用相同的数据。根据附录F表–3，背长不变，而胸围以上已变化了0.5cm，所以后片腰线上的F点和G点只能变化–0.5cm（以胸围线作为长度方向基准线）。

附录F表–4中颈侧点到胸点的尺寸是0.7cm，由于颈侧点在长度方向变化0.5cm，所以，前片省尖点在长度方向变化0.2cm（以胸围线作为长度方向基准线）；附录F表–4中胸点间距等于0.75cm，所以，省尖点在围度方向变化0.35cm（以前中线作为围度方向基准线）。

附录F表–4中颈侧点经胸点到腰线（前腰节长）的变化量等于0.2cm，由于颈侧点已变化了0.5cm，所以前片腰线上的F′点在长度方向就变化–0.3cm。如果腋下省的大小不变，则前片腰线上的G′点在长度方向就变化–0.5cm；如果每放大（或缩小）一个规格，腋下省变大（或变小）0.2cm，则前片腰线上的G′点在长度方向就变化–0.3cm。

根据附录F表–4，仅胸围变化3cm，外袖长不变，内袖长变短0.2cm，即袖山高变化0.2cm，附录F图–3中的袖山点M在长度方向变化0.2cm，为了考虑袖山弧长与袖窿的变化相匹配，后袖缝和前袖缝在围度方向就变化0.35cm。

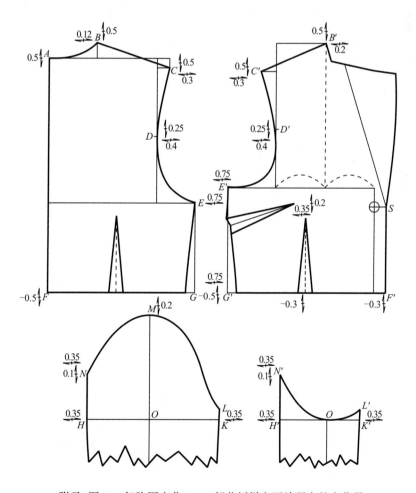

附录F图–3 仅胸围变化3cm，部分纸样主要放码点的变化量

思考题

1. 如何理解在推板时5·3系列的保型比5·4系列好？

2. 如何理解在推板中，同为5·4系列，男子纸样的保型比女子纸样的好？

3. 结合附录F表−4，如果仅身高发生变化，纸样中各点如何变化？

附录G 第四章第八节思考题7的推板数据

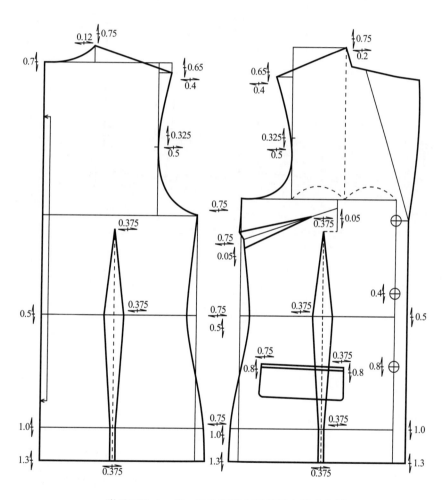

附录G图-1 前、后片纸样主要放码点的变化量

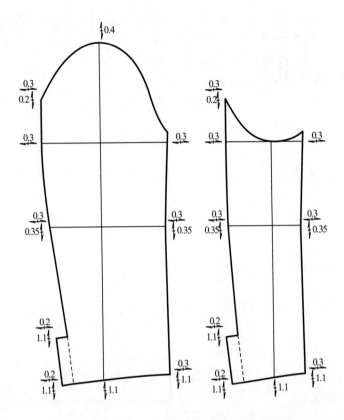

附录G图-2　大、小袖纸样主要放码点的变化量

附录H 平领的工业制板

一、平领规格

中间规格尺寸为：领围36cm（档差1cm）；肩宽39cm。平领的工业制板见附录H图–1。

二、基本纸样的绘制

（1）绘制前领宽（领围/5–0.7）、前领深（领围/5–0.7+1.0）。

（2）绘制前肩宽，前落肩DF=5.0（cm），AD是前肩线。

（3）绘制后肩线AE，其中前、后肩线在肩点处的重叠量是2.5cm，后落肩EG=4.0（cm），绘制后肩宽，计算出后领宽（领围/5–0.7）、后领深（领围/5–0.7）/3。

（4）BC是领子的后中宽，画出外领弧线，完成中间规格纸样。

三、推板

以颈侧点A为推板基准点。

（1）根据领围档差，计算出前领宽的变化量是1/5cm，前领深的变化量也是1/5cm，即H点在长度方向变化0.2cm，在围度方向变化0.2cm。

（2）根据领围档差，计算出后横开领的变化量是1/5cm，后领深变化（1/5）/3cm，但在制图时可以保持不变，即B点在围度方向变化0.2cm。

（3）利用中间规格纸样，绘制出放大和缩小规格，完成推板。

附录H图–1　平领的制板和推板